电主轴热误差建模技术

戴　野　李兆龙　鲍玉冬　著

科 学 出 版 社

北　京

内 容 简 介

本书从电主轴热误差建模技术的角度出发，分别对电主轴热特性机理、电主轴热特性仿真、电主轴温度与热误差检测实验、电主轴温度测点优化、电主轴热误差建模、其他电主轴热误差模型验证、电主轴变压预紧实验等进行了系统的探讨，较为全面地反映了高速电主轴热误差建模技术领域的相关进展以及作者的研究思路和方法。

本书可作为高等院校机械工程专业本科生和研究生的参考用书，也可供从事电主轴热误差建模技术研究的相关领域的科研人员和工程检测人员参考。

图书在版编目（CIP）数据

电主轴热误差建模技术 / 戴野，李兆龙，鲍玉冬著. —北京：科学出版社，2024.3

ISBN 978-7-03-076743-1

Ⅰ. ①电… Ⅱ. ①戴… ②李… ③鲍… Ⅲ. ①主轴-建模误差 Ⅳ. ①TH133.2

中国国家版本馆CIP数据核字（2023）第201396号

责任编辑：裴 育 陈 婕 / 责任校对：任苗苗
责任印制：赵 博 / 封面设计：陈 敬

科学出版社 出版
北京东黄城根北街 16 号
邮政编码：100717
http://www.sciencep.com
北京中科印刷有限公司印刷
科学出版社发行 各地新华书店经销
*
2024 年 3 月第 一 版 开本：720 × 1000 1/16
2025 年 1 月第二次印刷 印张：16 3/4
字数：336 000

定价：138.00 元

（如有印装质量问题，我社负责调换）

前　言

高档数控机床是装备制造业的技术基础和发展方向之一，是装备制造业的战略性产品，数控机床的技术水平和机床的数量代表着一个国家制造业水平的高低。数控机床的核心部件是高速电主轴单元，实现电主轴单元的高速或超高速运动，一直是各国努力实现的重大目标。电主轴单元具有结构紧凑、转速大、振动小、噪声低、惯性小、响应快等特性，除此之外，一系列控制电主轴温升和振动的功能确保了电主轴高速运转的可靠性和安全性。目前，电主轴单元已在航空航天、国防装备、机械电子等领域得到广泛的应用。因此，各国家都十分关注电主轴单元技术的研究与发展，我国也希望在电主轴技术领域的研究方面解决“卡脖子”的技术壁垒，为我国制造领域的高速发展和国防实力的提高打下基础。

“十五”期间，我国数控机床的电主轴技术飞速发展，相比之下，我国制造生产的电主轴类型和质量等方面均与国外先进国家存在很大的差距，从而严重阻碍了我国高速、高精度数控机床的生产和发展。国产中、高档数控机床无法满足国内市场的迫切需求，在性能上也无法与国际市场匹敌。近年来，我国每年投入大量资金进口国外先进的机床和设备，但国外更先进的高速、高精度数控机床对我国并不售卖。因此，我国数控机床的发展和研究必须依靠自主创新实现技术的提升，只有把核心技术掌握在自己手中，才能真正掌握竞争和发展的主动权，才能从根本上保障国家经济安全、国防安全和其他安全。为了进一步提高电主轴单元的功率、转速、精度和可靠性，需要快速发展我国电主轴技术产业化，尽快缩小或赶超世界数控机床的先进水平。

本书针对不同型号的高速电主轴，全面介绍电主轴热误差建模技术，包括电主轴热特性机理分析、电主轴热特性仿真分析、电主轴温度与热误差检测实验、电主轴温度测点优化和电主轴热误差建模等。

本书是在黑龙江省博士后科研启动资助金项目(LBH-Q20097)的支持下，基于作者及研究团队多年来在电主轴热误差建模技术研究方面取得的成果撰写而成。非常感谢张元教授、吴明阳教授在研究方面给予的大力支持，感谢研究生张雪亮、魏文强、王丽锋、战士强、尹相茗、李贺、李宝伟、孙宇杰、王建辉、温万健、宣立宇、殷雄、吴林锴等在结构设计、仿真分析、实验研究等方面所做的大量工作。戴野教授参与了第 1 章、第 6 章和 8.1～8.2 节的撰写并负责全书的统稿工作，李兆龙参与了第 2 章、第 7 章和 8.3～8.5 节的撰写及校核工作，鲍玉冬参与了第 3 章、第 4 章和第 5 章的撰写及全书的编排工作。此外，研究生陶学士、曲航、朱波、王宝东、祝文明、于保磊、庞健、周振涛、李伟伟、王庆海等参与了本书的插图绘制等工作，在此表示感谢！本书撰写过程中还参考了国内外许多专家、学者的论著，在此表示感谢，相关引用在每章的参考文献中都进行了标注，如有遗漏在此表示歉意。

由于作者水平有限，书中难免有不当之处，恳请读者批评指正。

戴　野

2023 年 8 月

于哈尔滨理工大学

目　　录

第1章　绪　　论

我国机械制造业正朝着高精度、高速度、高效率的方向飞速发展，行业从业者在生产制造机械产品时，必须提高产品换代速度，缩短设计、加工周期，因此高速加工技术应运而生[1]。这类加工技术的最大优势在于可以显著提高机械加工生产效率，降低制造成本。而高速、高精密、高可靠性的电主轴是高速加工技术发展的前提，需要具备良好的动态、静态和热态特性。目前，高速、高精度的电主轴主要以进口为主，国内产品与国外产品相比，存在刚度、精度和可靠性差距均较大的问题，严重阻碍了国内高端机床及航空航天领域的发展[2,3]。

1.1　电主轴及其在制造业中的作用

1.1.1　电主轴结构及其工作原理

随着现代化机床向着高速、高精密的方向发展，对机床主轴的各项技术要求也越来越高。电主轴为高速机床的核心功能部件之一，将主轴电机置于机床主轴单元内部直接驱动主轴，可使机床传动结构得到极大简化[4-6]。高速电主轴具有结构紧凑、惯性小、响应快、转速高、功率大、效率高等优点，是高速精密数控机床中最重要的功能部件，是实现高速和超高速切削的载体，其动态性能的优劣将直接影响高速精密数控机床，甚至整个制造业的发展[7]。因此，电主轴目前已经成为各主要工业国在工业领域的重点研究对象[8,9]。典型高速电主轴结构如图 1.1 所示。目前，机床加工精度小于 50μm 逐渐成为行业标准，数控机床不断追求更高的加工精度，电主轴的性能已作为直接评判精密加工的量尺。综上，电主轴的地位在未来机械制造业中将直线上升，其发展程度也成为衡量一个国家工业水平的标志[10,11]。

高速电主轴是一套组件，它包括电主轴本身及附件。典型的高速电主轴结构主要包括电机定子、电机转子、主轴轴承、转轴、电主轴外壳体、电主轴冷却水套、电主轴变频器和内置脉冲编码器。为实现数控机床的高速、高精密加工，电主轴的每个零部件均需要进行精细的设计与制造。

1) 内置电机定/转子和转轴

电机作为电主轴的动力来源，是主轴核心部件之一，能够对主轴的转速起到决定性作用。电机种类繁多，包括同步电机、异步电机和直流电机等类型，其中同步电机包括永磁同步电机和磁滞同步电机等，异步电机包括单项异步电机和三相异步电机等。电主轴主要采用的电机为异步电机和同步电机两种。异步电机的制作工艺较简单，具有运行可靠、造价低等特点，被普遍应用于常规电主轴与工况较为恶劣的矿山机械中。

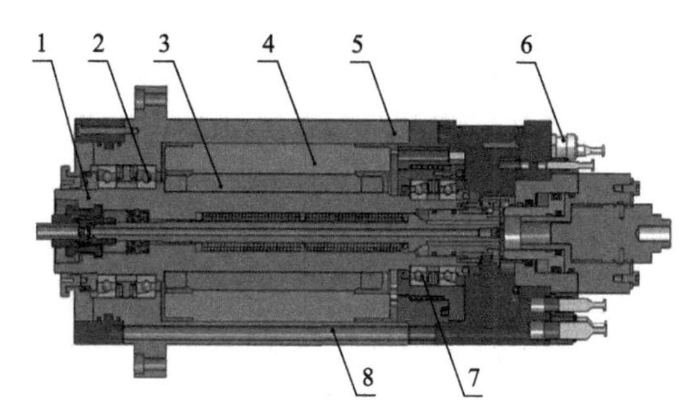

(a) 电主轴结构的半剖视图

(b) 电主轴的三维轴测图

(c) 高刚性精密电主轴应用产品

图 1.1　典型高速电主轴结构原理图

1-主轴；2-前轴承；3-转子；4-定子；5-外壳体；6-电气接口；7-后轴承；8-冷却水套

电主轴将机床主轴与电机相结合，形成内装式主轴驱动系统。为了使高速电主轴获得良好的性能和使用寿命，电主轴的定子主要采用高磁导率的优质硅钢片层叠而成，定子的内腔设有冲压槽。转子由转子铁芯、转子绕组和转轴组成，如图 1.2 所示。安装电机定子时要求主轴箱至少一端必须敞开，当精密机械的电主轴高速旋转时，任何小的不平衡质量都会引起电主轴较大的高频振动。因此，精密电主轴的动平衡精度应达到 G1～G0。对于这种动平衡水平，在装配前需要分别平衡主轴的各个部分，还要在装配后对整个构件进行平衡处理，甚至需要设计专用的自动平衡系统来实现主轴的在线动平衡。另外，过盈连接广泛应用于实现扭矩传递。与螺纹连接或键连接相比，过盈连接具有以下优点：①不会对主轴产生弯曲和扭转应力；②不会影响主轴的旋转精度；③可以容易地确保主轴的动态平衡。

(a) 内置电机定子绕组

(b) 内置电机转子系统

图 1.2 主轴内置电机定/转子

转子与转轴之间的过盈连接分为两类：一类是通过套筒实现的，这种结构便于维护和拆卸；另一类是没有套筒，转子通过干涉直接连接于旋转轴，这种连接转子组装后不能拆卸。内孔与转轴的配合面之间存在较大的干涉，转子和转轴可以通过转轴冷缩和转子热膨胀的方法进行装配。拆卸与套筒连接的转子时，应在转子套筒上预留的油孔中注入高压油，迫使转子的干涉套筒扩张，使电机的转子能够顺利拆卸。电机定子通过冷却套固定安装在电主轴的箱体内。

转轴是电主轴的主要零件之一，转轴的材料一般采用碳素钢或合金钢。转轴主要用于安装各种传动零件，使之绕其轴线转动，传递转矩和转速，并通过轴承与主轴机架、机座或外壳体相连接，带动工件或刀具旋转，完成表面成形运动，承受切削和驱动等载荷的作用。因此对转轴有很高的技术要求，具体如下：

(1) 节约材料，减轻重量，在特殊情况下应选用具有耐腐蚀性和耐高温性的材料；

(2)在结构上受力应合理，尽量避免或减少应力集中的现象；

(3)采用足够强度和刚度的结构措施；

(4)转轴在高速下具有振动稳定性及良好的加工工艺性，以保证精度要求；

(5)易于各个零件在轴上精确定位、稳固、装配、装拆和调整。

2)主轴轴承

轴承作为高速电主轴关键的支承部件，是搭载轴芯运转的支撑装置与动力传动装置，其性能对电主轴工作性能的影响极大。高速电主轴的运转速度较快，因此轴承必须满足高速运转的要求，并且具有较高的回转精度和较低的温升，此外还要具有较长的使用寿命，特别是保持精度的寿命。目前，高速电主轴的轴承多采用角接触球轴承、动静压轴承、气浮轴承以及磁悬浮轴承。高速精密轴承作为高速电主轴的核心支承部件之一，经常处于高速或超高速运行状态，因此必须具备高速性能好、动态负荷承载力高、润滑性能好、发热量小等一系列特点。目前，高速高精密轴承已成为世界各国重点研究和发展的对象。高速高精密轴承主要分为四种类型，分别为角接触陶瓷球轴承、磁悬浮轴承、气浮轴承和液浮轴承[12]，如图 1.3 所示。

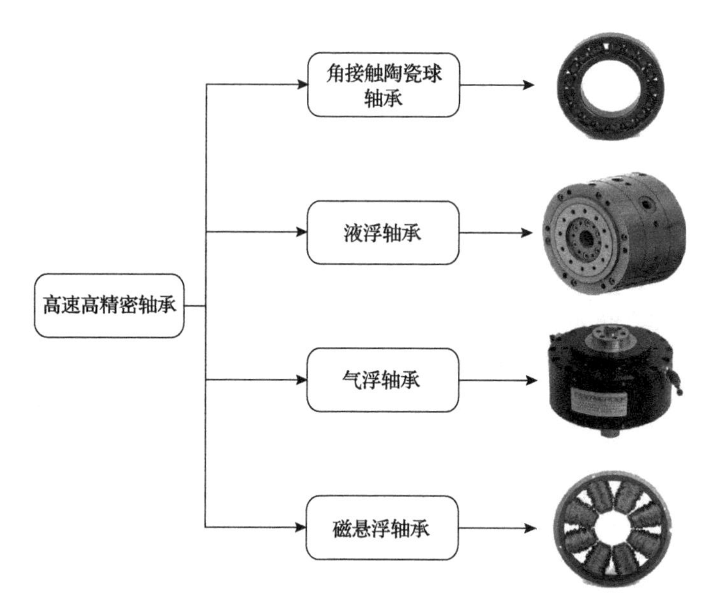

图 1.3　高速高精密轴承分类

角接触陶瓷球轴承是目前普遍应用的高速电主轴轴承，其优点是结构简单、刚度高、承载能力强，但是球轴承具有振动幅度大、精度保持性差的缺陷，导致球轴承的寿命明显缩短。液浮轴承为非直接接触式轴承，其支撑介质为液体，具有磨损小、支撑刚度大、阻尼减震性强、回转精度高、理论寿命无限大等特点。气浮轴承采用气体作为支撑介质，几乎无摩擦，可以实现超高速运转；但气体介质的黏度极低，通常为润滑油的千分之一，导致气浮轴承刚度较低；气浮轴承多用于低载荷的高速精密加工中。磁悬浮轴承不存在机械接触，转轴可达到极高转速，但造价高，控制系统过于复杂，发热问题不易解决，只适用于特殊场合[13]。因此，在设计电主轴内部结构过程中，综合选择不同的轴承类型有利于提高电主轴的整体性能。

3)电主轴外壳体

电主轴外壳体的尺寸精度和位置精度直接影响主轴的综合精度。通常轴承座孔应直接设计在主轴壳体上，安装电机定子时至少一端必须敞开，另外在设计电主轴时，必须严格遵循结构对称的原则，电主轴上禁止使用键连接和螺纹连接。目前，高速电主轴的外壳体采用比较先进的冷却技术，采用碳纤维材料可以有效提升电主轴的散热效率，改善电主轴系统内部的散热效果，具体结构如图 1.4 所示。

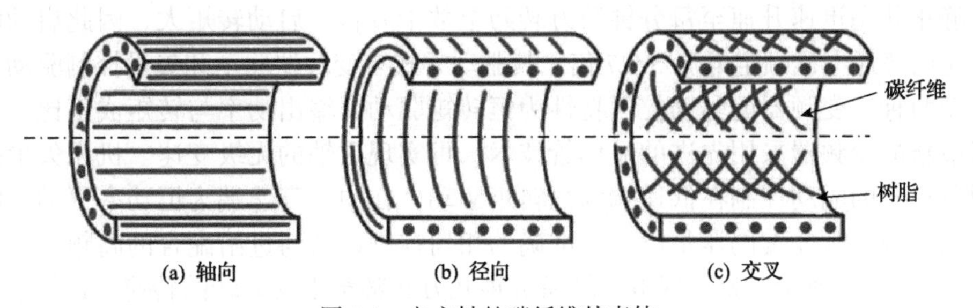

图 1.4 电主轴的碳纤维外壳体

4)电主轴冷却水套

电主轴自身结构导致其在高速运行时会产生许多热量,这些热量积聚在主轴内部无法散发，进而严重影响电主轴内部零件的工作寿命和工作稳定性。因此，为电主轴搭配水冷系统协同工作是必不可少的，目前冷却方式主要包括自冷却、气体冷却和液体冷却等。自冷却仅依靠主轴壳体自然散热，由于目前主轴转速相对较高，该种冷却方式仅适用于低速主轴。液体冷却可分为两部分冷却：一部分是在轴心内部开通管道将冷却水注入并将冷却水带走；另一部分则是在定子与主轴外壳之间挖槽形成冷却水循环路径，并且冷却水在前后轴承室内部形成通路，实现定子与前后轴承循环冷却。电主轴的冷却水套结构如图 1.5 所示。高速电主轴的冷却系统主要依靠冷却液的循环流动来实现。因此，电主轴冷却水套可以将冷却液强制性地在主轴定子外及主轴轴承外循环，带走电主轴运转产生的热量。目前，现有的电主轴冷却水套主要分为螺旋式冷却水套、U 型冷却水套和 T 型冷却水套，以不同的开槽方式增大换热面积，改善电主轴系统的冷却效率和效果。

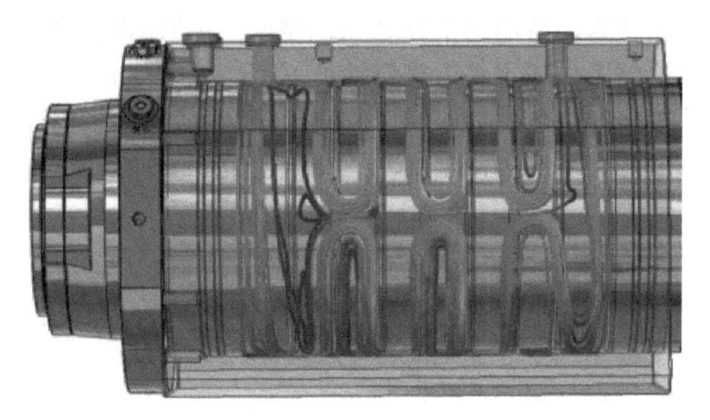

图 1.5　电主轴的冷却水套结构

5)电主轴变频器和内置脉冲编码器

电主轴的电动机均采用交流异步感应电机，其应用于高速加工机床，启动时从静止状态迅速升速至每分钟数万转乃至数十万转，启动转矩大，因此启动电流超出普通电机额定电流 5～7 倍，其驱动方式有变频器驱动和矢量控制驱动器驱动两种。变频器的驱动控制特性为恒转矩驱动，输出功率与转矩成正比。机床最新的变频器采用先进的晶体管技术，可实现主轴的无级变速。机床矢量控制驱动器的驱动控制在低速端为恒转矩驱动，在中、高速端为恒功率驱动。电主轴的内置脉冲编码器是以实现准确的相角控制以及与进给配合的高频变频装置，如图 1.6 所示。要实现电主轴每分钟几万转甚至十几万转的转速，必须采用高频变频装置来驱动电主轴的内置高速电动机，变频器的输出频率必须达到上千或几千赫兹。

图 1.6　电主轴的内置脉冲编码器

电主轴的工作原理是，将变频器或驱动控制器传输的电能转化为轴端输出的机械能，带动各种刀具或机构进行高速高效的切削加工及旋转运动。电主轴的动力来源为内置电动机，其中，电机定子中内嵌线槽，装有相位差为120°的三相绕组，且内置电机定子采用热装法装配在主轴水套内，转子与轴芯同样采用过盈配合。通电后电机旋转，电主轴通过流向电机定子的电流频率与激磁电压来调整电主轴的各种转速。电主轴的内置电机导致电主轴内部大量发热，因此电主轴还配有润滑系统和冷却系统。润滑系统不但能为轴承提供润滑，还能为轴承适当降温。电主轴尾部安装有内置脉冲编码器，用于控制轴芯内部的拉刀系统为主轴更换刀具[14]。

高速电主轴所融合的关键技术主要包括高速轴承技术、高速电机技术、冷却润滑技术。

(1)高速轴承技术：目前，高速电主轴通常采用角接触陶瓷球轴承，此类轴承耐磨耐热，寿命是传统轴承的数倍；有时也采用磁悬浮轴承或静压轴承，内外圈不接触，理论上寿命无限。

(2)高速电机技术：电主轴是电动机与主轴融合在一起的产品，电动机的转子即为主轴的旋转部分，理论上可以把电主轴看成一台高速电动机，关键技术是高速度下的动平衡。

(3)冷却润滑技术：电主轴的润滑一般采用定时、定量的油气润滑，也可以采用脂润滑，但润滑效率较低。定时，即每隔一定的时间注一次油。定量，即通过定量阀精确地控制每次润滑油量。油雾润滑是指主轴润滑油经由压缩空气从油杯中压出，在输油管内变成微雾随压缩空气一起喷入轴承工作区，使电主轴轴承得到充分的润滑和冷却，其中油量的控制很重要。通常对电主轴的外壁注入循环冷却剂，冷却装置的作用是保持冷却剂的冷却温度。

1.1.2 电主轴在现代制造业中的基础支撑作用

1. 高速电主轴的发展历史与趋势

我国的制造业正朝着高效率、高质量方向迅猛发展，机床作为制造业的基础，首当其冲，而高速电主轴作为机床的核心部件之一，受到了全世界机床厂商的青睐[15]，成为了当今制造业研究的热点。高速电主轴的发展历程如图 1.7 所示。国内对电主轴的研究始于 20 世纪 60 年代，当时我国电主轴行业处于萌芽期，主要仿制欧美地区及苏联的样机。国内形成以洛阳轴承研究所、哈尔滨轴承集团、瓦房店轴承集团与上海微型轴承厂为主体的开发试制电主轴的实体，以及配套机床开发生产电主轴的无锡机床厂磨床车间，主要进行零件内表面磨削，这种电主轴的功率低、刚度小，并且采用无内圈式向心推力球轴承，限制了高速电主轴的产业化。20 世纪 70 年代，我国第一代自行设计、自行开发的磨床用电主轴问世，轴承行业将之称为 DZ 系列，无锡机床厂称之为 SD 系列。到 20 世纪 80 年代，以 GDZ 系列和 4SD 系列电主轴为代表的高速、高刚度且大功率的电主轴问世。随着技术的革新，洛阳轴承研究所与以配套机床为主的无锡机床厂和安阳莱必泰企业为国内电主轴的专业生产厂商研制出的一系列高刚度、高转速的电主轴，广泛应用于内圆磨床和各个制造领域。自 20 世纪 90 年代以后，洛阳轴承研究所开发了 2GDZ 系列的超大功率、超大刚度磨床用电主轴，无锡机床厂开发了 5SD 系列磨床用电主轴。近年来，油气润滑、恒温冷却和陶瓷球轴承等新技术的发展为电主轴技术水平的提高创造了有利条件，广泛应用于大型数控加工中心和数控车床，我国数控加工技术得到了空前的飞速发展。现由于军工、基础装备、航空航天领域对高速电主轴的迫切需要，电主轴正朝着超高速、高精度的方向发展，特别是对空气电主轴、磁悬浮电主轴的研制均是未来的主要研究方向。目前，国内的电主轴产品涵盖内外表面磨削、高速数控铣、高速雕铣、加工中心、印制电路板(printed-circuit board, PCB)数控钻铣、高速数控车、高速离心、高速旋碾、高速实验等多个领域。

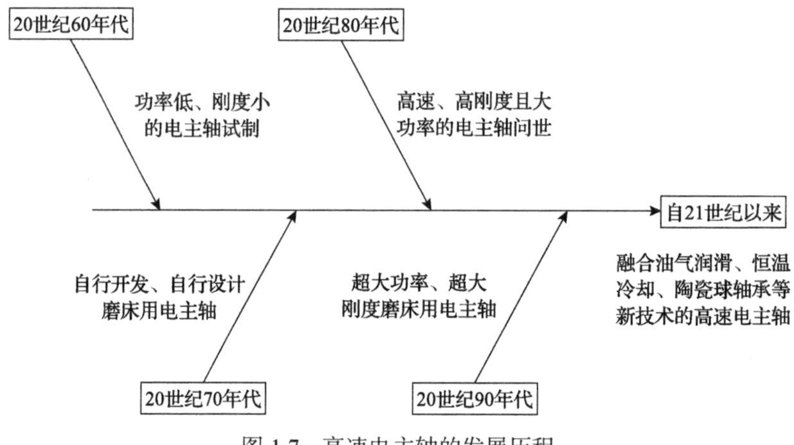

图 1.7　高速电主轴的发展历程

国外有关于电主轴的设计与性能研究最早开始于 20 世纪 60 年代[16]，电主轴最早用于内圆磨床，已经在德国、美国、日本、英国、瑞士、意大利等发达国家得到了广泛的应用[17]。20 世纪 80 年代，随着数控机床和高速切削技术的发展和需要，逐渐将电主轴技术应用于加工中心、数控铣床等高档数控机床。目前，电主轴已经成为现代数控机床主要的功能部件之一，且电主轴功能部件已经系列化，如图 1.8 所示的电主轴产品。具有代表性的有美国福特公司和英格索兰公司联合推出的 HVM800 卧式加工中心，采用的大功率电主轴最高转速达 15000r/min，由静止升至最高转速仅需 15s。瑞士 IBAG 公司在电主轴行业技术领先，被公认为代表了行业的发展趋势，它提供的电主轴已经系列化、标准化，其最大转速可达 140000r/min，直径为 33～300mm，功率为 125W～50kW，扭矩为 0.02～300N·m。日本三井精机公司生产的 HT3A 卧式加工中心，采用角接触陶瓷球轴承支承的电主轴，电主轴转速达 40000r/min。此外，还有瑞士的 FISCHER 公司，德国的 GMN 公司、HOFER 公司、西门子公司，意大利的 FIDIA 公司和 GAMFIOR 公司等。FIDIA 公司研制生产的高性能电主轴加工中心 HS664，采用水冷系统对主轴进行冷却，最高转速可达 36000r/min，功率为 26kW[18]；PERON SPEED 公司推出的 TCV-3E 机床，电主轴采用油气润滑，最大转速可达 24000r/min，且有较好的动平衡精度，加工精度较高。瑞士 FISCHER 公司研发生产的超精密加工用电主轴加工中心，电主轴采用陶瓷球轴承油气润滑，功率为 12kW，转速可达 42000r/min。英国布鲁内尔大学开发的五轴铣削机床采用气动悬浮轴承，最高转速可达 200000r/min[19]。

(a) 德国Zollern液体静压主轴　(b) 德国Hyprostatik磨削电主轴

(c) 瑞士TDM液压电主轴　(d) 中国广州昊志高速电主轴

图 1.8　国内外高速电主轴产品

这些公司生产的电主轴有以下特点：

(1)功率大、转速高。

(2)采用高速、高刚度轴承。国外高速高精密主轴上采用高速、高刚度轴承，主要包括陶瓷轴承和液体动静压轴承，特殊场合采用空气润滑轴承和磁悬浮轴承。

(3)精密加工与精密装配工艺水平高。

(4)配套控制系统水平高。这些控制系统包括转子自动平衡系统、轴承油气润滑与精密控制系统、定转子冷却温度精密控制系统、主轴变形温度补偿精密控制系统等。

2. 电主轴的高速、高刚性和高可靠性

现代数控机床需要同时满足低速粗加工时的重切削与精加工时的高速切削要求，因此机床用电主轴应具备低速大转矩、高速大功率的性能[20]。高速电主轴大功率化是国际机床产业发展的一个方向。近些年，国内对大功率半导体器件的研制有了飞跃性的发展，已经完全可以满足现有的电主轴应用场合所要求的功率等级，这为高速电主轴的大功率化奠定了基础。德国 GMN 公司的电主轴，在低速粗加工时的重切削力可达 1250N·m，在高速切削时精加工的最大输出功率可达到 150kW。

随着电主轴轴承及其润滑技术、精密加工技术、精密动平衡技术、高速刀具及其接口技术等相关技术的发展，数控机床用电主轴高速化已成为目前发展的普遍趋势。电主轴的功率和转速受电主轴体积及轴承限制，轴承节圆直径是反映电主轴刚度和转速的一个重要综合特征参数，轴承节圆直径越大，电主轴的性能越好，因此在保证电主轴高转速的前提下，增大主轴的直径，能提高电主轴的刚性，这是电主轴发展的方向之一。

3. 电主轴智能控制化和功能复合性

20 世纪初期，国内外电主轴的主轴电机采用的是常见的感应电机，但由于受结构和特性的限制，改变运行状态时电机很难在最佳效率点运行，其功率因数低、效率低。虽然采用变频调速、适量控制、功率因数补偿等技术改变了电机系统的效率，但感应电机的工作原理决定其运行效率的提高是有限的，特别是在位置和速度要求非常高的高精度高速电主轴系统中，应用时很难满足系统的要求。因此，选用转动惯量小、转矩密度高、控制精度高的永磁电机代替感应电机，这也是电主轴发展的一个重要方向。在主轴电机的智能控制方面，矢量控制已经被多数高速电主轴生产厂家所采用，采用自适应控制、直接转矩控制、定子优化控制等措施不断提高感应电机在电主轴中的应用性能。对于永磁同步电动机在低速粗加工时的重切削，多采用恒定转矩控制方式，而对于高速切削时的精加工，采用恒定功率控制。扩大永磁电机的弱磁区域并提高电机的稳定性，成为高速电主轴研究的热点问题。

高速电主轴具有结构紧凑、惯性小、响应快、转速高等优点，是实现高速和超高速切削的载体，在不同工况下，对于电主轴的刚度有着不同的需求，即需要低速大切削和高速小切削的多功能切削加工。目前电主轴的预紧方式主要分为两种，即定压预紧和定位预紧，如图 1.9 所示。固定的预紧力可能导致在低速工况下电主轴刚度不足，或高速状态下生热加剧，均会降低电主轴的加工精度。因此，一种具有变压预紧可调的电主轴被设计出来，它能适应不同工况下的需求，电主轴预紧机构为轴承提供必要的支撑刚度和可靠的工作环境，但是随着电主轴转速不断增加，轴承生热加剧，严重影响主轴加工精度[21]。因此，对于航空难加工材料的高速电主轴，在改善电主轴的结构局限性、降低电主轴制造成本的同时，提高电主轴性能的精密性和可调性，需要一种精度高、可调节预紧力的高速电主轴。在这种需求下，可实现变压预紧的多功能复合型高速电主轴，成为目前电主轴研究的主要方向之一。

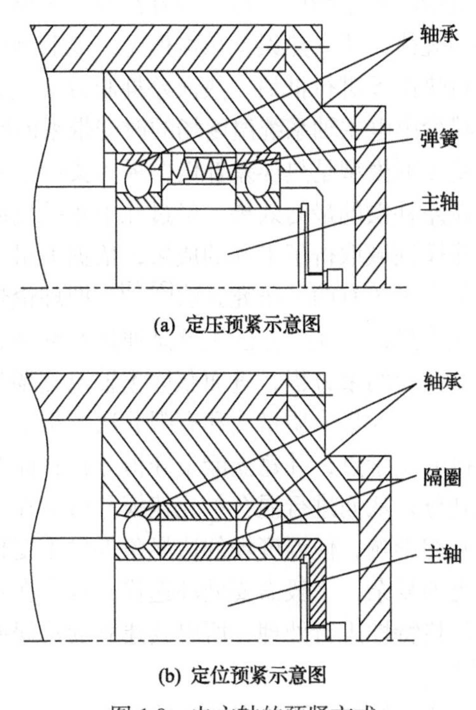

(a) 定压预紧示意图

(b) 定位预紧示意图

图 1.9 电主轴的预紧方式

综上所述，目前高速电主轴的多功能性主要体现在转轴传动、准确定位、轴心冷却、轴端密封、轴向定位精度补偿、变工况主轴变化动态平衡、低速转矩放大等。智能性主要体现在故障监测和诊断、各种安全保护两个方面，如异常的机床主轴振动信号监测、故障诊断、刀具磨损和损伤信号监测、自动补偿轴向位移、轴承温度监测、联锁保护、电机过载过热保护、松刀轴承的卸载保护等，维护人员可以通过热电制冷器(thermo electric coolers，TEC)安全诊断模块读取数据，从而确定电主轴的工作寿命和损伤程度，提前进行维修处理。

1.2 电主轴热误差建模技术概述

1.2.1 电主轴热误差建模国内外研究现状

电主轴热误差模型是分析预测温度和误差的数学模型[22]。准确地建立热误差预测模型，是实现电主轴温度误差补偿的先决条件，也是保证主轴高精度传动的关键。对热误差处理的方法主要可分为两种：一种是热误差补偿，另一种是热误差抑制。热误差补偿技术的核心是建立热误差预测模型，模型的准确性和稳健性是热误差预测模型的两个评价指标。建立高准确性和强稳健性的热误差预测模型可以很好地提升数控机床的加工精度。热误差补偿方法主要是通过对实验数据进行处理，找寻数据间的规律，建立热误差预测模型，随后预输入与预测热误差数值相反方向的位移，对热误差进行抵消。热误差抑制方法是通过对电主轴结构和冷却策略进行改善，减少由电主轴系统温度场的改变带来的影响。

建立电主轴热误差预测模型是热误差补偿中最为关键的一步，此模型的准确度和鲁棒性决定了热误差补偿的最终效果。经过几十年的发展，国内外的研究者已经在电主轴热误差建模领域取得了丰硕的成果，依据大量学者的研究成果，高速电主轴热误差建模技术主要有两种研究方法[23-25]，即理论热误差建模方法和经验热误差建模方法。理论热误差建模方法主要是通过对热量、温度、位移之间的关系进行探究，建立相应的约束方程，进而获取主轴温度场和位移场，按照所建立模型的离散度不同，可分为集中质量法和有限元法。集中质量法需要将零部件简化为由热阻进行连接的质量点，并建立能量守恒方程；而有限元法则对物理模型进行离散的网格化划分，从而进行混合单元建模分析。在主轴热变形过程中，温度场与结构场将会互相影响，使温度场的边界条件发生变化，此类方法的求解过程相比于经验模型更加复杂，一般需要循环迭代，且存在不收敛的情况，很难对电主轴复杂的内部传热特性进行处理，所以其建立的热误差预测模型的误差较大，发展也相对较慢[26]。

经验热误差建模方法是根据实际测得的实验数据，考虑输入数据与输出数据间的数学关系，建立热误差预测模型，一般具有较高的预测精度，包括最小二乘法、回归分析模型、灰色模型(grey models，GM)、神经网络模型、支持向量机(support vector machine，SVM)模型等[27-29]。最小二乘法原理相对比较简单，由仿真分析得到电主轴温度场分布情况，进而可确定实验数据的最佳拟合曲线，是热误差建模中应用最早的方法之一。由于这种方法建立的热误差模型预测效果较差，通常与其他方法配合使用。Tan 等[30]以某机床主轴为研究对象，采用最小二乘支持向量机(least squares support vector machine, LSSVM)混合模型对主轴进行建模，对比传统的灰色模型和多元线性回归(multivariable linear regression，MLR)模型，LSSVM 混合模型的预测精度比 GM 和 MLR 模型分别提高了 74.6%和 54.3%。回归分析由于本身的特性比最小二乘法更适用于复杂的电主轴系统热误差的建模。Han 等[31]对某机床主轴的温度变量和热误差变量进行了稳健回归分析，在验证实验中满足了补偿要求。雷春丽等[32]以热位移作为自变量，基于多元自回归模型对电主轴热误差建模与预测进行了研究，如图 1.10 所示。自回归模型的阶数在主轴运行初始阶段较小，因此在此阶段并未获取到模型的预测值。随着运行时间的增长，与热位移有关的解释变量累计增多，预测值才能拟合成预测曲线，因此此方法在电主轴早期热误差的预测中表现较差。杜宏洋等[33]从理论角度推导出一种主轴轴向热误差一阶自回归建模方法，克服了目前机床主轴经验热误差建模法普遍缺乏物理意义、建模精度和稳健性受热变形伪滞后效应影响较大等问题。此方法将主轴简化为一维杆件，指出自回归模型系数与主轴物理特性、自回归时间间隔、热源条件的关系，通过有限元仿真及在海德曼 T65 车床上进行实验验证，发现此方法可以在特定转速下将主轴 Z 向热误差控制在 10μm 内，满足实际使用需求，证明了一阶自回归模型的有效性。

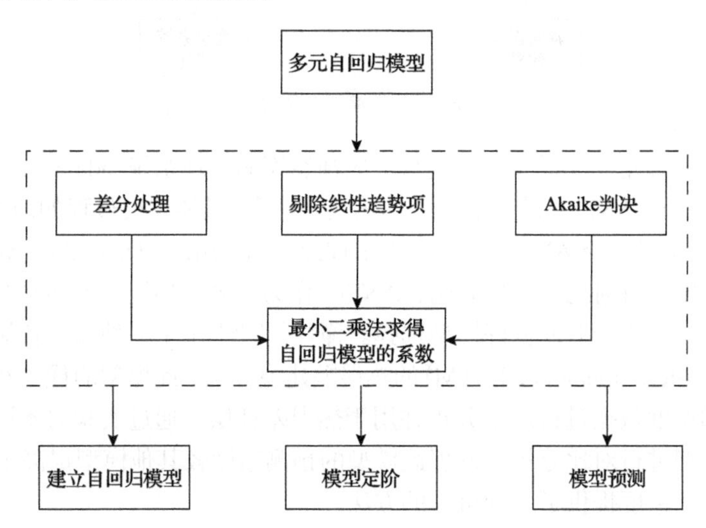

图 1.10　基于多元自回归模型对电主轴热误差建模原理图

在精加工中，切削热对机床温度的影响较小，因此实验数据在空转条件下测试得到。为了进行实时补偿，必须建立热误差与温度场之间的数学模型，并测量出一系列转速样本的温度和热误差数据。杜宏洋等[33]在主轴套筒、主轴箱各表面安置 32 个温度传感器，每隔一段时间采样一次，测量加工中心主轴组件的温差。他们采用五点法测量机床主轴热误差 X 方向、Y 方向、Z 方向的位移误差和垂直方向的倾角误差，并利用偏最小二乘回归方法对以上样本数据建立数值模型。经过计算和分析，发现此模型具有较强的预测能力和较高的精度，并且与热误差的物理解释非常吻合。偏最小二乘回归方法是一种新型多元数据统计方法，集多元线性回归分析、典型相关分析和主成分分析的基本功能于一体，将建模预测类型的数据分析方法与非模型式的数据分析方法有机地结合起来，同时它克服了普通最小二乘法无法完成样本点数量小于自变量个数的数据建模分析的缺点。根据实验数据特点，选择偏最小二乘回归方法是非常合适的，具体过程如图 1.11 所示。

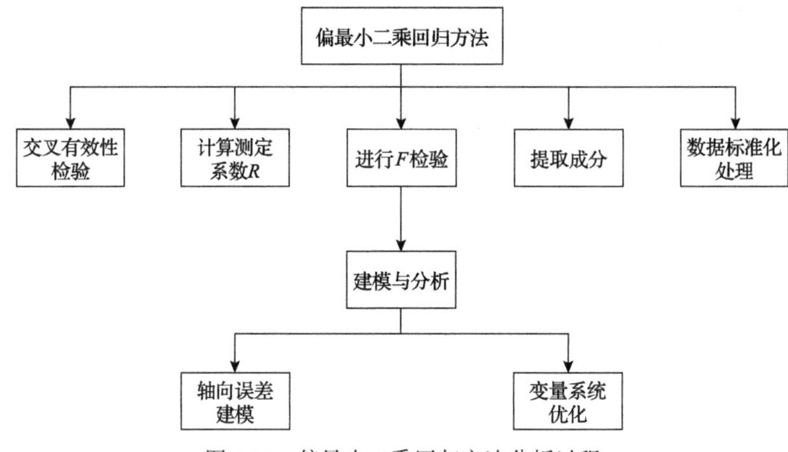

图 1.11　偏最小二乘回归方法分析过程

基于以上研究，戴野等[34]通过自适应神经模糊推理系统(adaptive neuro fuzzy inference system, ANFIS)进行了电主轴热误差建模，具体建模过程如图 1.12 所示，并将 9000r/min 转速下 ANFIS 与传统人工神经网络(artificial neural network, ANN)模型预测精度进行对比，结果表明，ANFIS 作为一种新型混合智能系统模型，是预测高速电主轴热误差的良好模型选择。谭峰等[35]提出了一种基于长短期记忆网络(long short-term memory, LSTM)的热误差建模方法，此模型的优势在于可以将各个时刻的温度数据进行总结分析并用于热误差补偿，通过实验对不同工况下的不同预测模型进行对比分析，发现此模型的预测精度较其他模型提高了 52%，为提高数控机床精度提供了一种可靠的方法。

近年来，还有一种关注度很高的机器学习方法，即支持向量机建模方法，该方法以支持向量回归(support vector regression, SVR)原理为基础，考虑目标的结构特性，降低结构风险误差的上限值，从而达到解决问题的目的[36]。Miao 等[37]通过多组实验测得了主轴在不同工况下的温度以及相对热误差的大小，发现在建模数据总量很小的情况下，多元线性回归模型与多元回归模型的预测结果精度较低，鲁棒性较差。相比之下，支持向量机模型具有预测精度不会因工况条件的改变而降低的特性。李高强等[38]提出一种基于遗传算法(genetic algorithm, GA)的

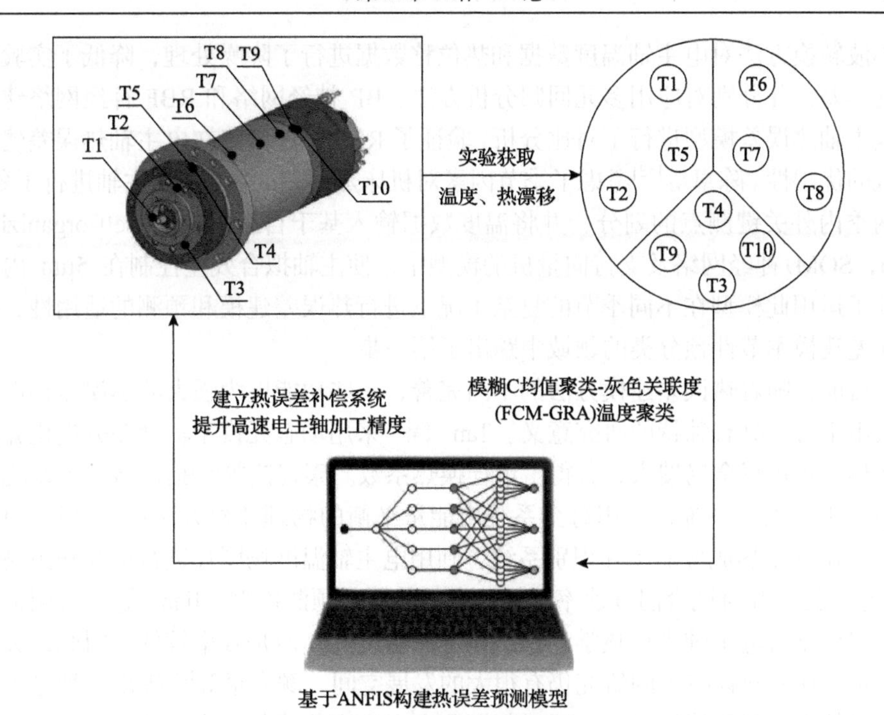

图 1.12 电主轴的热误差建模过程图

T1、T2-电主轴前端；T3、T4-前轴承外壳；T5-内部前轴承；T6、T7、T8-内置电机外壳；T9-后轴承外壳；T10-内部后轴承

LSSVM 热误差建模方法，并与未经过优化的 LSSVM 混合模型和经典反向传播(back propagation，BP)神经网络模型进行补偿结果对比分析，发现此模型通过遗传算法的优化选择具有较低的补偿残差且拟合效果得到了很大程度的提升。Zhang 等[39]提出一种基于串行灰色神经网络和并行灰色神经网络的五轴加工中心建模方法。Ma 等[40]提出了一种改进的神经网络和遗传算法-反向传播模型来预测高速主轴系统的热误差。Hou 等[41]建立了精确的主轴垂直方向温度分布的经验模型和近似物理模型，并采用多目标遗传算法将物理方法和经验方法相结合。此外，还有一些关于算法的研究也取得类似的进展，如径向基函数(radial basis function，RBF)神经网络算法、神经网络算法[42-44]、时间卷积网络(time convolution network，TCN)算法[45]、长短时记忆网络算法[46]等。通过对算法进行改进，预测的精度有所改善。BP 神经网络在训练时间、预测精度上存在缺陷，因此径向基神经网络在电主轴建模领域成为一个新的研究热点。RBF 神经网络的基本功能为可以解决 BP 神经网络峰值不同步的问题[47-50]。杜正春等[51]剖析了传统 BP 神经网络模型的缺陷，将理论与实践相结合，利用径向基函数的理论建立了基于 RBF 神经网络的数控机床热误差预测模型，通过对比 RBF 神经网络和最小二乘线性模型预测结果的评价指标发现，RBF 神经网络具有更好的拟合精度及补偿效果。崔良玉[52]首先通

过小波转换方法对电主轴温度数据和热位移数据进行了降噪处理，降低了实验数据的误差，并分别对应用多元回归分析方法、BP 神经网络和 RBF 神经网络建立的电主轴热误差模型进行了对比分析，验证了 RBF 神经网络在电主轴热误差建模领域的优越性。陈卓等[53]考虑了季节因素对机床热误差的影响，将主轴进行了冬、夏两季内外关键测点的划分，并将温度数据输入基于自组织映射(self-organizing map，SOM)神经网络及支持向量机的模型中，使主轴拟合残差控制在 5μm 内，验证了运用此模型在不同季节的复杂工况下进行热误差建模和预测的适用性，在热误差建模季节性预分类的领域中踏出了第一步。

目前，随着热误差建模方法的不断完善，一些功能更为强大的热误差补偿方法层出不穷，具有独特的研究意义。Tan 等[54]采用动态元模型辅助差分进化算法对换热系数进行全局搜索，获得了最佳换热系数。康程铭等[55]提出将整个系统划分为若干个独立系统，利用每个系统内能量平衡的物理建模方法进行分析。Wu 等[56]提出基于热成像的图片识别系统，利用电主轴温度场图片进行增强和预测。Liu 等[57]提出针对耦合温度速率和加速度的热误差预测模型。Jiang 等[58]采用拟蒙特卡罗模型对电主轴进行热学建模，该方法精度高，但是效率较低。因此，关于电主轴热误差建模技术的研究仍有很大的发展空间。颜宗卓等[59]提出一种电主轴系统热特性的卷积建模方法，通过热源测点温度变化量与响应函数的卷积来近似推算各部分温度，将热源温度代入优化后的卷积模型，将获得的热误差预测值与线性拟合结果相比，电主轴在运行前 50min 和前 100min 的拟合精度分别提升了 23.03%和 26.4%，证明了卷积模型在热特性较为复杂的开机阶段和升降温拐点处具有更加强大的处理能力，这为电主轴热误差补偿提供了一种新的解决思路。赵家黎等[60]将统计模型的回归系数当作状态向量，利用线性最小方差估计原理，提出一种基于卡尔曼滤波的机床主轴热误差建模新方法，实验表明，此方法构建的热误差预测模型相比于最小二乘法和最小二乘支持向量机法的补偿效果分别提升了 10.5%和 1.8%，建模时间分别减少了 0.9%和 6.8%。Xiang 等[61]克服了传统模型主轴热误差预测(model-based prediction，MBP)方法存在的三个严重矛盾：未建模的动力学与鲁棒性、模型精度与模型复杂度、部分线性化与整体复杂度，将一种新的数据驱动预测(data-driven prediction，DDP)方法应用于主轴热误差动态线性化建模中。在该模型中，利用伪偏导数使模型具有动态的自适应特性，选取前轴承上的四个关键温度点作为 DDP 模型的输入，不需要物理机理的信息，进行不同速度谱和初始温度下与 MBP 的三次对比实验，结果表明 DDP 模型在精确性和鲁棒性方面明显优于传统的 MBP 方法。

1.2.2 电主轴热误差检测国内外研究现状

对于数控机床用电主轴系统的热误差补偿方法，首先要对电主轴系统的温度和热误差进行准确有效的检测，然后进行温度测点的优化选取，并建立热误差模型，最终进行热误差补偿。热误差检测是热误差补偿的基础，电主轴温度测点优化是热误差补偿的关键，热误差补偿的效果直接取决于电主轴热误差模型的精确性与鲁棒性。

电主轴热误差实验的目的主要是检测电主轴运行过程中的热误差数据和与热误差相关的温度数据。图 1.13 为电主轴热误差实验的研究内容。获取的数据可为电主轴的热态特性、热变形等仿真分析提供参考，优化仿真分析中的热源和边界条件等。另外，还可以通过分析实验数据建立热误差和温度之间的映射关系，即热误差预测模型，进而对电主轴加工过程进行补偿。

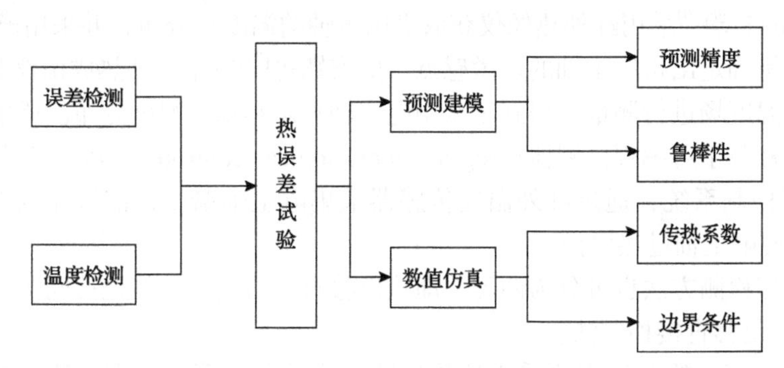

图 1.13 电主轴热误差实验的研究内容

热误差检测主要采集温度和热位移两个物理量。电主轴内部结构复杂，无法将大量的温度传感器安装在电主轴内部，因此无法直接检测电主轴内部的温度，但可以测量出电主轴的外部温度。温度检测方法可分为两类，即温度直接检测法和温度间接检测法。

(1)温度直接检测法。

温度直接检测法主要通过电容、热电偶、铂热电阻等实验仪器，配合相应的数据采集卡及软件进行数据的获取。苗恩铭等[62]测量了微型铣削加工电主轴的热膨胀和使用该主轴加工的槽深，探究了主轴在预热加工和未预热加工两种情况下电主轴热膨胀对加工精度的影响。Attia 等[63]研究了用热电偶测量主轴表面温度的诸多影响因素，如热电偶和热源之间的距离、沿热电偶导线的热流、热电偶和表面间的接触性能等。Guo 等[64]采用热敏电阻测量主轴温度数据，使用电容传感器测量某数控机床的轴向热误差，在加工过程中采用建立的热误差补偿模型进行补偿，使加工误差从 34μm 降低到了 5μm。Ge 等[65]利用碳纤维增强塑料的热收缩原理设计了一种电主轴热误差控制装置，该装置将若干塑料棒均匀分布于电主轴外壳周围，抑制电主轴因温度升高而产生热位移，实验表明，该方法可减少约 97%的热位移，达到较好的抑制效果。周金芳等[66]通过多通道数据采集卡、热敏电阻温度传感器和高精度位移传感器，实现了高速电主轴在线温升和热误差检测。吴玉厚等[67]基于 LabVIEW 平台，使用热电偶传感器开发了电主轴温度检测模块，该模块具有良好的可视性。

(2)温度间接检测法。

温度间接检测法主要通过采用红外热成像仪来拍取相应的热成像图片，结合图像温度提取处理算法获得对应位置的温度数据。孙磊[68]采用红外热成像仪进行主轴热变形实验，结合相应算法得到数控主轴箱温度场数据。Clough 等[69]为研究电主轴热态特性、测量热误差，建立了热位移与电主轴温度分布的关系，从多个方案中确定采用红外热成像监测，并强调在线监测过程中热分析的重要意义。Abdulshahed 等[70]采用红外热像仪获取机床主轴的温度场分布，并采用模糊 C 均值聚类分析确定出机床主轴的热敏感点。史安娜等[71]应用红外热成像仪对车床用电主轴的温度场进行测量，得到车床用电主轴瞬态和稳态温度分布。梁中源等[72]开发了一种基于可编程控制器(programmable logical controller，PLC)的机床主轴温度检测控制系统，通过红外温度传感器采集电主轴温度，信号经调理后输入 PLC，实现电主轴过热保护。

热位移检测方法也可分为两类，即热位移直接检测法和热位移间接检测法。

(1)热位移直接检测法。

热位移直接检测法主要采用位移传感器或千分表等设备直接测量热位移数据。热位移直接检测法包括三点检测法、五点检测法等，如图 1.14 所示。热位移直接检测法所使用的位移传感器通常为电容式位移传感器、电涡流位移传感器和激光位移传感器。Lee 等[73]设计了一种测量主轴变形的主轴误差分析仪，该仪器可检测主轴三个方向上的误差，探针通过金属夹具固定，以确保其相对位置不变，使用该仪器测得的数据与仿真结果的误差不超过 10%。Sarhan[74]在立式加工中心

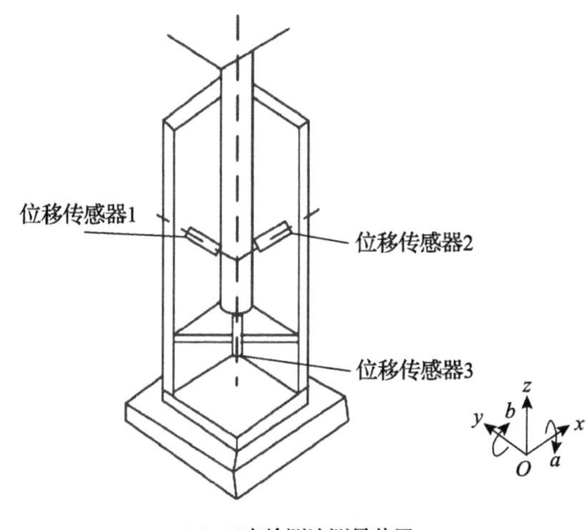

(a) 三点检测法测量装置

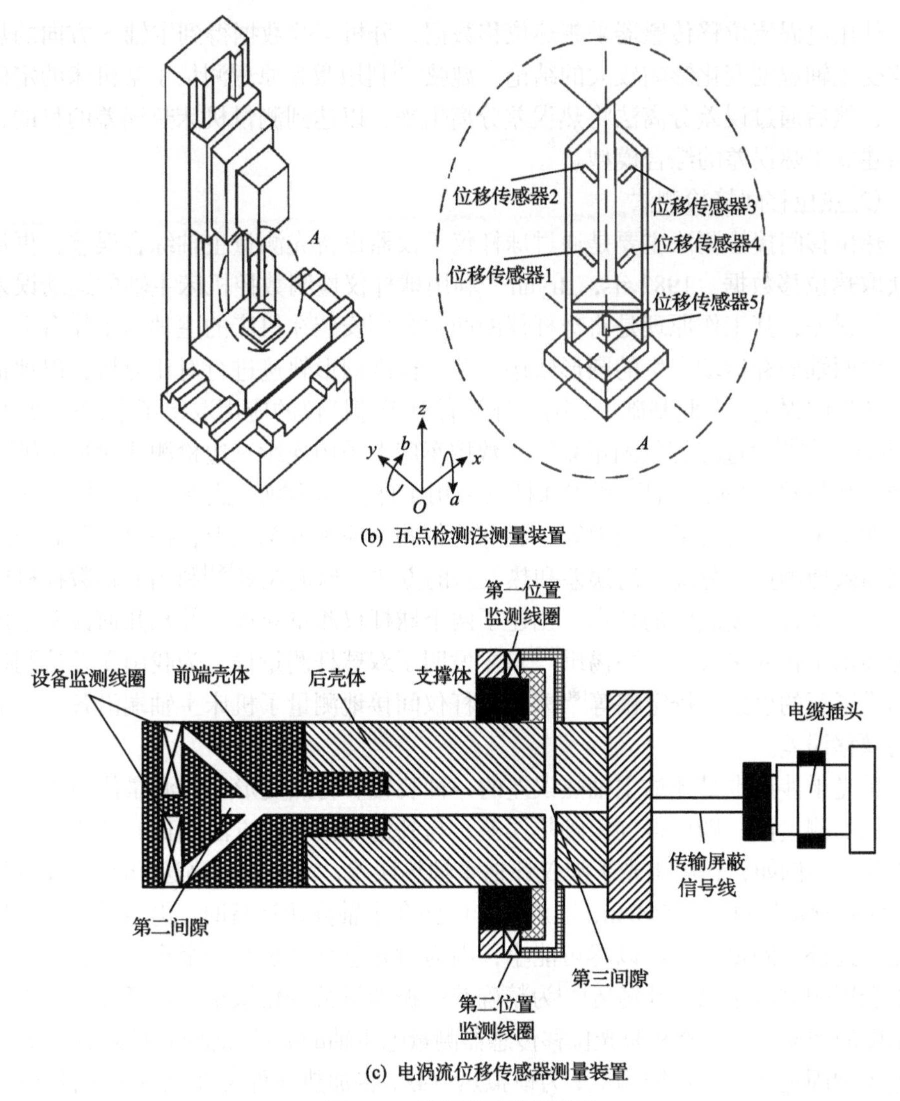

(b) 五点检测法测量装置

(c) 电涡流位移传感器测量装置

图 1.14 热位移直接检测法

主轴的 x 轴、y 轴和 z 轴上安装了电涡流位移传感器，进而获得了热位移数据。Creighton 等[75]使用电容传感器和热电偶测量一种微型高速铣削电主轴的轴向热误差和温度数据，基于实验数据建立的补偿系统使该型电主轴的加工精度从 6μm 降低到 1μm 以下。Li 等[76]提出了一种检测电主轴轴向(z 轴)和径向(x 轴、y 轴)热位移的五点测量法，该方法可以同时检测热位移以及 x 方向、y 方向的热偏转误差。孙振宏[77]使用 PT100 型热电阻式温度传感器和电涡流位移传感器分别测量了某主轴系统的温度和热误差数据，发现实验结果与仿真结果仅有 10%左右的误差。赵瑞月[78]使用电阻式温度传感器采集了某立式龙门机床的 27 个温度测点数据，使用电涡流位移传感器采集热位移数据，分析实验数据得到主轴 z 方向的热位移受主轴温度变化影响较大的结论。魏弦[79]利用激光原理测量了某机床的定位误差，然后通过误差分离法将热误差分离出来，以达到测量机床热误差的目的，随后建立了热误差的综合模型。

(2)热位移间接检测法。

热位移间接检测法主要是通过球杆仪等仪器设备先测量主轴综合误差，再从中获取热位移数据。1982 年，Bryan[80]利用球杆仪检测数控机床主轴的运动误差和几何误差，其工作原理是将球杆仪的两端分别安装在机床的主轴与工作台上，测量由两轴插补运动产生的圆形轨迹，并与标准圆形轨迹进行对比分析，以评估主轴产生的误差。在此基础上，国内外学者对于球杆仪的应用取得了丰硕的成果。Srinivasa 等[81]通过球杆仪测量系统在数控车床上采用连续三边检测法测量了轴向和径向热位移。Yang 等[82]利用球杆仪采用半球面螺旋轨迹法测量了主轴的热位移，取得了良好的效果。商鹏等[83]在球杆仪测量原理的基础上，提出一种利用球杆仪高效地测量、分离几何误差和热误差的方法。何振亚等[84]利用五轴数控机床用电主轴多自由度旋转的特点，创建了两个球杆仪测量轨迹，并从几何误差中成功分离出主轴的热误差。马锡琪[85]自主发明了双球杆测量仪，为我国误差检测技术提供了新的思路。杨宝鹏等[86]采用球杆仪间接地测量了机床主轴端沿各个运动轴的漂移误差。

激光干涉仪也是评估主轴热误差的一种装置。将热变形后的测量值减去主轴运行前的测量值，即可得到主轴热误差。与其他非接触式方法相比，该方法具有若干优点。例如，利用激光干涉仪评估主轴热误差，可以获得高达 1nm 的高分辨率；样品额定值可达 2.5MHz，这意味着即使在主轴高速运行时，仍然可以测试热误差；此外，测量区域可以尽可能小，因为激光总是聚焦在一个小点上；噪声几乎不会影响测试结果。叶钰等[87]为精确获取振动量及变化微小的热延伸量，采用高精度的加速度传感器和激光位移传感器测量电主轴的振动和轴向位移。Hey 等[88]将电主轴固定在一个钢结构上，为模拟热负载，将加热元件夹在电机和组件之间，并使用光学激光位移传感器测量热误差。Castro[89]使用激光干涉仪测量夹在主轴上的高精度球体的反射，间接地测量电主轴热误差。Deng 等[90]采用电荷耦合器件(charge-coupled device，CCD)激光位移传感器和涡流位移传感器建立了位移测量系统，并根据实验结果建立了热变形补偿模型。

热位移直接检测法具有便捷、清晰的优点，而热位移间接检测法高效精准。随着有限元分析技术的发展，仿真分析的应用为电主轴热误差检测提供了一种新的方法。高速电主轴系统中许多零部件在工作时都会产生巨大的热量，主要以热传导、热辐射、热对流等方式互相影响，其中热传导和热对流是其内部的主要传热方式。因此，电主轴系统内同一个零部件的温度可能是两种或两种以上传热方式共同造成的结果，具有发热不确定性。利用传热学理论知识对高速电主轴系统进行热分析时，应该提炼次要因素，抓住主要矛盾。根据传热机理，进行电主轴系统与流体的对流换热分析、电机定子与转子间隙气体的对流换热分析、定子与冷却水套的对流换热分析、前后支撑轴承与压缩空气的对流换热分析、电主轴与周围空气的对流换热分析等，这些是得到主轴系统内部温度场分布情况的必需条件。

1.2.3 电主轴测点优化国内外研究现状

对于温度传感器布置优化，一般来说，机床上温度测点数越多，所建立的热误差预测模型越精确，对热误差的估计也就越精确。但过多的温度测点会大大增加数据处理的工作量，同时考虑到温度测量系统的成本，有必要对测温点进行优化运算和处理。测温点的优化是指在保证热误差模型精度的条件下，用较少的测温点代替众多的测温点，以简化热误差建模与补偿系统。

热误差主要是由电主轴运转过程中温度变化引起的，因此在电主轴热误差建模过程中，通常将温度变量作为模型的输入。电主轴系统的温度场是非线性的、时变的，其分布较为复杂，为了获得准确的温度分布，需要布置大量的温度传感器，由此会提高测试成本和测量计算误差的工作量。同时，电主轴系统热源具有交互性，各测温点之间具有很强的相关性，若在热误差建模中涉及更多的温度变量，则容易产生多重共线性问题，降低热误差模型的鲁棒性。温度测量点选择过多会带来较大的测量误差，而温度测量点选择过少会导致温度数据中包含的信息不完整。因此，科学的温度测量点优化策略至关重要。通过智能算法对多个温度测量点进行滤波，得到有效的温度测量点，在高速电主轴热误差建模过程中，有效的温度变量有助于提高热误差补偿预测模型的精度和泛化能力。目前，针对电主轴的温度测点优化技术大致可以分为四类，包括聚类与相关分析优化法、热模态分析优化法、启发式算法与回归分析优化法和新型算法分析优化法，如图 1.15 所示。在算法优化温度传感器布置数量最少的情况下，选择对热误差影响最大的热敏感点，可以获得最佳的拟合、预测效果和较强的鲁棒性。因此，国内外专家针对电主轴温度测点优化这一技术难点，进行了大量的研究工作。

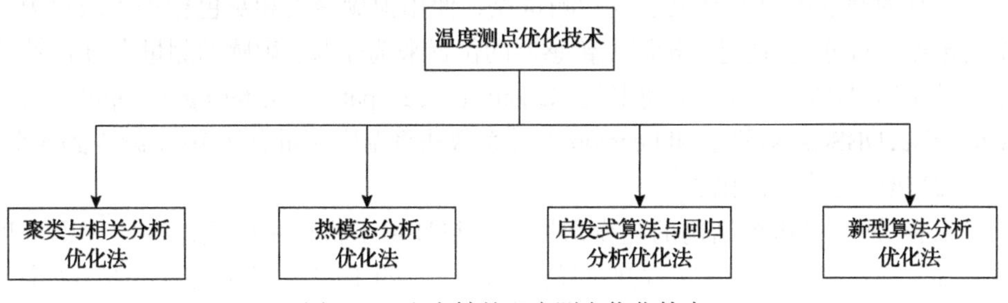

图 1.15 电主轴的温度测点优化技术

(1)聚类与相关分析优化法。

张捷等[42]针对某型加工中心的主轴系统，采用模糊聚类分析方法对测温点进行分组，然后使用灰色关联分析方法从每组中优选出与热误差关联程度高的测温点，优化效果较好。王续林等[91]采用粒子群优化(particle swarm optimization，PSO)算法改进 K 均值(K-means)聚类模型，对温度测点进行了优化。孟祥忠[92]提出一种偏相关-灰色综合关联度的方法对温度测点进行了优化。沈振辉等[93]采用模糊 C 均值(fuzzy C-means，FCM)聚类和相关分析方法，减少温度测点，避免了热变量之间的耦合问题。Wang 等[94]摒弃了现有的建模方法，使用隐性变量建模方法确定了最佳热敏感点，最后通过实验验证了此方法的可行性。Zhou 等[95]使用 K-means 聚类算法对不同位置的温度测点进行了聚类和滤波，通过 Pearson 相关系数计算分析主轴温度与热误差的关系，将温度测量点由 8 个减少到 2 个，并将选择出最优的测量点组合，并应用于热误差建模。李逢春等[96]分别在稳健回归热误差模型和人工神经网络模型中确定了温度传感器的位置，基于相关系数分析的 FCM 聚类方法，将传感器数量减少为原来的 1/6，达到了降低数据冗余性的效果。Abdulshahed 等[97]提出了利用热成像仪采集电主轴运行过程中的热图像，进而获取模型输入的方法，首先通过热图像找出不同关键温度点的集群，然后使用灰色理论和 FCM 聚类进行集群的优选，最后获得 4 个关键温度点。Gou 等[98]采用模糊聚类方法对测温点进行分组，采用灰色关联模型分析电主轴温度场分布中各测量点对热变形的重视程度，根据修正的确定系数对温度测点进行优选，结果表明该方法具有可行性和有效性。Li 等[99]首先结合温度值信息、温度形状信息以及温度与误差的关系，构建综合温度信息(synthetical temperature information，STI)矩阵，使用多个聚类有效性指数(cluster validity index，CVI)确定最佳聚类数；其次，利用 STI 矩阵和最优聚类数进行 FCM 聚类，并利用相关系数选择热敏感点，建立了基于 STI 的鲸鱼优化算法(whale optimization algorithm，WOA)优化的 SVR 模型(简称 S-WOA-SVR 模型)；最后，对 S-WOA-SVR 模型进行了不同速度下的验证，并与其他传统方法进行了对比，如 WOA 基于传统聚类方法优化的 SVR 模型和基于 STI 的 GA 优化的 SVR 模型(S-GA-SVR)。Liu 等[100]通过定义温度敏感度，选择对热误差具有高灵敏度的测量点，使用模糊聚类和灰色相关等级对第一个选定点进行分类，通过分析温度传感器的位置来选择温度敏感的测量点。Li 等[101]使用基于密度的噪声应用空间聚类(density-based spatial clustering of applications with noise，DBSCAN)算法和 Pearson 相关系数法将温度测量点从 16 个减少到 5 个。

(2)热模态分析优化法。

朱睿等[102]以机械结构的热变形原理和热环境下机床主轴模态变化原则为理论基础，通过最优分割法选取热敏感点，将初始的 16 个温度测点淘汰掉 13 个，并由实验结果证明了温度测点优化的必要性。Li 等[103]提出一种基于热逆传导的主轴系统热关键点选取方法——平均冲击值法，该方法从 13 个温度点中选取出 4 个主要的热关键点，此方法是基于热关键点的多变量热误差建模方法，结果表明热关键点的选择结果效果较好。Chen 等[104]通过研究发现基于温度的热误差模型的可靠性较差，由此提出了一种基于位移的热误差模型，该模型将热变形与电主轴某些位置的热位移联系起来，具有较好的预测效果。Fu 等[105]通过综合分析温度场分布对主轴热误差的影响，将机床划分为不同的热源区域，提出综合选择方法，通过比较对应一系列 *K* 值的温度变量组合，从一组温度点中获得关键温度变量组合，得到各热源区域的关键温度变量组合，通过将各区域的关键温度变量组合设置为初始温度点，选择全局热敏感点组合。

(3)启发式算法与回归分析优化法。

Li 等[106]提出了一种改进的二元蚱蜢优化算法(improved binary grasshopper optimization algorithm, IBGOA)结合逐步回归方法进行热敏感点筛选。苗恩铭等[62]考虑了热敏感点变动的影响，采用主回归分析的方法对温度测点进行优化，表明主回归分析建立的模型鲁棒性更好[107]。王秀山等[108]利用小波压缩技术和遗传算法最终获取了 4 个最优敏感点热源的位置。El Ouafi 等[109]采用正交表设计实验，并通过计算贡献度从 16 个温度变量中选取了 4 个，且建模精度提高了 5%。Fan 等[110]为了消除温度变量的冗余，采用逐步回归分析对温度进行筛选，最终确定了 5 个最优温度变量。Lee 等[111]基于相关分组法和连续回归分析，有效地减少了温度变量的数量。Tan 等[112]使用最小二乘支持向量机作为基本的热误差建模方法，使用二进制蝙蝠算法(binary bat algorithm，BBA)作为优化算法，筛选出 3 个最优关键温度点。

(4)新型算法分析优化法。

刘璞凌等[113]探究了热误差对工件尺寸及加工能力指数(Cpk)的影响规律，提出了一种基于 Cpk 的热敏感点选择方法，利用测温点数据与工件内径尺寸数据构建了预测模型 $D(T)$，此方法成功选出了 3 个敏感点，为温度测点优化技术提供了一种新方法。Lee 等[114]首先采用独立成分分析方法从电主轴温度变量中提取出热源，然后使用 OBS(optimal brain surgeon)算法对不显著的温度变量进行简化，最后在补偿实验中证明该方法可补偿微米级的热误差。Yan 等[115]采用直接判据法和间接判据法有效减少温度变量的数量，经过优化后，模型的精度有所提高。Krulewich[116]利用热致误差与温度场积分相关概念，通过高斯积分技术捕获该积分，这种方法创建了一个具有分析基础的简单线性模型，其中传感器的数量和位置被选为沿假设多项式温度曲线的高斯积分点，与许多替代方法相比，这种方法的优点是在预热和冷却的情况下可以用与稳态条件相同的模型来表示。Wang 等[117]对大量温度数据进行二进制数字编码，对图像数据进行多小波的温度压缩，使用遗传优化算法，目标函数是测量值与模型值之间的残差，对 650 代温度图像数据进行优化，并获得了 4 个最灵敏热源的位置，结果符合工程要求。

综上所述，温度测点优化技术要求选择的温度变量在能够反映电主轴温度变化的前提下，尽可能地减少温度变量的数量，为电主轴的热误差建模提供便利，同时还有助于提高热误差建模的鲁棒性。

1.3 本书研究内容和研究意义

高速精密加工是当今机械加工的主要发展方向，五轴数控机床作为高速精密加工的载体，应用十分广泛[3,118]。随着高速精密加工技术与机床技术的进步和发展，电主轴技术呈现出向高速大功率、高精度、高刚度、高可靠性、长寿命的方向发展的总体趋势。普通电主轴受主轴支承、润滑、冷却等技术的限制，其运转速度、刚度、精度和寿命均受影响。热误差是数控机床和其他精密加工机床的最大误差源，占总误差的 40%～70%[119]，在实际加工过程中，高速电主轴作为机床的核心部件，影响电主轴加工质量的主要因素是由电主轴内部热量堆积而产生的热变形，热变形所导致的电主轴热误差占加工总误差的 50%以上[43,120]，是影响数控机床加工精度的主要因素，这在很大程度上限制了加工精度的提高[95]。因此，避免电主轴热变形所造成的影响，是提高五轴数控机床加工精度的关键，也是一个亟须解决的重要问题。

本书基于作者对高速电主轴的热态性能影响、温度测点优化技术和热误差建模技术的研究成果，从根本上分析了电主轴热特性影响数控机床电主轴性能和质量的关键科学问题。这对于提高数控机床电主轴的精度、使用寿命和可靠性，提升我国高档数控机床主轴的整体技术水平，缩短与国外先进国家之间的差距，逐步实现高速电主轴制造的专业化和产业化，从而提高国产加工中心等数控机床在市场上的竞争力，为我国在该领域的研究和应用提供了技术储备。本书内容安排如下：

第 1 章简要介绍电主轴的结构和工作原理、电主轴在现代制造业中的作用、电主轴热误差建模和检测技术国内外研究现状等。

第 2 章主要介绍电主轴系统内部的生热及传热机理，建立电主轴系统的传热模型；对电主轴内部动力系统与传动系统进行生热分析，建立生热模型以计算热源的生热量；针对高速电主轴结构十分紧凑、系统的传热机理复杂问题，分析电主轴各零部件之间的换热方式，计算电主轴各零部件之间的对流换热系数；基于不同型号的电主轴，列出多种类型的电主轴结构参数并计算其生热和传热结果。

第 3 章主要基于电主轴传热机理进行热态特性仿真研究。基于电主轴结构参数建立电主轴三维简化模型，并进行有限元仿真前处理；基于各工况下的生热情况得到不同电主轴类型的生热仿真结果并进行分析；进行角接触球轴承的服役仿真分析，并研究预紧力对电主轴热特性的影响；为改善电主轴热态特性，提出几种优化电主轴内部散热、提高加工精度的方式；研究电主轴因生热导致的内部结构参数变化对动态特性的影响。

第 4 章主要进行电主轴温度与热误差检测实验研究，介绍电主轴温度与热误差数据采集实验方案设计；搭建电主轴热态特性实验平台，分析不同传感器的优缺点并进行温度测点及热误差测点的合理选择；针对不同型号的电主轴进行实验数据采集，以电主轴转速、环境温度和冷却水为影响因素分析电主轴各测点下温度及热误差的实验结果变化情况。

第 5 章主要进行电主轴温度测点优化技术研究，介绍电主轴温度测点优化的重要性以及现有方法；对现有的方法进行概述，并讨论它们的优点和局限性；对实验数据进行灰色关联分析，优化电主轴的温度测点；基于模糊聚类(FCM)与多尺度灰色关联分析(MS-GRA)选取热敏感点；讨论如何使用多尺度分析来提高温度测点优化的准确性。

第 6 章主要分析电主轴热误差对数控机床加工精度的影响。为减小热误差对加工精度的影响，需要建立电主轴热误差模型。热误差建模的方法可以分为理论建模和实验建模两种。理论建模方法主要是基于传热学理论和有限元分析等方法，通过数学模型描述电主轴的温度场和热误差之间的关系；实验建模方法则是通过实验手段获取电主轴热误差数据，建立热误差和相关因素之间的模型。本章介绍几种常见的电主轴热误差建模方法，包括自适应神经模糊推理系统(ANFIS)、基于差分进化算法、灰狼优化算法和支持向量回归的组合方法(DE-GWO-SVR)、基于遗传算法和广义回归神经网络的组合方法(GA-GRNN)以及反向传播(BP)神经网络方法等，详细介绍这些方法的基本原理、模型建立和验证过程，并通过实验数据来评估它们的性能和准确性。

第 7 章主要介绍多种其他电主轴热误差模型的建立与验证方法，包括 SSA-Elman 热误差模型、BAS-BP 热误差模型、MPA-ELM 热误差模型、AO-LSSVM 热误差模型、PSO-SVM 热误差模型和 SO-KELM 热误差模型，这些模型采用了不同的优化算法和机器学习算法，旨在提高电主轴热误差预测的准确性和可靠性。实验结果表明，模型能够有效地预测电主轴的热误差。通过本章的介绍，可以看到电主轴热误差建模技术的重要性和广泛应用，这些方法为提高电主轴的加工精度和性能提供了有效的工具和手段。

第 8 章主要介绍电主轴变压预紧实验的相关内容。首先介绍电主轴轴承预紧力的计算方法，探讨热诱导预紧力对轴承-转子系统的影响；其次对电主轴变压预紧进行仿真分析，并进一步分析了电主轴的变压预紧结构；最后搭建变压预紧电主轴实验平台，并对实验结果进行分析，包括温度和热位移数据的采集与处理。通过本章的研究，可以更好地了解电主轴变压预紧的原理和实验方法，可为提高电主轴的性能和稳定性提供理论支持和实践指导。

参 考 文 献

[1] 刘腾. 电主轴单元热误差建模与主动控制方法[D]. 天津: 天津大学, 2016.

[2] Li Y, Zhao W H, Lan S H, et al. A review on spindle thermal error compensation in machine tools[J]. International Journal of Machine Tools and Manufacture, 2015, 95: 20-38.

[3] 杜正春, 杨建国, 冯其波. 数控机床几何误差测量研究现状及趋势[J]. 航空制造技术, 2017, 60(6): 34-44.

[4] 蒋书运, 张少文. 高速精密水润滑电主轴关键技术研究进展[J]. 机械设计与制造工程, 2016, 45(5): 11-17.

[5] 熊万里, 孙文彪, 刘侃, 等. 高速电主轴主动磁悬浮技术研究进展[J]. 机械工程学报, 2021, 57(13): 1-17.

[6] Zhang C W, Ge Q J, Xie Z J, et al. Analysis on the bearing characteristics of gas-lubricated spiral-groove thrust micro-bearings in helium-air gas mixtures[J]. Tribology, 2018, (32): 213-219.

[7] Abele E, Altintas Y, Brecher C. Machine tool spindle units[J]. CIRP Annals-Manufacturing Technology, 2010, 59(2): 781-802.

[8] 单刚, 单文桃, 芮晓倩. 电主轴关键技术研究综述[J]. 数码设计, 2017, (6): 103-105, 111.

[9] 熊万里. 我国高性能机床主轴技术现状分析[J]. 金属加工(冷加工), 2011, (18): 5-11.

[10] 田尚沛. 高速电主轴热固耦合机理分析[D]. 天津: 天津工业大学, 2019.

[11] 宣立宇. 高速电主轴热特性分析及轴芯冷却研究[D]. 哈尔滨: 哈尔滨理工大学, 2022.

[12] 彭兴来, 李正. 电主轴技术综述[J]. 电子测量技术, 2020, 43(15): 1-7.

[13] 马帅. 基于 Fluent 的电主轴热态分析及结构优化[D]. 昆明: 昆明理工大学, 2015.

[14] 赵月娥, 王美妍. 浅谈高速电主轴技术发展[J]. 河南科技, 2013, (16): 111, 115.

[15] 张珂, 孙红, 富大伟, 等. 高速电主轴的原理与应用[J]. 沈阳建筑工程学院学报, 1999, (1): 68-72.

[16] 李贺. 电主轴温度预测模型建立与实验研究[D]. 哈尔滨: 哈尔滨理工大学, 2021.

[17] Jedrzejewski J, Kowal Z, Kowal Z, et al. High-speed precise machine tools spindle units improving[J]. Journal of Materials Processing Technology, 2005, 162-163(1): 615-621.

[18] Brecher C, Spachtholz G, Paepenmüller F. Developments for high performance machine tool spindles[J]. CIRP Annals, 2007, 56(1): 395-399.

[19] 钟洪. 机床主轴功能部件技术发展现状与展望[J]. 世界制造技术与装备市场, 2014(1): 95-100.

[20] 高思煜. 超高转速空气静压电主轴特性分析与实验研究[D]. 哈尔滨: 哈尔滨工业大学, 2016.

[21] Huo D H, Cheng K, Wardle F. A holistic integrated dynamic design and modelling approach applied to the development of ultraprecision micro-milling machines[J]. International Journal of

Machine Tools and Manufacture, 2010, 50(4): 335-343.

[22] Liu Y S, Miao E M, Liu H, et al. CNC machine tool thermal error robust state space model based on algorithm fusion[J]. The International Journal of Advanced Manufacturing Technology, 2021, 116(3/4): 941-958.

[23] Li J W, Zhang W J, Yang G S, et al. Thermal-error modeling for complex physical systems: The-state-of-arts review[J]. The International Journal of Advanced Manufacturing Technology, 2009, 42(1): 168-179.

[24] Chen J S, Yuan J, Ni J. Thermal error modelling for real-time error compensation[J]. The International Journal of Advanced Manufacturing Technology, 1996, 12(4): 266-275.

[25] Wang Y D, Zhang G X, Moon K S, et al. Compensation for the thermal error of a multi-axis machining center[J]. Journal of Materials Processing Technology, 1998, 75(1/2/3): 45-53.

[26] 王海同, 李铁民, 王立平, 等. 机床热误差建模研究综述[J]. 机械工程学报, 2015, 51(9): 119-128.

[27] 公维晶, 张丽秀, 李金鹏, 等. 电主轴热变形预测模型的综述[J]. 机电产品开发与创新, 2016, 29(3): 125-128.

[28] 刘阔, 孙名佳, 吴玉亮, 等. 无温度传感器的数控机床进给轴热误差补偿[J]. 机械工程学报, 2016, 52(15): 162-169.

[29] 赵万芹, 刘昊栋, 施虎. 机床热误差的检测与建模方法[J]. 科学技术与工程, 2021, 21(16): 6546-6555.

[30] Tan F, Yin M, Wang L, et al. Spindle thermal error robust modeling using LASSO and LS-SVM[J]. The International Journal of Advanced Manufacturing Technology, 2018, 94(5): 2861-2874.

[31] Han J, Wang L P, Cheng N B, et al. Thermal error modeling of machine tool based on fuzzy c-means cluster analysis and minimal-resource allocating networks[J]. The International Journal of Advanced Manufacturing Technology, 2012, 60(5): 463-472.

[32] 雷春丽, 芮执元. 基于多元自回归模型的电主轴热误差建模与预测[J]. 机械科学与技术, 2012, 31(9): 1526-1529.

[33] 杜宏洋, 陶涛, 侯瑞生, 等. 机床主轴轴向热误差一阶自回归建模方法[J]. 哈尔滨工业大学学报, 2021, 53(7): 60-67.

[34] 戴野, 尹相茗, 魏文强, 等. 基于 ANFIS 的高速电主轴热误差建模研究[J]. 仪器仪表学报, 2020, 41(6): 50-58.

[35] 谭峰, 李成南, 萧红, 等. 基于LSTM循环神经网络的数控机床热误差预测方法[J]. 仪器仪表学报, 2020, 41(9): 79-87.

[36] 王一鹏, 陈学振, 李连玉. 基于小波包混合特征和支持向量机的机床主轴轴承故障诊断研究[J]. 电子测量与仪器学报, 2021, 35(2): 59-64.

[37] Miao E M, Gong Y Y, Niu P C, et al. Robustness of thermal error compensation modeling models of CNC machine tools[J]. The International Journal of Advanced Manufacturing Technology, 2013, 69(9): 2593-2603.

[38] 李高强, 张宇, 李鸣. 基于 GA-LSSVM 的数控机床热误差建模方法研究[J]. 机床与液压, 2021, 49(2): 26-30.

[39] Zhang Y, Yang J G, Jiang H. Machine tool thermal error modeling and prediction by grey neural network[J]. The International Journal of Advanced Manufacturing Technology, 2012, 59(9): 1065-1072.

[40] Ma C, Zhao L A, Mei X S, et al. Thermal error compensation based on genetic algorithm and artificial neural network of the shaft in the high-speed spindle system[J]. Proceedings of the Institution of Mechanical Engineers, Part B: Journal of Engineering Manufacture, 2017, 231(5): 753-767.

[41] Hou R S, Du H Y, Yan Z Z, et al. The modeling method on thermal expansion of CNC lathe headstock in vertical direction based on MOGA[J]. The International Journal of Advanced Manufacturing Technology, 2019, 103(9): 3629-3641.

[42] 张捷, 李岳, 王书亭, 等. 基于遗传 RBF 神经网络的高速电主轴热误差建模[J]. 华中科技大学学报(自然科学版), 2018, 46(7): 73-77.

[43] 张丽秀, 李超群, 李金鹏, 等. 高速高精度电主轴温升预测模型[J]. 机械工程学报, 2017, 53(23): 129-136.

[44] 杨周, 刘盼学, 王昊, 等. 应用 BP 神经网络分析电主轴频率可靠性灵敏度[J]. 哈尔滨工业大学学报, 2017, 49(1): 30-36.

[45] 张艺凡, 王萍, 高卫国, 等. 基于 BP-PID 的电主轴单元闭环稳定性温控策略[J]. 天津大学学报(自然科学与工程技术版), 2017, 50(8): 885-891.

[46] Miao E, Yan Y, Fei Y. Application of time series to thermal error compensation of machine tools[J]. Proceedings of SPIE-The International Society for Optical Engineering, 2011, 7997(2): 261-274.

[47] Liu J L, Ma C, Gui H Q, et al. Thermally-induced error compensation of spindle system based on long short term memory neural networks[J]. Applied Soft Computing, 2021, 102: 107094.

[48] 苏宇锋, 袁文信, 刘德平, 等. 基于 BP 神经网络的电主轴热误差补偿模型[J]. 组合机床与自动化加工技术, 2013, (1): 36-38.

[49] 万正海, 李锻能, 潘岳健. GMDH 神经网络在电主轴热位移建模中的应用[J]. 组合机床与自动化加工技术, 2019, (6): 9-11.

[50] 魏文强. 高速电主轴温度测点优化及热误差建模研究[D]. 哈尔滨: 哈尔滨理工大学, 2020.

[51] 杜正春, 杨建国, 窦小龙, 等. 基于 RBF 神经网络的数控车床热误差建模[J]. 上海交通大学学报, 2003, 37(1): 26-29.

[52] 崔良玉. 高速电主轴热误差测试与建模方法[D]. 天津: 天津大学, 2010.
[53] 陈卓, 李自汉, 杨建国, 等. 基于 SOM 神经网络聚类以及支持向量机的数控机床热误差建模方法的研究[J]. 组合机床与自动化加工技术, 2016, (11): 68-72.
[54] Tan F, Deng C Y, Xie H Q, et al. Optimizing boundary conditions for thermal analysis of the spindle system using dynamic metamodel assisted differential evolution method[J]. The International Journal of Advanced Manufacturing Technology, 2019, 105(5/6): 2629-2645.
[55] 康程铭, 赵春雨, 付立新. 基于物理建模法的加工中心主轴热误差建模[J]. 东北大学学报(自然科学版), 2020, 41(4): 528-533.
[56] Wu C Y, Xiang S T, Xiang W S. Spindle thermal error prediction approach based on thermal infrared images: A deep learning method[J]. Journal of Manufacturing Systems, 2021, 59: 67-80.
[57] Liu K, Song L, Liu H, et al. The influence of thermophysical parameters on the prediction accuracy of the spindle thermal error model[J]. The International Journal of Advanced Manufacturing Technology, 2021, 115(1-2): 617-626.
[58] Jiang Z Y, Huang X Z, Chang M X, et al. Thermal error prediction and reliability sensitivity analysis of motorized spindle based on Kriging model[J]. Engineering Failure Analysis, 2021, 127: 105558.
[59] 颜宗卓, 陶涛, 侯瑞生, 等. 机床电主轴热特性卷积建模研究[J]. 西安交通大学学报, 2019, 53(6): 1-8.
[60] 赵家黎, 黄利康, 李桥林. 基于卡尔曼滤波的数控机床主轴热误差建模研究[J]. 现代制造工程, 2018, (7): 23-26, 64.
[61] Xiang S T, Yao X D, Du Z C, et al. Dynamic linearization modeling approach for spindle thermal errors of machine tools[J]. Mechatronics, 2018, 53: 215-228.
[62] 苗恩铭, 刘义, 高增汉, 等. 数控机床温度敏感点变动性及其影响[J]. 中国机械工程, 2016, 27(3): 285-289, 322.
[63] Attia M H, Fraser S. A generalized modelling methodology for optimized real-time compensation of thermal deformation of machine tools and CMM structures[J]. International Journal of Machine Tools and Manufacture, 1999, 39(6): 1001-1016.
[64] Guo Q J, Yang J G. Application of projection pursuit regression to thermal error modeling of a CNC machine tool[J]. The International Journal of Advanced Manufacturing Technology, 2011, 55(5): 623-629.
[65] Ge Z J, Ding X H. Design of thermal error control system for high-speed motorized spindle based on thermal contraction of CFRP[J]. International Journal of Machine Tools and Manufacture, 2018, 125: 99-111.
[66] 周金芳, 姜万生, 王斌洲, 等. 高速电主轴在线温升及轴向热伸长测试系统的设计[J]. 科

学技术与工程, 2012, 64(4): 749-753.

[67] 吴玉厚, 田峰, Albert J Shih, 等. 基于 LabVIEW 的全陶瓷电主轴温度检测模块的设计与实验分析[J]. 机床与液压, 2012, 40(17): 60-63.

[68] 孙磊. 数控机床主轴热误差动态检测与分离研究[D]. 杭州: 浙江大学, 2013.

[69] Clough D, Fletcher S, Longstaff A P, et al. Thermal analysis for condition monitoring of machine tool spindles[J]. Journal of Physics: Conference Series, 2012, 364: 012088.

[70] Abdulshahed A M, Longstaff A P, Fletcher S, et al. Thermal error modelling of machine tools based on ANFIS with fuzzy C-means clustering using a thermal imaging camera[J]. Applied Mathematical Modelling, 2015, 39(7): 1837-1852.

[71] 史安娜, 曹富荣, 刘斯妤, 等. 数控车床主轴温度场分布检测与控制措施[J]. 制造业自动化, 2018, 40(6): 4.

[72] 梁中源, 钟佩思, 刘坤, 等. 基于 PLC 的机床主轴温度检测控制系统[J]. 制造技术与机床, 2015, (7): 87-90.

[73] Lee J, Kim D H, Lee C M. A study on the thermal characteristics and experiments of high-speed spindle for machine tools[J]. International Journal of Precision Engineering and Manufacturing, 2015, 16(2): 293-299.

[74] Sarhan A A D. Investigate the spindle errors motions from thermal change for high-precision CNC machining capability[J]. The International Journal of Advanced Manufacturing Technology, 2014, 70(5): 957-963.

[75] Creighton E, Honegger A, Tulsian A, et al. Analysis of thermal errors in a high-speed micro-milling spindle[J]. International Journal of Machine Tools and Manufacture, 2010, 50(4): 386-393.

[76] Li Q, Li H L. A general method for thermal error measurement and modeling in CNC machine tools' spindle[J]. The International Journal of Advanced Manufacturing Technology, 2019, 103(5/6/7/8): 2739-2749.

[77] 孙振宏. 基于流-固-热耦合的电主轴热特性仿真分析与实验研究[D]. 天津: 天津大学, 2013.

[78] 赵瑞月. 大型龙门数控机床温度测点优化与热误差建模技术研究[D]. 南京: 南京航空航天大学, 2012.

[79] 魏弦. 数控磨齿机床热误差鲁棒建模技术及补偿研究[D]. 西安: 西安理工大学, 2020.

[80] Bryan J B. A simple method for testing measuring machines and machine tools, part 1: Principles and application[J]. Precision Engineering, 1982, 4(2):61-69.

[81] Srinivasa N, Ziegert J C, Mize C D. Spindle thermal drift measurement using the laser ball bar[J]. Precision Engineering, 1996, 18(2/3): 118-128.

[82] Yang S H, Kim K H, Park Y K. Measurement of spindle thermal errors in machine tool using

hemispherical ball bar test[J]. International Journal of Machine Tools and Manufacture, 2004, 44(2/3): 333-340.

[83] 商鹏, 阮宏慧, 张大卫. 基于球杆仪的三轴数控机床热误差检测方法[J]. 天津大学学报, 2006, 39(11): 1336-1340.

[84] 何振亚, 傅建中, 陈子辰. 基于球杆仪检测五轴数控机床主轴的热误差[J]. 光学精密工程, 2015, 23(5): 1401-1408.

[85] 马锡琪. 数控机床运动误差的测试装置: 双球规测量仪[J]. 计量与测试技术, 1996, 23(4): 3-5.

[86] 杨宝鹏, 廖桂波, 刘维孟. 基于球杆仪检测机床主轴的热漂移误差测量分析[J]. 现代农业装备, 2016, (2): 52-54.

[87] 叶钰, 袁江, 邱自学, 等. 高速电主轴热误差及振动测试系统设计与实验[J]. 机械设计与制造, 2021, 370(12): 159-163, 168.

[88] Hey J, Sing T C, Liang T J. Sensor selection method to accurately model the thermal error in a spindle motor[J]. IEEE Transactions on Industrial Informatics, 2018, 14(7): 2925-2931.

[89] Castro H F F. A method for evaluating spindle rotation errors of machine tools using a laser interferometer[J]. Measurement, 2008, 41(5): 526-537.

[90] Deng G L, Zhou C. Measurement and analysis on transient thermal characteristics of high speed motorized spindle[J]. Applied Mechanics and Materials, 2011, 52/53/54: 2021-2026.

[91] 王续林, 顾群英, 杨昌祥, 等. 基于 PSO 聚类和 ELM 神经网络机床主轴热误差建模[J]. 组合机床与自动化加工技术, 2015, (7): 69-73.

[92] 孟祥忠. 基于偏相关-灰色综合关联度的温度测点优化[J]. 组合机床与自动化加工技术, 2018, (8): 127-130.

[93] 沈振辉, 杨拴强. 基于模糊聚类及相关性分析的温度测点布置优化方法研究[J]. 现代制造工程, 2018, 458(11): 118-124.

[94] Wang Z C, Hu X L, Zhang C H. Study on thermal errors of high speed motorized spindle on 5-axis CNC machine tools[J]. Materials Science Forum, 2009, 626/627: 411-416.

[95] Zhou C Y, Zhuang L Y, Yuan J, et al. Optimization and experiment of temperature measuring points for machine tool spindle based on K-means algorithm[J]. Machinery Design and Manufacture, 2018, 5: 41-43.

[96] 李逢春, 王海同, 李铁民. 重型数控机床热误差建模及预测方法的研究[J]. 机械工程学报, 2016, 52(11): 154-160.

[97] Abdulshahed A M, Longstaff A P, Fletcher S, et al. Thermal error modelling of machine tools based on ANFIS with fuzzy c-means clustering using a thermal imaging camera[J]. Applied Mathematical Modelling, 2015, 39(7): 1837-1852.

[98] Gou W D, Ye X W, Lei C L, et al. Optimization of measuring points for high-speed motorized

spindle thermal error[J]. Advanced Materials Research, 2012, 538: 2113-2116.
[99] Li Z Y, Li G L, Xu K, et al. Temperature-sensitive point selection and thermal error modeling of spindle based on synthetical temperature information[J]. The International Journal of Advanced Manufacturing Technology, 2021, 113(3/4): 1029-1043.
[100] Liu Q, Yan J W, Pham D T, et al. Identification and optimal selection of temperature-sensitive measuring points of thermal error compensation on a heavy-duty machine tool[J]. The International Journal of Advanced Manufacturing Technology, 2016, 85(1): 345-353.
[101] Li H Z, Zhang A M, Pei X W. Research on thermal error of CNC machine tool based on DBSCAN clustering and BP neural network algorithm[C]. IEEE International Conference of Intelligent Applied Systems on Engineering(ICIASE), Fuzhou, 2019: 294-296.
[102] 朱睿, 朱永炉, 陈真, 等. 基于最优分割和逐步回归方法的机床热误差建模方法研究[J]. 厦门大学学报(自然科学版), 2010, 49(1): 52-56.
[103] Li Y, Zhao W H, Wu W W, et al. Boundary conditions optimization of spindle thermal error analysis and thermal key points selection based on inverse heat conduction[J]. The International Journal of Advanced Manufacturing Technology, 2017, 90(9): 2803-2812.
[104] Chen J S, Hsu W Y. Characterizations and models for the thermal growth of a motorized high speed spindle[J]. International Journal of Machine Tools and Manufacture, 2003, 43(11): 1163-1170.
[105] Fu G Q, Tao C, Xie Y P, et al. Temperature-sensitive point selection for thermal error modeling of machine tool spindle by considering heat source regions[J]. The International Journal of Advanced Manufacturing Technology, 2021, 112(9/10): 2447-2460.
[106] Li G L, Tang X D, Li Z Y, et al. The temperature-sensitive point screening for spindle thermal error modeling based on IBGOA-feature selection[J]. Precision Engineering, 2022, 73: 140-152.
[107] 张雪亮. 新型高速电主轴轴承-轴芯热场分布规律与实验研究[D]. 哈尔滨: 哈尔滨理工大学, 2019.
[108] 王秀山, 李智广, 陈静, 等. 基于遗传算法的五轴机床最优敏感热源点优化[J]. 制造业自动化, 2015, 37(21): 93-95.
[109] El Ouafi A, Guillot M, Barka N. An integrated modeling approach for ANN-based real-time thermal error compensation on a CNC turning center[J]. Advanced Materials Research, 2013, 664: 907-915.
[110] Fan S, Guo Q J. Study on temperature measurement point optimization and thermal error modeling of NC machine tools[J]. The Open Mechanical Engineering Journal, 2017, 11: 37-43.
[111] Lee J H, Yang S H. Statistical optimization and assessment of a thermal error model for CNC machine tools[J]. International Journal of Machine Tools and Manufacture, 2002, 42(1):

147-155.

[112] Tan F, Deng C Y, Xiao H, et al. A wrapper approach-based key temperature point selection and thermal error modeling method[J]. The International Journal of Advanced Manufacturing Technology, 2020, 106(3/4): 907-920.

[113] 刘璞凌, 杜正春, 冯晓冰, 等. 基于工件尺寸的数控机床热误差建模与补偿[J]. 机械设计与研究, 2020, 36(5): 122-125, 131.

[114] Lee D S, Choi J Y, Choi D H. ICA based thermal source extraction and thermal distortion compensation method for a machine tool[J]. International Journal of Machine Tools and Manufacture, 2003, 43(6): 589-597.

[115] Yan J Y, Yang J G. Application of synthetic grey correlation theory on thermal point optimization for machine tool thermal error compensation[J]. The International Journal of Advanced Manufacturing Technology, 2009, 43(11): 1124-1132.

[116] Krulewich D A. Temperature integration model and measurement point selection for thermally induced machine tool errors[J]. Mechatronics, 1998, 8(4): 395-412.

[117] Wang X S, Zhang H H, Chen Y, et al. Study of thermal sensitive point simulation and cutting trial of five axis machine tool based on genetic algorithm[J]. Procedia Engineering, 2017, 174: 550-556.

[118] 杜正春, 杨建国, 关贺, 等. 制造机床热误差研究现状与思考[J]. 制造业自动化, 2002, 24(10): 1-3.

[119] Kang C M, Zhao C Y, Liu K, et al. Comprehensive compensation method for thermal error of vertical drilling center[J]. Transactions of the Canadian Society for Mechanical Engineering, 2019, 43(1): 92-101.

[120] 林伟青, 傅建中. 拟实环境下高速电主轴建模与热态特性研究[J]. 仪器仪表学报, 2006, 27(s1): 988-990.

第 2 章　电主轴热特性机理分析

高速电主轴作为一个集成化的机械产品，其空间结构紧凑，工作时运行速度快，在其内部容易堆积热量，引起热误差，进而影响加工精度。高速电主轴热误差预测模型的建立，主要任务就是构建温度变量与热位移变量之间的数学关系，因此首先应了解高速电主轴内部的温度分布情况，对高速电主轴进行热特性分析，这对后续温度数据的采集具有理论指导意义[1]。

2.1　电主轴系统内部生热机理分析

2.1.1　电主轴系统热源

在实际工作过程中，高速电主轴存在两方面的热源：一方面是周围环境产生的热源，称为外部热源；另一方面是电主轴自身内部发热，称为内部热源。其中，外部热源一般指阳光、采暖设备及主轴工作环境温度等因素，但这些因素相对于内部热源对电主轴的影响较小，可忽略不计。目前，国内外对高速电主轴的研究只考虑电主轴内部热源，其内部热源主要分为两部分：一部分为内置电机的功率损耗发热，另一部分为电主轴轴承因承受较大离心力与陀螺力矩而产生的摩擦热[2]。内部热源分类如图 2.1 所示。

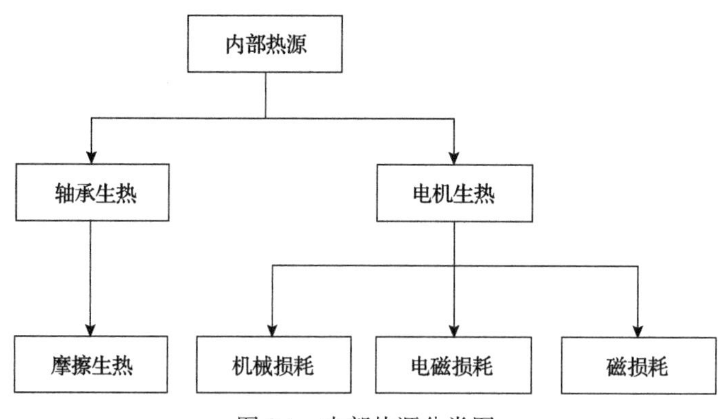

图 2.1　内部热源分类图

2.1.2　动力系统生热分析

电机在工作过程中，并不是将百分之百的能量都用来驱动电主轴，而是除了大部分用来驱动主轴转动，还有一部分能量会被损耗掉，被损耗掉的这部分能量会转化成热量，导致电主轴内部的温度升高，产生热变形，从而影响电主轴的综合性能，降低使用寿命。为了达到非常高的速度，几乎所有高速电主轴上的内部电机都采用变频感应电机，这种类型的电机有一个定子绕组、一个硅钢叠片转子和铝棒，安装在层压槽中，定子绕组和转子铝导体产生大部分的热量。

对于功率在 18.4～73.5kW 的感应电机，其满载效率为 89%～92%。若无法对电机进行测量，且不知道电机的设计参数，则可以通过电机功率、效率和损耗分布来粗略估算电机损耗。本书所提及的电机损耗和电机发热不包括电主轴轴承中的损耗或发热。对于没有外部负载的电机，通过测量不同速度下的电机电压、电流和相位角，可以得到电机功率。由此可以计算出总功耗，用计算出的总功耗减去计算出的轴承摩擦功耗，约为电机的功率损耗。高速电主轴内置电机的有效输入功率可由式(2.1)计算：

$$P_{\mathrm{in}} = \sqrt{3} UI \cos\varphi \tag{2.1}$$

式中，U 为定子绕组电压，V；I 为定子绕组电流，A；$\cos\varphi$ 为定子绕组的功率因数。

电机能量损耗可分为机械损耗、电损耗、磁损耗以及附加损耗四部分[2]。

1. 机械损耗

转子端面与空气接触，定子与转子之间存在缝隙，高速电主轴在工作过程中，转子与空气之间会产生摩擦损耗，这种摩擦损耗称为电机机械损耗。在高速旋转的轴类零部件中一般都会产生这类摩擦损耗，无法避免，且与转子的转速、长度、半径等相关[3]。机械损耗可由式(2.2)计算：

$$P_{\mathrm{a}} = C_{\mathrm{a}} \omega^3 R^4 L \pi \rho_{\mathrm{a}} \tag{2.2}$$

式中，P_{a} 为机械损耗功率，W；ω 为角速度，rad/s；R 为转子半径，m；L 为转子长度，m；ρ_{a} 为空气密度，kg/m^3；C_{a} 为空气流阻系数，可由阿尔特舒尔公式计算[4]，如式(2.3)所示：

$$C_{\mathrm{a}} = 0.05\left(\frac{h}{s} + \frac{100}{Re}\right)^{0.2} \tag{2.3}$$

式中，s 为定子与转子之间的气隙距离，m；h 为转子外沿厚度，m；Re 为雷诺数，可由式(2.4)表示：

$$Re = \frac{\rho_1 v l}{\mu} \tag{2.4}$$

式中，ρ_1 为流体密度，kg/m^3；μ 为流体动力黏性系数；v 为场内流体特征速度，m/s；l 为转子轴向长度，m。

2. 电损耗

电损耗也称为铜损耗，铜损耗由基本铜损耗和附加铜损耗两部分构成。基本铜损耗是指，当电流经过定子、转子绕组导线的电阻时所产生的损耗；附加铜损耗则是指，在定子绕组上的交流电因趋肤效应、邻近效应所引起的损耗以及由循环电流所引起的定子绕组各线之间的杂散铜损耗[5]。一般情况下，杂散铜损耗很小，可忽略不计。电损耗可由式(2.5)计算：

$$P_{\mathrm{w}}=\frac{I^2\rho L}{S} \tag{2.5}$$

式中，P_{w} 为电损耗的功率，W；I 为通入的电流，A；ρ 为线圈电阻率，$\Omega\cdot m$；L 为缠绕距离，m；S 为线圈绕组所占的横截面面积，m^2。

3. 磁损耗

磁损耗是指由于内置电机定子和转子内部铁芯受变频器谐波的影响，磁场作用在旋转时产生的磁滞损耗与涡流损耗[6]。磁滞损耗产生的原因是铁芯处于磁场内部受到周期性磁化作用。磁滞损耗可表示为

$$P_{\mathrm{m}}=k_{\mathrm{n}}fB_{\max}^{n} \tag{2.6}$$

式中，P_{m} 为磁滞损耗，W；k_{n} 为相关系数；f 为交变频率，Hz；$B_{\max}$ 为磁感应强度的最大值，T；n 由材料与磁感应强度确定。当 $B_{\max}\leqslant 1$ 时，n 为 1.6；当 $1<B_{\max}<1.6$ 时，n 为 2；当 $B_{\max}\geqslant 1.6$ 时，n 为 2.2。由式(2.6)可转化为

$$P_{\mathrm{m}}=(xB_{\max}+yB_{\max}^2)f \tag{2.7}$$

式中，x 和 y 为材料特性比例系数。

当磁感应强度为 $1<B_{\max}<1.6$ 时，x 无限接近于零，因此式(2.7)可简化为

$$P_{\mathrm{m}}=yB_{\max}^2f \tag{2.8}$$

涡流损耗是指铁芯受到感应磁场作用而产生的涡流，涡流在铁芯之间流动引发涡流损耗。因此，铁芯通过包裹绝缘片轴向堆叠，尽量减少涡流的产生。涡流损耗公式可表示为

$$P_{\mathrm{e}}=K_{\mathrm{h}}(B_{\max}^2f)^2 \tag{2.9}$$

式中，K_h 为材料性能系数，可通过式(2.10)计算：

$$K_h = \frac{\pi^2 S_{Si}^2}{6\rho_e r_e} \tag{2.10}$$

式中，S_{Si} 为硅钢片的厚度，m；ρ_e 为铁芯的密度，kg/m^3；r_e 为铁芯的电阻率，Ω·m。

4. 附加损耗

附加损耗主要是指在空载时电主轴定子和转子气隙产生谐波磁场导致铁芯位置与线圈绕组处产生的损耗。通常情况下该损耗很小，占损耗总功率的 1%～5%，通常可以忽略不计[7]，将其他三种损耗均考虑在内进行损耗计算，即总能量损耗如式(2.11)所示：

$$P_{损} = P_a + P_m + P_w \tag{2.11}$$

假设电机的所有损耗最终都转化为热量，电主轴内置电机的生热率由式(2.12)进行计算：

$$q = \frac{P_{损}}{V} \tag{2.12}$$

式中，q 为生热率，W/m^3；$P_{损}$ 为总损耗的热功率，W；V 为热源的体积，m^3。

2.1.3　传动系统生热分析

电主轴通过电机产生动力，将动力传递给轴芯进行旋转，其中轴承作为传动的主要工作元件，虽然具有良好的高速性能，但其在高速运转下的发热量也很大。如果这些热量不能及时有效地散发出去，就会使轴承温度升高，进而使内外圈产生热变形，加速轴承磨损，缩短轴承的使用寿命，严重时会给电主轴造成不可挽回的伤害。因此，为了研究电主轴的热特性，有必要对轴承的发热机理、传热方式等进行分析。轴承发热的主要形式是摩擦发热，因此轴承预紧力、载荷大小、转速以及润滑类型等都会影响轴承的发热。通常来讲，轴承的摩擦发热可以分为以下几类[8]。

(1)滚动体公转与内外圈及保持架引起的滚动摩擦发热。

(2)滚动体因陀螺力矩而与内外圈和保持架产生的滑动摩擦发热。

(3)滚动体与充满保持架内的润滑剂因黏滞效应引起的摩擦发热。

轴承摩擦生热量的计算方法分为整体法和局部法两种。整体法是指通过经验公式或实验得到轴承总的摩擦力矩，用总的摩擦力矩与轴承的转速相乘所得到的结果来表示轴承的摩擦生热量。由于整体法计算相对比较简单，经常在工程中用于计算轴承的摩擦生热量。局部法的计算过程相对于整体法较复杂，需要根据运动学关系逐个计算轴承各个单元的局部生热量，局部法的计算精度高于整体法，适用于轴承各部件生热的研究[9]。本书将轴承作为热源之一进行分析研究，因此可采用整体法对其进行生热量的计算，如式(2.13)所示：

$$Q_{\mathrm{f}} = \frac{\pi}{30} nM \tag{2.13}$$

式中，Q_{f} 为轴承摩擦发热功率，W；n 为轴承转速，r/min；M 为轴承摩擦力矩，N·m。

轴承不同型号、功能、转速与负载情况存在很多变化，因此摩擦力矩很难确定。计算通常采用理论公式，将轴承摩擦力矩又分为外载荷引起与润滑剂黏度引起两种情况。摩擦力矩计算公式如式(2.14)所示：

$$M_{\mathrm{f}} = M_0 + M_1 \tag{2.14}$$

式中，M_0 为外载荷引起的摩擦力矩，N·m；M_1 为润滑剂黏度引起的摩擦力矩，N·m。其中，由外载荷引起的摩擦力矩 M_0 可由式(2.15)计算：

$$M_0 = f_0 \mu \left(\frac{F}{C_0} \right)^s d_{\mathrm{m}} \tag{2.15}$$

式中，d_{m} 为节圆直径，m；μ为类型系数；C_0 为基本额定静载荷，N；f_0 为载荷系数；s 为轴承类型系数；f_0 与 s 系数选择如表 2.1 所示；F 为等效在轴承上的静载荷，N，可由式(2.16)计算：

$$F = 0.9 F_{\mathrm{a}} \cot \alpha - 0.1 F_{\mathrm{r}} \tag{2.16}$$

式中，F_{a} 为轴向载荷，N；F_{r} 为径向载荷，N；α 为接触角。

表 2.1　f_0 和 s 系数表

轴承类型	接触角	单列轴承		双列轴承	
		f_0	s	f_0	s
深沟球轴承	0°	0.0004	0.55	0.0004	0.4
圆锥滚子轴承	10°～30°	0.004	0	0.002	0
角接触球轴承	20°～40°	0.002	0.5	0.002	0.35
推力球轴承	90°	0.0008	0.33	0.0008	0.33
圆柱滚子轴承	0°	0.00025	0	0.0002	0

轴向载荷是工作载荷和预紧载荷的总和，当电主轴处于空载时，工作载荷为 0N；本节所研究的高速电主轴并未施加径向载荷，因此空载时，径向载荷也为 0N。对于有精密要求和高速应用的主轴，一个恒定不变的预紧载荷非常重要，为保持适当的预紧载荷，在轴承外圈与轴承座之间采用经标定的线性弹簧施加轴向载荷。线性弹簧预紧的轴承配置具体安装方式如图 2.2 所示。

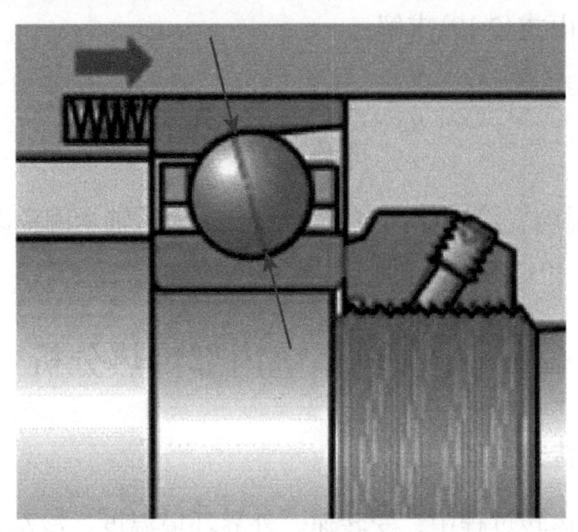

图 2.2　线性弹簧预紧的轴承配置

速度项摩擦力 M_1 取决于转速、润滑剂的含量和润滑剂的运动黏度，其大小可反映润滑剂的流体动力损耗，由式(2.17)计算：

$$M_1=\begin{cases} f_1(v_1 n)^{2/3} d_{\mathrm{m}}^3 \times 10^{-7}, & v_1 n \geqslant 2000 \\ 160 \times 10^{-7} f_0 d_{\mathrm{m}}^3, & v_1 n < 2000 \end{cases} \tag{2.17}$$

式中，f_1 为润滑类型与轴承型号系数；v_1 为润滑剂工作状态运动黏度，cst；n 为转速，r/min。

轴承润滑方式与润滑类型系数取值如表 2.2 所示。

表 2.2　轴承润滑类型对应参数表

轴承类型	脂润滑	油雾润滑	油气润滑	滴油润滑	循环油润滑
深沟球轴承	0.7～2	0.8～1	0.8～1	0.7～1	4～5
圆锥滚子轴承	1.5～4	1.5～2	1.5～2	1.5～2	8～10
角接触球轴承	0.7～2	0.8～1	0.8～1.2	0.7～1	4～5
双列角接触球轴承	1.5～4	1.5～2	1.5～2	1.5～2	8～9
推力球轴承	5.3～5.5	1.5～2.1	1.5～2.1	1.5～2	8～10
圆柱滚子轴承	1.5～2	1.5～3	1.5～3	1～4	8～12

由以上公式配合表中数据与实际应用的轴承数据，可计算出前轴承和后轴承的发热率，其中前轴承的发热率可由式(2.18)求解：

$$q_1 = \frac{Q_{f1}}{\pi^2 d_{m1} \left(D_{b1} / 2 \right)^2} \tag{2.18}$$

后轴承的发热率可由式(2.19)求解：

$$q_2 = \frac{Q_{f2}}{\pi^2 d_{m2} \left(D_{b2} / 2 \right)^2} \tag{2.19}$$

式中，D_{b1}为前轴承陶瓷滚动体的直径，m；D_{b2}为后轴承陶瓷滚动体的直径，m；d_{m1}为前轴承中径，m；d_{m2}为后轴承中径，m。

2.2 电主轴系统内部传热分析

2.2.1 电主轴系统传热机理

电主轴在高速运转过程中，受转速、外界环境温度、冷却系统以及润滑系统等共同作用，其传热方式较为复杂，既包括接触零件间的热传导、零件与液体之间的热对流，还包括与外界环境的热辐射。电主轴热量传递过程如图 2.3 所示。

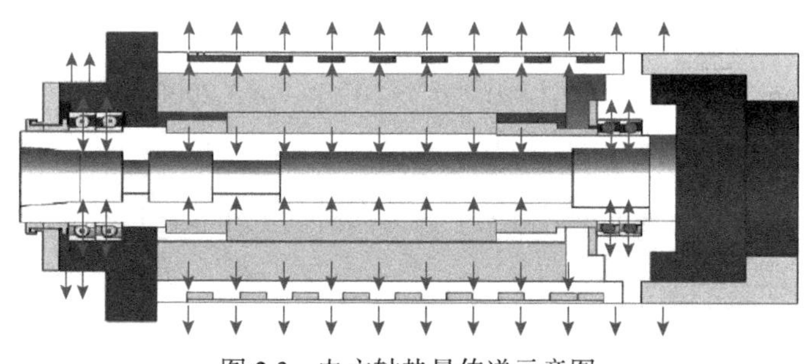

图 2.3 电主轴热量传递示意图

传热学中热量传递按本质的不同大体分为三类，即热传导、热对流、热辐射。电主轴内部结构紧凑，热量主要以热传导的形式传递，热对流及热辐射影响相对较弱。

1. 热传导

热传导是由物体内部分子之间剧烈热运动相互撞击导致的，也称为导热，是高温物体向低温物体传递能量的过程[10]。电主轴中轴承与轴承座之间的传热、定子与冷却系统之间的传热都是固体与固体之间接触传热，属于热传导。经过前人的实验分析及证明，电主轴各部件接触部位传热可以采用傅里叶定律进行数学表达，如式(2.20)所示：

$$Q = -K\frac{\partial T}{\partial x}A \tag{2.20}$$

式中，Q 为通过截面的热量，W；K 为导热系数，W/(m·K)；T 为温度，℃；x 为导热面上的坐标，m；A 为传热的截面积，m^2。

该方程揭示了电主轴温度场分布不均匀的内在规律，求解该方程可以得到热传导过程的通解。在给出方程的定解条件(几何条件、物理条件、初始条件、边界条件)之后，就能获得电主轴热传导过程的特解。几何条件是指物体的形状、大小以及相对位置；物理条件是指与热传导有关的物理属性；初始条件是指对热传导有影响的初始温度分布情况；边界条件是指与热传导有关的边界温度分布情况或者传热情况。其中，边界条件可以分为以下三类。

(1)第一类边界条件：边界物体温度分布规律为已知条件，即

$$T = (x, y, z, t) \tag{2.21}$$

(2)第二类边界条件：边界的热流密度为已知条件，即

$$q = K\left(\frac{\partial T}{\partial x}\right) \tag{2.22}$$

(3)第三类边界条件：边界面与附近流体的换热系数及温度为已知条件，即

$$K\left(\frac{\partial T}{\partial x}\right) = \varepsilon\left(T - T_{\mathrm{f}}\right) \tag{2.23}$$

对于稳态情况，温度不随着时间的变化而变化，即只有边界条件，没有初始条件；对于非稳态情况，需要两个边界条件。

2. 热对流

热对流又称为对流传热，是指在流体当中，因质点相对位移所引发的传递热量的情况。热对流方式有两种，即自然对流和强制对流。自然对流是指因温度分布不均匀，导致流体内部压强和密度分布不均而引起的流体流动；强制对流是指在外力的作用下，引发的液体或者气体对流情况[11]。冷却水对电主轴进行冷却属于强制对流换热，电主轴外表面与周围空气之间的换热属于自然对流换热，对流换热可由牛顿冷却定律公式(2.24)计算：

$$\phi = hA\Delta t \tag{2.24}$$

式中，ϕ 为传热功率，W；h 为传热系数，W/(m^2·K)；A 为传热面积，m^2；Δt 为温度差，K。

3. 热辐射

自然界中各个物体不停地向空间发出热辐射，同时又不断地吸收其他物体发出的热辐射。在物体吸收与辐射的过程中，热量会随之传递。电主轴内部的热量也会以热辐射的形式传导，但影响较小，主要表现在轴承与电机对其周围不相接的部件进行的热辐射。有资料显示，电主轴在传热过程中，辐射占到总热量的 5%～10%，其辐射定律可用玻尔兹曼定律来表示，如式(2.25)所示：

$$q=\varepsilon\sigma AT^4 \tag{2.25}$$

式中，q 为黑体表面单位时间内单位面积辐射出的能量，W；T 为黑体热力学的绝对温度，K；σ 为斯特藩常数，与表面、介质及温度无关，其值为 5.6697×10^{-8}W/(m^2·K)；ε 为辐射系数。

由分析可知，电主轴内部大体传热方式包括以下几种：

(1) 电机定子与转子之间的间隙换热。

(2) 电机定子与冷却水套之间的换热。

(3) 转子端部与空气之间的换热。

(4) 轴承与空气之间的换热。

(5) 主轴外壳与空气之间的换热。

2.2.2 电主轴系统与流体的对流换热分析

电主轴系统的组件表面与流体之间的传热过程，取决于流体的表面速度、流动条件和对流换热系数。为了计算对流换热系数，必须提前得知组件的表面温度和流体中的温度分布，即流体温度场。流体温度场与其内部速度场有关，因此必须首先求解流体速度场。本节所研究的电主轴系统主要流体包括定子与转子间隙气体、冷却套冷却水、前后轴承密封环内压缩气体、电主轴周围空气等。每种流体的属性都不同，但是它们都是流体，因此可以根据统一的方法进行计算，具体如下。

(1) 求解经过固体表面流体的平均速度 $\bar{u}$ 。不同流体的平均速度计算公式不同，具体计算公式如下所示。

(2) 计算雷诺数 Re。Re 是判断层流和紊流的依据，若存在有间隙的流体通道，无论是 U 型槽还是间隙，其表达式为

$$Re=\frac{\bar{u}h_{\text{gap}}}{v} \tag{2.26}$$

式中，$\overline{u}$ 为流体的平均速度，m/s；v 为流体的运动黏度，m^2/s；h_{gap} 为间隙几何的定型尺度，m。

(3)计算普朗特数 Pr。Pr 由流体的固有特性所决定，计算公式为

$$Pr = \frac{c\mu}{\lambda} \tag{2.27}$$

式中，c 为流体的比热，J/(kg·℃)；μ 为流体的动力黏度，Pa·s。

(4)计算努塞特数 Nu。Nu 的工程计算，因流体处于不同的状态而不同。当 $Re \leqslant 2300$ 时，流体处于层流状态；当 $Re \geqslant 10000$ 时，流体处于紊流状态；当 $2300 < Re < 10000$ 时，流体处于过渡流状态。在三种不同的流体状态下，Nu 的计算公式自然也会不同。

当流体处于层流状态时，即 $Re < 2300$，$Pr > 0.6$，$Re \cdot Pr \cdot h_{gap}/L > 10$，$Nu$ 的计算公式为

$$Nu = 1.86\left(Re \cdot Pr \cdot \frac{h_{gap}}{L}\right)^{1/3} \tag{2.28}$$

式中，L 为特征尺寸，m。

当流体处于紊流状态时，即 $Re > 10000$，$0.7 < Pr < 120$，$L/h_{gap} > 60$，Nu 的计算公式为

$$Nu = 0.0225 Re^{0.8} Pr^{0.4} \tag{2.29}$$

(5)计算流体强迫对流换热系数 α，其计算公式为

$$\alpha = \frac{Nu \cdot \lambda}{h_{gap}} \tag{2.30}$$

式中，α 为流体强迫对流换热系数。

假设流体管内出现紊流，结合上述各公式计算对流换热系数为

$$\alpha = \frac{0.0225\left(\dfrac{\overline{u} \cdot h_{gap}}{v}\right)^{0.8}\left(\dfrac{c \cdot \mu}{\lambda}\right)^{0.3}\lambda}{h_{gap}} = \frac{0.0225\overline{u}^{0.8}\lambda^{0.7}c^{0.3}\rho^{0.3}}{h_{gap}^{0.2}v^{0.5}} \tag{2.31}$$

2.2.3　定子与转子间隙气体的对流换热分析

定子与转子间隙处的流体温度场与定子和转子的生热、流体运动和传热条件相关。通过定子与转子间隙气体的轴向平均速度为

$$\bar{u}_{ax}=\frac{V_a}{A_{ax}}=\frac{V_a}{\frac{\pi}{4}\left(d_o^2-d_r^2\right)} \tag{2.32}$$

式中，$\bar{u}_{ax}$为间隙气体的轴向平均速度，m/s；V_a为实际空气流量，m^3/s；A_{ax}为轴向空气流经间隙的面积，m^2；d_o为定子的内表面直径，m；d_r为转子的外表面直径，m。

定子与转子间隙处，圆周方向的流体剪切平均速度简化为

$$\bar{u}_{cir}=\frac{v_{surface}}{2}=\frac{\omega_r d_r}{4}=\frac{\pi f_r d_r}{2} \tag{2.33}$$

式中，$\bar{u}_{cir}$为间隙气体的剪切平均速度，m/s；$v_{surface}$为转子线速度，m/s；ω_r为转子角速度，rad/s。

定子与转子间隙气体的平均速度为轴向和周向平均速度的矢量和，公式为

$$\bar{u}=\sqrt{\bar{u}_{ax}^2+\bar{u}_{cir}^2} \tag{2.34}$$

将式(2.32)和式(2.33)代入式(2.34)可得

$$\bar{u}=\left[\left(\frac{V}{A_{ax}}\right)^2+\left(\frac{\omega_r d_r}{4}\right)^2\right]^{1/2} \tag{2.35}$$

根据式(2.26)～式(2.30)、式(2.35)和电主轴的技术参数，可得到定子与转子间隙气体的对流换热系数。

2.2.4　定子与冷却水套的对流换热分析

定子与冷却水之间的对流换热属于管内流体的强制对流换热，冷却水通过冷却水套与定子进行热传递。一般常见的螺旋水套、U 型水套的几何形状均可扩展为具有矩形截面的等效管道，水槽内冷却水流动的平均速度为

$$\bar{u}=\frac{V_w}{A_{ax}}=\frac{V_w}{bh_{gap}} \tag{2.36}$$

式中，V_w为冷却水流量，m^3/s；A_{ax}为水槽的面积，m^2；b为水槽的宽度，m。

根据式(2.26)～式(2.30)、式(2.36)，以及电主轴的技术参数和冷却水参数，可得到定子与冷却水套的对流换热系数。

2.2.5　前后轴承与压缩空气的对流换热分析

当前轴承和后轴承高速运转时，轴承密封圈中的气体被迫与轴承进行强制对

流换热，使得轴承内的轴向气体在压力作用下处于紊流状态。轴向气体流经轴承内外套圈时的流动面积为

$$A_{ax} = 2\pi d_m \Delta h \tag{2.37}$$

式中，d_m 为轴承平均直径，m；Δh 为轴承内外套圈与保持架的间隙，m。

轴承内气体平均速度可由轴向和切向气体速度相加而成，可表示为

$$\overline{u} = \left[\left(\frac{V_{air}}{A_{ax}}\right)^2 + \left(\frac{\omega d_m}{4}\right)^2\right]^{1/2} \tag{2.38}$$

式中，$\overline{u}$ 为轴承内气体平均速度，m/s；V_{air} 为轴承内空气体积流量，m^3/s；ω 为主轴角速度，rad/s。

轴承与压缩空气的对流换热系数可用一个多项式函数[12]计算：

$$\alpha = c_0 + c_1 \overline{u}^{c_2} \tag{2.39}$$

式中，c_0、c_1 和 c_2 为实验常数。

Bossmanns 等[13]提出，主轴在不同的转速和气体流量下，实验获得的 c_0、c_1 和 c_2 分别为 9.7、5.33 和 0.8。

2.2.6　电主轴与外部环境的对流换热分析

在电主轴高速运转期间，电主轴壳体表面与周围空气之间存在温差，电主轴会以热对流和热辐射相结合的形式与周围空气交换热量。对于电主轴外壳与周围空气的对流换热系数，计算公式为

$$\alpha_s = \alpha_c + \alpha_r \tag{2.40}$$

式中，α_s 为电主轴外壳与周围空气的对流换热系数，$W/(m^2 \cdot ℃)$；α_c 为对流换热系数，$W/(m^2 \cdot ℃)$；α_r 为辐射换热系数，$W/(m^2 \cdot ℃)$。

电主轴外壳与周围空气的对流换热系数为 $9.7W/(m^2 \cdot ℃)$[14]。当电主轴高速运转时，转子端部高速旋转，周围空气处于非静止状态，因此属于强制对流换热分析。对于转子端部与周围空气的对流换热系数，计算公式为

$$\alpha_t = 9.7 + 5.33 u_s^{0.8} \tag{2.41}$$

式中，α_t 为转子端部与周围空气的对流换热系数，$W/(m^2 \cdot ℃)$；u_s 为转子端部表面速度，m/s。

2.3　各型号电主轴参数及计算结果

2.3.1　98.3407.9.300A 型高速电主轴参数及计算结果

本节针对宁波天控五轴数控技术有限公司生产的 98.3407.9.300A 型高速电主轴进行各参数的介绍及计算。此型号的电主轴主要技术参数如表 2.3 所示，此型号的电主轴轴承技术参数如表 2.4 所示。

表 2.3　98.3407.9.300A 型高速电主轴主要技术参数

参数名称	数值	参数名称	数值
额定功率 P_N/kW	30	最大电流 I_{max}/A	154
额定转矩 T_s/(N·m)	29	额定转速 n_N/(r/min)	9900
额定电压 U/V	380	最大转速 n_{max}/(r/min)	18000
额定电流 I_N/A	77.7	转动惯量 J/(kg·m^2)	0.00847

表 2.4　超精密混合陶瓷角接触球轴承技术参数

参数名称	数值	
	S7010ACE/HCP4A	S7013ACE/HCP4A
内径 d/mm	50	65
外径 D/mm	80	100
宽度 B/mm	16	18
节圆直径 d_m/mm	65	82.5
滚动体直径 D_b/mm	7.94	8.73
滚动体数量/个	21	25
基本额定静载荷 C_0/kN	10	14.6
润滑方式	脂润滑	脂润滑

通过计算得到电机损耗如表 2.5 所示，电主轴定子、转子和轴承生热率，以及内部的对流换热系数如表 2.6 所示。

表 2.5　感应电机的损耗分布

电机组件损耗	损耗所占百分比/%
定子功率损耗	37
转子功率损耗	18
磁芯损耗	20
摩擦和风阻	9
杂散负载损耗	16

表 2.6　电主轴系统的生热率(98.3407.9.300A 型)

参数名称	数值
定子生热率/(W/m^3)	1448933
转子生热率/(W/m^3)	2303435
前轴承生热率/(W/m^3)	641537
后轴承生热率/(W/m^3)	638500
定子与转子间隙气体的对流换热系数/[W/(m^2·℃)]	172
定子与冷却水套的对流换热系数/[W/(m^2·℃)]	331
前轴承与压缩空气的对流换热系数/[W/(m^2·℃)]	156
后轴承与压缩空气的对流换热系数/[W/(m^2·℃)]	139
转子端部与周围空气的对流换热系数/[W/(m^2·℃)]	158
电主轴外壳与周围空气的对流换热系数/[W/(m^2·℃)]	9.7

2.3.2　3101A 型高速电主轴参数及计算结果

3101A 型高速电主轴内部电机为瑞士 EA 公司生产的轻型三相异步电机，其主要技术参数如表 2.7 所示。轴承采取前后两对轴承对置，前轴承为 S7013ACE；后轴承为 S7010ACE，接触角为 25°。3101A 型高速电主轴轴承的技术参数如表 2.8 所示。

表 2.7　轻型三相异步电机的主要技术参数

额定功率/kW	最大扭矩/(N·m)	额定电压/V	额定频率/Hz
31	28	380	330

表 2.8　3101A 型高速电主轴轴承的技术参数

参数名称	前轴承组 S7013ACE	后轴承组 S7010ACE
内径 d/mm	65	50
外径 D/mm	100	80
宽度 B/mm	20	18
节圆直径 d_m/mm	65	82.5
滚动体直径 D_b/mm	8.5	6.5
滚动体数量/个	25	21
基本额定静载荷 C_0/kN	10.1	9600
润滑方式	脂润滑	脂润滑

计算得到的电主轴系统的生热率，以及内部的对流换热系数如表 2.9 所示。

表 2.9　电主轴系统的生热率和对流换热系数(3101A 型)

参数名称	数值
定子生热率/(W/m^3)	1449637
转子生热率/(W/m^3)	2130713
前轴承生热率/(W/m^3)	620865
后轴承生热率/(W/m^3)	612473
定子与转子间隙气体的对流换热系数/$[W/(m^2 \cdot ℃)]$	165
定子与冷却水套的对流换热系数/$[W/(m^2 \cdot ℃)]$	328
前轴承与压缩空气的对流换热系数/$[W/(m^2 \cdot ℃)]$	147
后轴承与压缩空气的对流换热系数/$[W/(m^2 \cdot ℃)]$	116
转子端部与周围空气的对流换热系数/$[W/(m^2 \cdot ℃)]$	129
电主轴外壳与周围空气的对流换热系数/$[W/(m^2 \cdot ℃)]$	9.7

2.3.3　A02 型高速电主轴参数及计算结果

A02 型高速电主轴内置电机是三相异步电机，是交流感应电机的一种。高速电主轴内置电机的生热率，可以从能量损耗的角度进行计算，首先计算高速电主轴的有效输入功率，然后根据输入功率在电主轴内置电机中的损耗，求得高速电主轴内置电机的生热。高速电主轴内置电机损耗如表 2.10 所示，电主轴系统的生热率和电主轴内部对流换热系数如表 2.11 所示。

表 2.10　高速电主轴内置电机损耗

主要损耗分布	损耗所占百分比/%
定子损耗	50
转子损耗	25
摩擦损耗	9
杂散损耗	16

表 2.11　电主轴系统的生热率和对流换热系数(A02 型)

参数名称	数值
定子生热率/(W/m^3)	516569.11
转子生热率/(W/m^3)	788274.28
前轴承生热率/(W/m^3)	328431

续表

参数名称	数值
后轴承生热率/(W/m^3)	355510
定子与冷却水套的对流换热系数/[$W/(m^2 \cdot ℃)$]	288
前轴承与压缩空气的对流换热系数/[$W/(m^2 \cdot ℃)$]	72
后轴承与压缩空气的对流换热系数/[$W/(m^2 \cdot ℃)$]	61
电主轴外壳与周围空气的对流换热系数/[$W/(m^2 \cdot ℃)$]	9.7

2.3.4　C01 型高速电主轴参数及计算结果

C01 型高速电主轴电机选定为杭州三相科技有限公司生产的 MSM135155-CC 型交流异步电机，此型号电机主要技术参数如表 2.12 所示。

表 2.12　MSM135155-CC 型交流异步电机主要技术参数

参数名称	数值	参数名称	数值
额定转速 n_N/(r/min)	9860	额定转矩 T_s/(N·m)	29
最大转速 n_{max}/(r/min)	23700	定子外径 D_1/mm	134.7
额定电压 U/V	380	转子内径 d_2/mm	60
额定电流 I_N/A	38	最大长度 L_{max}/mm	222
额定功率 P_N/kW	30	—	—

两个前轴承的型号为 HCM71916-E-2RSD-T-P4S-XL，属于陶瓷大球、轻载型，其内径为 80mm，接触角为 25°，精度为 P4 等级，是自由组合轴承。一个后轴承的型号为 HCM71912-E-2RSD-T-P4S-XL，属于陶瓷大球、轻载型，其内径为 60mm，接触角为 25°，精度为 P4 等级，是自由组合轴承，如表 2.13 所示。

表 2.13　轴承参数表

参数名称		数值	
		HCM71916-E-2RSD-T-P4S-XL	HCM71912-E-2RSD-T-P4S-XL
质量/kg		0.31	0.15
尺寸/mm	内径	80	110
	外径	60	85
接触角/(°)		25	25
额定载荷/kN	动载荷	27	18.6
	静载荷	15.8	10

续表

参数名称		数值	
		HCM71916-E-2RSD-T-P4S-XL	HCM71912-E-2RSD-T-P4S-XL
极限转速/(r/min)		20600	26900
预紧力/N	轻载	184	117
	重载	1003	637
轴向刚度/(N/μm)	轻载	144	110
	重载	263	201

通过计算得到的C01型高速电主轴各个部分的对流换热系数如表2.14所示。

表 2.14　C01 型高速电主轴的对流换热系数

参数名称	数值
定子与转子间隙气体的对流换热系数/[W/(m^2 · ℃)]	257
定子与冷却水套的对流换热系数/[W/(m^2 · ℃)]	600
前轴承与压缩空气的对流换热系数/[W/(m^2 · ℃)]	231
后轴承与压缩空气的对流换热系数/[W/(m^2 · ℃)]	197
转子端部与周围空气的对流换热系数/[W/(m^2 · ℃)]	263
电主轴外壳与周围空气的对流换热系数/[W/(m^2 · ℃)]	9.7

参 考 文 献

[1] 尹相茗. 高速电主轴热特性分析及热误差建模研究[D]. 哈尔滨: 哈尔滨理工大学, 2021.

[2] 李贺. 电主轴温度预测模型建立与实验研究[D]. 哈尔滨: 哈尔滨理工大学, 2021.

[3] 魏文强. 高速电主轴温度测点优化及热误差建模研究[D]. 哈尔滨: 哈尔滨理工大学, 2020.

[4] 宋姝临. 兆瓦级高速永磁电机冷却系统设计与传热特性分析[D]. 沈阳: 沈阳工业大学, 2014.

[5] 孙振宏. 基于流-固-热耦合的电主轴热特性仿真分析与实验研究[D]. 天津: 天津大学, 2013.

[6] 王丽锋. 高速电主轴热态特性分析及冷却系统实验研究[D]. 哈尔滨: 哈尔滨理工大学, 2020.

[7] 魏雪环. 永磁同步电机温度场分析及冷却系统研究[D]. 湘潭: 湘潭大学, 2017.

[8] 徐文龙. 高速铣削电主轴热特性分析及热误差补偿方法研究[D]. 广州: 广东工业大学, 2016.

[9] 孙宇杰. 电主轴热特性机理分析及冷却实验研究[D]. 哈尔滨: 哈尔滨理工大学, 2019.

[10] 马驰, 杨军, 赵亮, 等. 高速主轴系统热特性分析与实验[J]. 浙江大学学报(工学版), 2015, 49(11): 2092-2102.

[11] 汪耕, 李希明. 大型汽轮发电机设计、制造与运行[M]. 上海: 上海科学技术出版社, 2012.

[12] Incropera F P, De Witt D P, Bergman T L, et al. 传热和传质基本原理[M]. 6 版. 葛新石，叶宏，译. 北京：化学工业出版社, 2007.

[13] Bossmanns B, Tu J F. A thermal model for high speed motorized spindles[J]. International Journal of Machine Tools and Manufacture, 1999, 39(9): 1345-1366.

[14] Bossmanns B, Tu J F. A power flow model for high speed motorized spindles—heat generation characterization[J]. Journal of Manufacturing Science and Engineering, 2001, 123(3): 494-505.

第 3 章　电主轴热特性仿真分析

为了在电主轴温度数据采集实验中采集足够的温度信息，本章基于高速电主轴生热率和传热率，建立电主轴稳态热分析的边界条件，对高速电主轴进行稳态热分析，为实验布置温度测点提供理论基础。

3.1　电主轴有限元模型的建立

本节采用 ANSYS Workbench 协同仿真平台进行电主轴系统的稳态热分析，其中一般发热分析流程主要可分为以下四个步骤。

(1) 建立三维模型。为了避免 ANSYS 软件进行稳态热分析时计算过程过于复杂耗时，一般需要对电主轴三维模型进行简化处理。电主轴整体为轴对称结构，建立有限元模型时取其 1/2 分析即可，电主轴后端的控制结构及电气接口元件不参与有限元建模，并忽略微小的结构，如螺钉、螺纹孔、通气孔等，其他对电主轴温度场有重要影响的零件均按图纸设计要求严格建模，采用 SolidWorks 三维软件，完成对电主轴的简化工作。电主轴三维简化模型如图 3.1 所示。

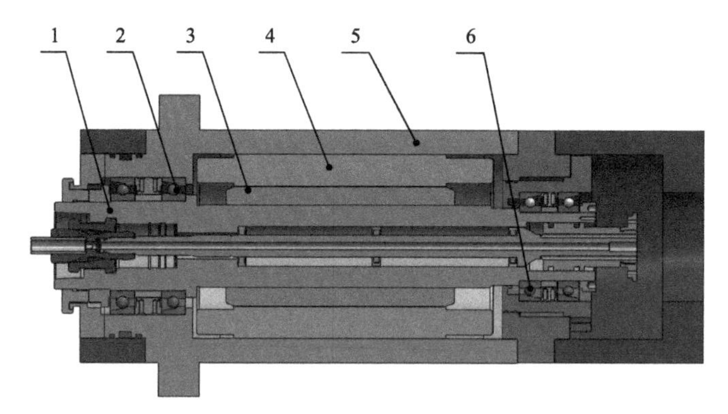

图 3.1　电主轴三维简化模型

1-主轴；2-前轴承；3-转子；4-定子；5-外壳体；6-后轴承

(2) 添加材料参数。完成三维模型的简化后，即可将电主轴装配体模型导入 Workbench 平台 Geometry 模块中，并根据电主轴系统不同的零件特性，在工程数据库中添加所需的材料参数，某公司所生产的 98.3407.9.300A 型高速电主轴具体材料参数如表 3.1 所示。

表 3.1　电主轴系统的材料参数

零件	材料	密度/(kg/m^3)	热膨胀系/$10^{-5}K^{-1}$	热导率/[W/(m·K)]	比热容/[J/(kg·K)]
主轴	17CrNiMo6	7850	1.2	44	460
定子	优质硅钢片	7830	1.25	41	536
转子	35CrMo	7820	1.3	44	460
轴承滚珠	Si_3N_4	3200	0.32	30	800
轴承滚道	GCr15	7810	1.25	60.5	460
前端盖组件	45 钢	7850	1.2	50.2	486
后端盖件	2A12 铝合金	2700	2.4	193	924
冷却水套	42CrMo	7820	1.3	44	460

(3) 划分网格。完成材料参数的设置后，即可创建稳态热分析项目，并在 Mechanical 环境中进行网格划分、施加热载荷和施加边界条件等一系列工作。采用自适应网格划分方法进行网格划分，共生成节点数 1974953，单元数 1201581。电主轴网格划分模型如图 3.2 所示。

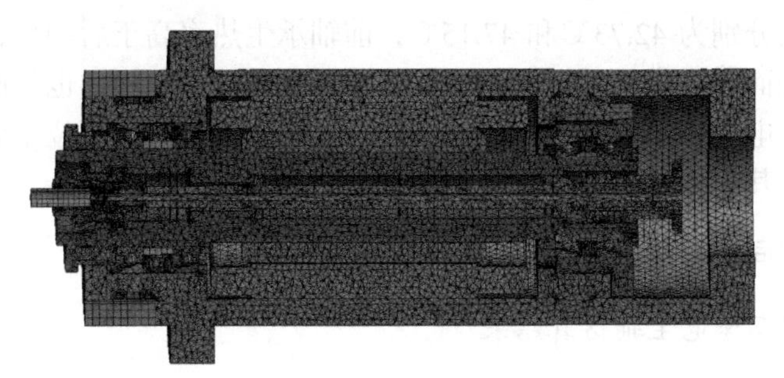

图 3.2　电主轴网格划分模型

(4) 设置边界条件。完成电主轴系统的网格划分后，即可将所计算的电主轴系统的对流换热系数及生热率，作为热载荷和热边界条件施加到电主轴网格划分模型中[1]，具体数据如表 2.6 所示。

3.2　电主轴稳态温度场仿真分析

3.2.1　98.3407.9.300A 型高速电主轴的稳态温度场分析

基于 3.1 节完成电主轴有限元模型的建立工作后，还需在 Mechanical 环境中设置电主轴系统的初始温度为环境温度 25℃，转速为 9000r/min，最终利用 Workbench 平台中的 Steady-State Thermal 模块对电主轴系统的稳态温度场进行分析计算，计算结果如图 3.3 所示。

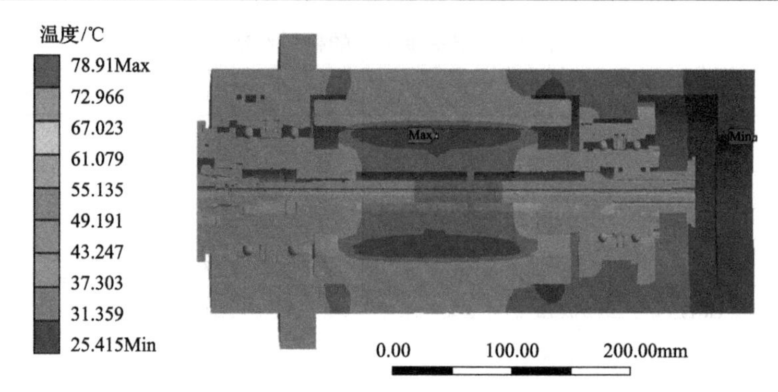

图 3.3 电主轴系统的稳态温度场云图

由电主轴系统的稳态温度场云图可知，电主轴最高温度位于定子与转子的间隙处，约为 78.91℃，该位置温度较高的原因在于，除了定子与转子生热，电主轴也在高速旋转，定子与转子间隙处的空气存在摩擦生热现象，并且间隙处没有相应的冷却机构，散热条件较差，因此温度相对较高；定子外端与冷却水套相连，冷却水带走了大部分热量,使定子温度保持在较低的水平。另一主要发热源——前后轴承的温度分别为 42.73℃和 47.15℃，前轴承生热率高于后轴承，冷却水套与前轴承的接触面积也高于后轴承，因此前轴承温度较低，同样也从侧面验证了循环冷却水对于电主轴散热起到了良好的作用。电主轴最低温度位于后端盖处，约为 25.415℃，其远离电主轴发热端，因此温度相对较低。

3.2.2 其他不同型号的电主轴温度场仿真结果

1. A02 型高速电主轴仿真结果

实验中的模型为 A02 型高速电主轴，经过计算得到电主轴在 10000r/min 转速下的生热率及对流换热系数如表 3.2 所示。

表 3.2 仿真边界参数

参数名称	计算结果
定子生热率/(W/m^3)	516569.11
转子生热率/(W/m^3)	1182411.43
前轴承生热率/(W/m^3)	2898642.82
后轴承生热率/(W/m^3)	3450346.66
定子与冷却水套的对流换热系数/[W/(m^2·℃)]	319
定子与转子的对流换热系数/[W/(m^2·℃)]	221
前轴承与压缩空气之间的对流换热系数/[W/(m^2·℃)]	187
后轴承与压缩空气之间的对流换热系数/[W/(m^2·℃)]	157
电主轴外壳与周围空气的对流换热系数/[W/(m^2·℃)]	9.7

将上述参数代入 COMSOL 多物理场仿真模型中，得到在 10000r/min 转速下的仿真结果，如图 3.4 所示。

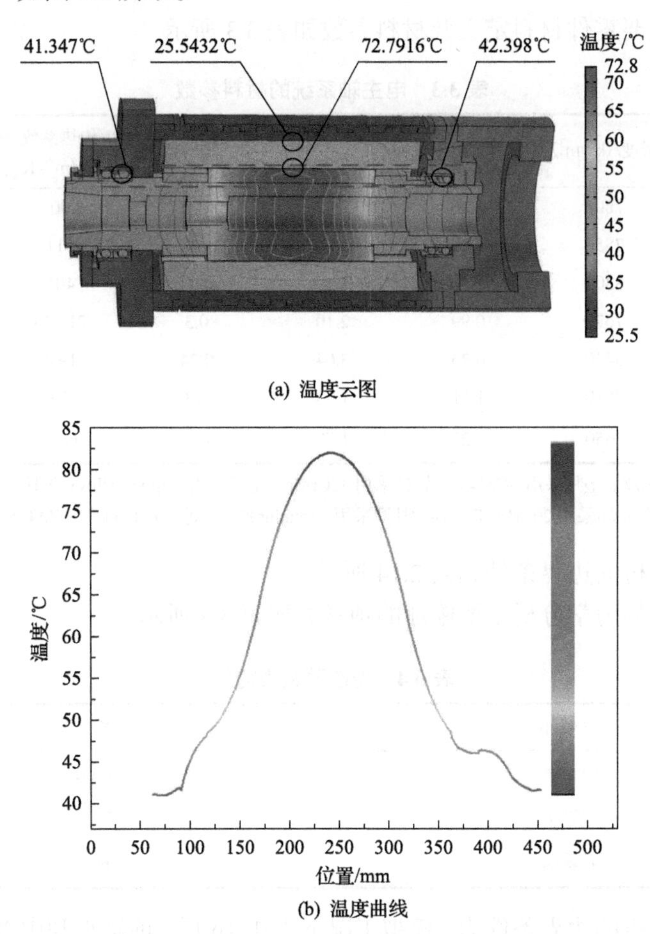

(a) 温度云图

(b) 温度曲线

图 3.4　10000r/min 转速下温度云图及虚线区域的温度曲线

由温度云图可以发现，最高温度位于定子和转子间隙处，温度为 72.7916℃，定子和冷却水套之间的温度最低，温度为 25.5432℃，这是因为在定子外部接有冷却水套，起到了很好的降温作用，而转子内部温度很难散出，只能通过热量的传递才能降低温度。前轴承的温度为 41.347℃，略低于后轴承温度 42.398℃，这是因为前轴承生热量低于后轴承生热量，且散热优于后轴承。由温度曲线可以看出，沿轴向温度变化较大，因此在布置温度测点时采用沿轴向布置，可以更便于得到近似于整个温度场的温度。

2. C01 型高速电主轴仿真结果

对 C01 型高速电主轴有限元分析的主要目的在于，通过改变前轴承和中轴承的预紧力大小，利用热-固耦合分析，得到主轴鼻端伸长量和主轴关键部件的温度变化。

电主轴主要零件材料定义及材料参数如表 3.3 所示。

表 3.3　电主轴系统的材料参数

材料名称	密度/(kg/m^3)	热膨胀系数 /$10^{-5}K^{-1}$	弹性模量 /10^5MPa	泊松比	传热系数 /[W/(m^2·K)]	比热容 /[J/(kg·K)]
20CrMnTi	7800	1.26	2.07	0.25	90	460
42CrMo	7850	1.04	2.06	0.3	111	476
Copper Alloy	8300	1.80	1.10	0.34	401	385
Cronidur30	7670	0.99	2.10	0.3	21.335	502.6
Ni_3H_4	3440	0.26	3.04	0.24	19.4	800
SCM435	7850	1.11	1.63	0.286	70	483
硅钢片	7650	1.25	1.50	0.24	6/40	535

注：水套、轴承座、垫片采用 SCM435；轴体采用 42CrMo；定子采用 Copper Alloy；滚珠采用 Ni_3H_4；转子、定子采用硅钢片；公差环采用 20CrMnTi；轴承外圈采用 Cronidur30；其他零件材料为 SCM435。

稳态热分析的边界条件如表 2.14 所示。

对于稳态静力学分析主要施加的预紧力如表 3.4 所示。

表 3.4　稳态预紧力施加

轴承部位	预紧力/N
前轴承	1800
中轴承	1200
后轴承	600

瞬态热分析的边界条件为：模拟工况下工作 1h 后，前轴承和中轴承改变预紧力，度过指定工况后卸除预紧力，最后达到稳态。前轴承预紧力在 3600s 时改变到 1800N，中轴承预紧力改变到 1200N，在 3780s 后恢复预紧力，直至 6000s 后停机。转矩在工作过程中假设恒为 28.7N·m。瞬态拟工况边界条件如表 3.5 所示。

表 3.5　瞬态拟工况边界条件

时间/s	前轴承		中轴承		后轴承	
	预紧力/N	热流量/W	预紧力/N	热流量/W	预紧力/N	热流量/W
0～3600	1400	81.359	800	38.65	600	23.39
3600～3780	1800	113.65	1200	66.278	600	23.39
3780～6000	1400	81.359	800	38.65	600	23.39

借助电主轴单元热-固耦合仿真分析，得到稳态下热分析模型云图。图 3.5 为中轴承预紧力为 800N 时的温度云图，图 3.6 为中轴承预紧力为 1200N 时的温度云图。

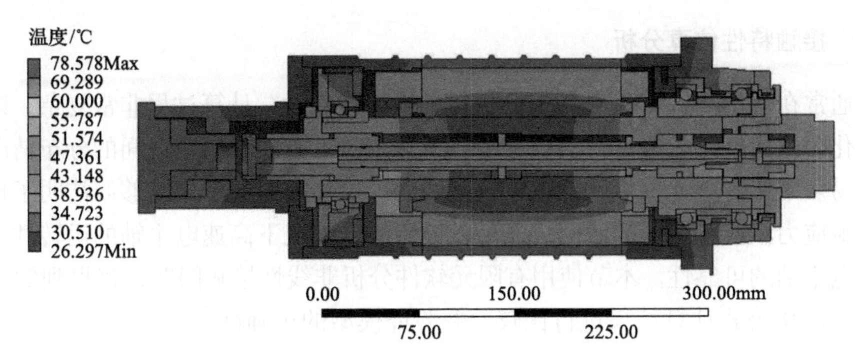

图 3.5　中轴承预紧力为 800N 时的温度云图

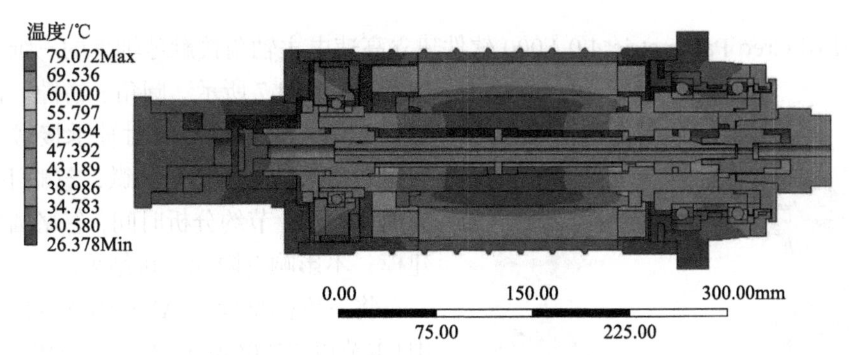

图 3.6　中轴承预紧力为 1200N 时的温度云图

由图 3.5 和图 3.6 可知，电主轴在稳态时，主轴转子与轴体温度最高，可达 79℃。主要原因是电主轴在转动过程中，电机自身热损耗和空气摩擦产生热量较多，且转子与主轴没有采取较好的冷却方式，散热条件差。而电机定子具有冷却水套，低温的冷却水对电主轴定子起到良好的冷却效果。轴承中温度较高的是前轴承，其受到的预紧力最大，冷却水流道较小，因此比后轴承温度高。后轴承预紧力较小，没有冷却机构，主轴后端较长且没有发热部件，因此后轴承温度较低。

3.3　角接触球轴承服役仿真分析

为验证上述理论，本节采用有限元法对角接触球轴承的服役过程进行仿真分析。ANSYS 是一款基于有限元法的工程分析软件，在求解非线性问题时具有非常明显的优势，其非线性分析涵盖材料非线性、几何非线性和状态非线性等多个方面。轴承的服役过程是典型的非线性问题，因此本节采用 ANSYS 作为仿真工具，可以比较真实地模拟该过程并获得准确的解。

3.3.1　接触特性仿真分析

通常在运用 Hertz 接触理论分析轴承接触特性时，计算过程非常复杂，即使在简化公式的基础上研究分析综合情况下等效应力在滚珠与滚道间的分布情况也不容易。采用有限元分析软件可以较好地处理上述问题，不仅能够简洁明了地显示接触应力和接触变形的数值，还可以分析综合工况下高速电主轴的运转性能，增加电主轴的可靠性。本节使用有限元软件分析非线性接触问题，将得到的仿真结果与简化公式计算结果进行比较，并验证模型的正确性[2]。

1. 角接触球轴承的模型

使用 Creo Parametric 4.0 F000 软件建立高速电主轴角接触球轴承的三维几何模型，如图 3.7 所示。圆角、游隙、保持架等参数在轴承运转时对轴承接触应力和接触变形的影响微乎其微，忽略不计，为简化模型、节约分析时间，忽略圆角等建模，不影响有限元分析结果。

图 3.7　角接触球轴承模型

将三维模型导入 ANSYS Workbench 中(本节以 71906ACE/HCP4A 为例)，使用 8 节 Solid185 单元划分网格。为了保证运算准确，对滚珠与滚道接触部分进行局部区域深度细节化处理，即内圈滚道与外圈滚道。根据文献[3]中介绍的方法设置接触网格长度，在使用 ANSYS 软件求解接触问题时，接触区及附近区域网格应小于接触椭圆面的半轴长度，取接触椭圆面短半轴的 1/2，即 0.063mm。轴承的网格划分如图 3.8 所示。

根据轴承在高速电主轴中的实际工况，约束采取如下：

(1)在轴承外圈设置全约束模拟其固定在轴承座上。

(2)在轴承外圈侧面约束模拟轴肩配合。

(3)在轴承内圈约束 X 方向位移模拟轴肩配合。

(4)施加 460N 轴向载荷。

(5)施加轴承内圈 10000r/min 自动转速，滚动体施加公转转速。

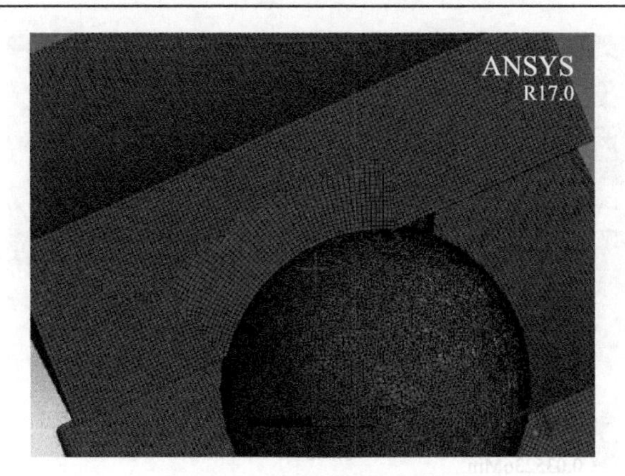

图 3.8　轴承的网格划分

在接触设置方面，多个零件表面在发生接触时，需要制定接触物体的基础面和目标面，通常原则为凸面-平面或凹面，凸面为接触面，平面或凹面为目标面。接触设置原则如下：

(1)法线方向没有相对运动，切线方向不可以发生相对滑动使用 Bonede。

(2)法线方向没有相对运动，切线方向可以发生轻微的无摩擦滑动使用 No Separation。

(3)法线方向存在相对运动，切线方向不可以发生相对滑动使用 Rough。

(4)法线方向存在相对运动，切线方向可以发生相对滑动，且没有摩擦力，使用 Frictionless。

(5)法线方向存在相对运动，切线方向可以发生相对滑动，存在摩擦力，使用 Frictional，根据情况设计任意不含负数的摩擦系数。

根据文献[4]中的设置，将轴承滚珠设置为接触物体的接触面，轴承内外圈滚道表面设置为目标面，根据实际情况，将两接触面设置成摩擦接触，摩擦因数为 0.03，Advanced 高级选项设置中，Formulation 算法设置为增广拉格朗日算法，干涉检查方法及穿透容差参数为默认设置，接触方式设置为 Adjust to Touch 界面间隙自动补偿接触状态。

2. 有限元结果分析

经过有限元分析软件平台 ANSYS Workbench 分析得到两轴承接触应力及接触变形 von Mises 等效应力云图，如图 3.9 所示。等效应力主要集中在轴承滚动体与轴承内外圈接触区域，为轴承设计提供参考。

经 ANSYS Workbench 软件分析计算，得到轴承接触应力与接触变形如图 3.10 和图 3.11 所示。图 3.10(a)和(b)分别为 71906ACE/HCP4A 型轴承接触应力与接触变形；图 3.11(a)和(b)分别为 71907ACE/HCP4A 型轴承接触应力与接触变形。

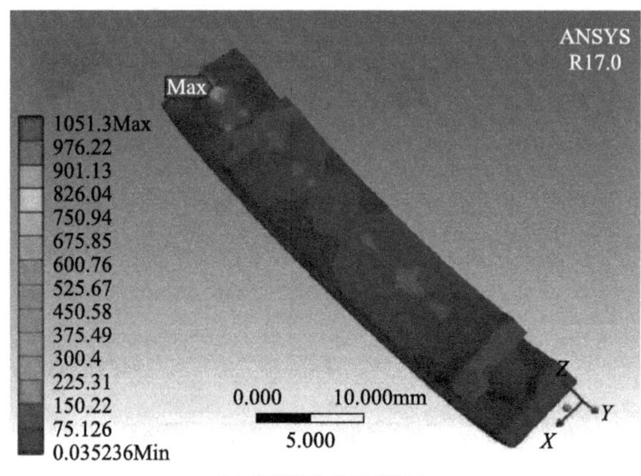

(a) 71906ACE/HCP4A

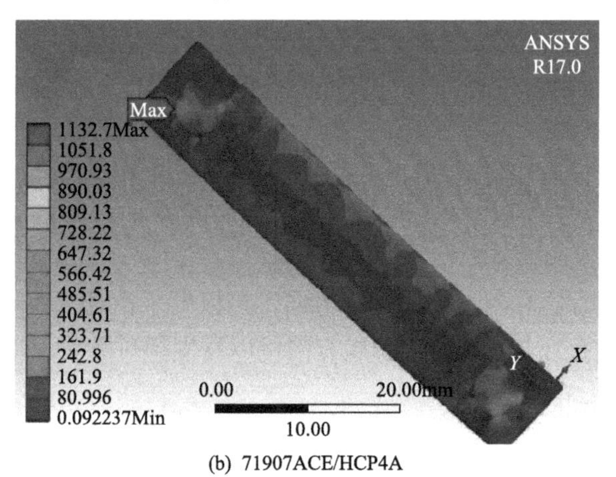

(b) 71907ACE/HCP4A

图 3.9　von Mises 等效应力云图(单位：MPa)

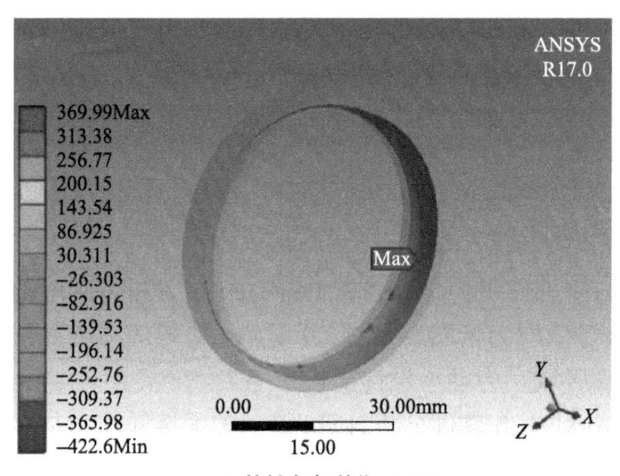

(a) 接触应力(单位：MPa)

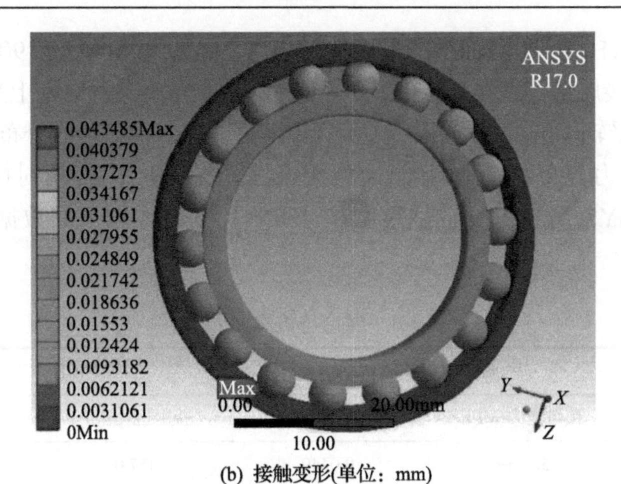

(b) 接触变形(单位：mm)

图 3.10　71906ACE/HCP4A 型轴承滚珠与滚道接触分析

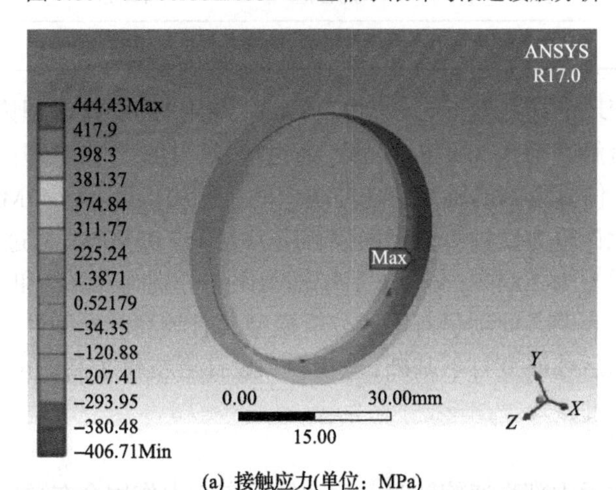

(a) 接触应力(单位：MPa)

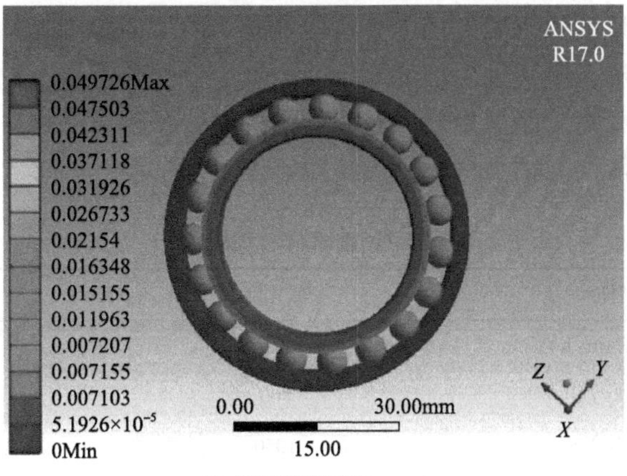

(b) 接触变形(单位：mm)

图 3.11　71907ACE/HCP4A 型轴承滚珠与滚道接触分析

71906ACE/HCP4A 型轴承的最大接触应力为 369.99MPa；71907ACE/HCP4A 型轴承的最大接触应力为 444.43MPa。每个滚动体接触应力原则上呈对称分布[5]，但实际情况中受轴承的变形、位移及振动等影响，呈现出近似对称分布，由图 3.10(a)和图 3.11(a)应力分布图看出，接触应力在接触位置产生，与分析时接触位置相符。

使用 ANSYS 仿真得到轴承滚珠在 460N 预紧力作用下的数据对照如表 3.6 所示。

表 3.6　理论与仿真对照表

方法及误差	71906ACE/HCP4A(后端)		71907ACE/HCP4A(前端)	
	接触应力/MPa	接触变形/mm	接触应力/MPa	接触变形/mm
理论计算	361.59	0.0449	457.05	0.04848
仿真分析	369.99	0.043485	444.43	0.049726
误差/%	2.27	3.26	2.84	2.45

前端轴承滚珠的接触变形为 0.049726mm，利用 Hertz 接触理论的简化计算方法计算得到的接触变形为 0.04848mm，通过比较，Hertz 接触理论计算的误差为 2.45%；ANSYS 仿真得到的轴承滚珠与滚道的接触应力为 444.43MPa，利用 Hertz 接触理论的简化计算方法计算得到的接触应力为 457.05MPa，通过比较，Hertz 接触理论计算的误差为 2.84%。同理，后端轴承误差分别为 3.26%和 2.27%。上面两个分析误差结果表明，此项目有限元分析模型具有较高的准确性，为轴承滚珠与滚道接触问题的后续研究打下基础，也为轴承设计者提供了高效可靠的分析工具。

3.3.2　生热分析

角接触球轴承内部高速旋转时，滚动体因离心力作用会在预紧情况下发生摩擦，从而产生大量的热，温度梯度是造成热变形的主要原因。轴承的膨胀带动周边零件发生热变形，电主轴内部的原始受力发生变化，严重影响轴承的旋转精度及使用寿命，所以对于摩擦生热以及温度场的进一步耦合分析，是掌握轴承寿命和可靠性的重要依据。轴承材料的热属性如表 3.7 所示。

表 3.7　轴承材料热属性

参数名称	氮化硅	轴承钢
热传导率/[W/(m·K)]	20	30
比热容/[J/(kg·K)]	800	450
使用上限温度/K	1050	400～600
线性热膨胀系数/10^{-5}℃$^{-1}$	0.32	1.24

Workbench 热分析可用于三维模型在热载荷作用下的热场分析研究，其基本原理为傅里叶定律[6]。在热分析过程中，由于轴承高速旋转，热边界条件和载荷十分复杂，为降低分析难度，需在研究前期进行以下假设：

(1)轴承具有微小的细节结构，如倒角、圆角等微小结构的存在会影响网格划分，因此在分析时将其忽略不计。

(2)角接触球轴承在工作时，时刻与周围进行辐射换热，滚动体与轴承内外滚道之间的空隙比较小，因此不考虑辐射换热的影响。

(3)轴承运转时转速很高，设定所有滚动体温度相同，在温度分析时接触类型设为绑定接触。因此，滚动体与内外圈接触部分温度相同；在高速电主轴工作过程中，轴承与轴芯采用过盈配合，内圈与主轴为绑定接触，两者定义为常数导热热阻。

(4)轴承与周围部件接触的导热率为平均值。

具有接触面或点的两个结构，热传导过程中经过交界面时出现温降。两零件间热通量 q 定义为

$$q = \mathrm{TCC} \cdot \left(T_{\mathrm{target}} - T_{\mathrm{contact}}\right) \tag{3.1}$$

式中，TCC 为热导率，W/(m^2·℃)；T_{target} 为接触点上的温度，℃；T_{contact} 为对应目标点上的温度，℃。

在 ANSYS Workbench 中定义接触对，网格划分在 3.2 节已有阐述，施加热载荷及边界条件，计算系数(热通量)，热载荷及热边界条件如表 3.8 所示。

表 3.8　轴承部件生热率

参数名称	数值
内环生热率/(W/m^3)	248520
外环生热率/(W/m^3)	100150
滚动体生热率/(W/m^3)	386000
内外环与空气对流换热系数/[W/(m^2·℃)]	175/43

以 71906ACE/HCP4A(后端)轴承为分析样例，施加热载荷及对流换热系数如图 3.12 所示。角接触球轴承热场分布云图如图 3.13 所示。轴承内圈横截面定义路线及其温度分布如图 3.14 所示。由图 3.13 可知，最高温度出现在内圈滚道，滚动体在轴承内部散热环境较差，与散热介质的接触面积相对较小，导致对流换热特性差；滚动体与内外圈温差较大。

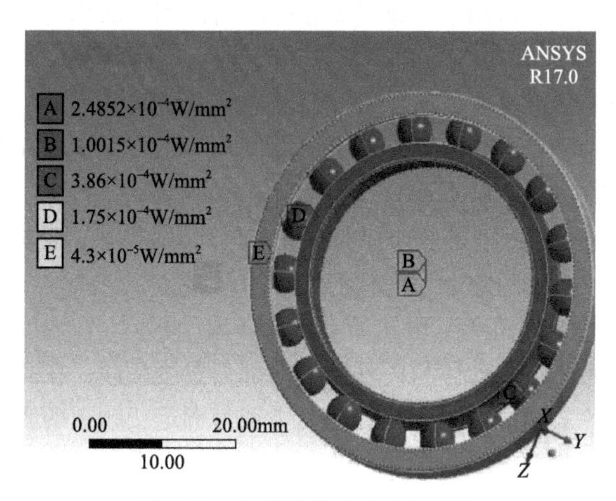

图 3.12　热载荷及对流换热系数

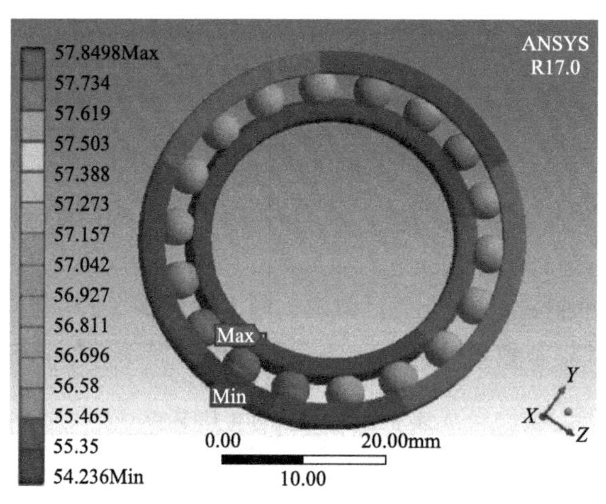

图 3.13　角接触球轴承热场分布云图(单位：℃)

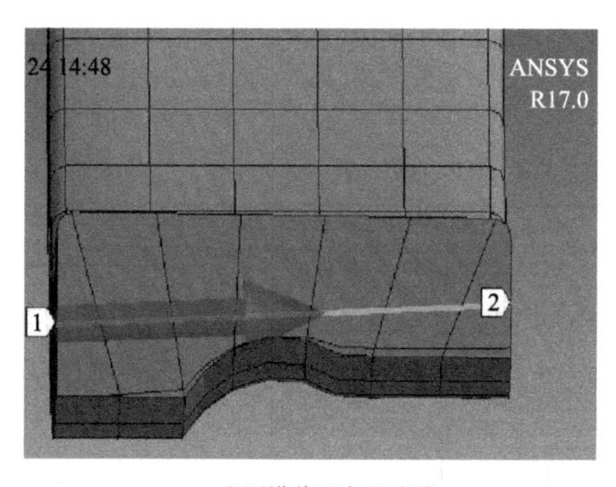

(a) 内圈横截面定义路线

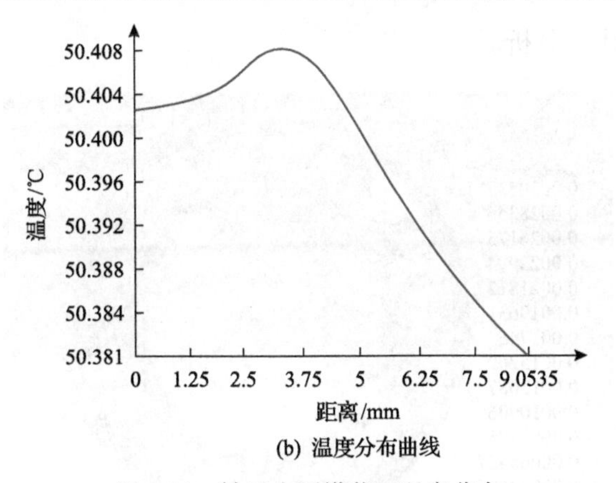

(b) 温度分布曲线

图 3.14　轴承内圈横截面温度分布

使用 ANSYS Workbench 软件平台进行热-应力分析的基本步骤为：①利用稳态热分析(Steady- State Thermal)求得角接触球轴承的温度场；②将结果链接到线性静力结构分析中，作为初始载荷；③同时施加 3.2 节中所介绍的轴承边界条件，进行热-应力耦合分析。图 3.15 为转速 10000r/min 下轴承热-应力耦合分析取得的等效应力图。由图 3.15 可见，施加热载荷后应力显著增加，由 1051.3MPa 增加到 1378.3MPa，最大应力出现在滚动体与内圈接触处。

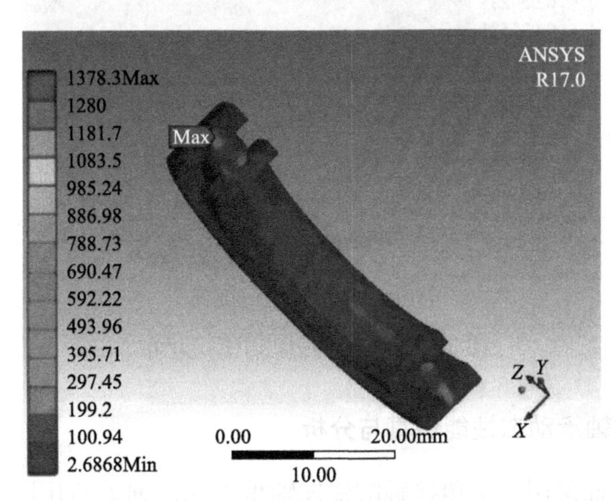

图 3.15　轴承热-应力耦合分析等效应力图(单位：MPa)

图 3.16 为转速 10000r/min 下轴承热-应力耦合分析取得的轴承变形图。由图 3.16 可以看出，完全由发热产生的热膨胀最大值为 0.0030537mm；初始载荷引起的变形为 0.043485mm；轴承热-应力耦合变形最大值为 0.051161mm。由轴承热变形图与热-应力耦合变形图对比可以看出，结构的变形应力增加了 17.65%。由此可知，轴承温度场对轴承应力、变形的影响比较明显，在高速电主轴选用轴承时应注重

考虑轴承温度设计、分析。

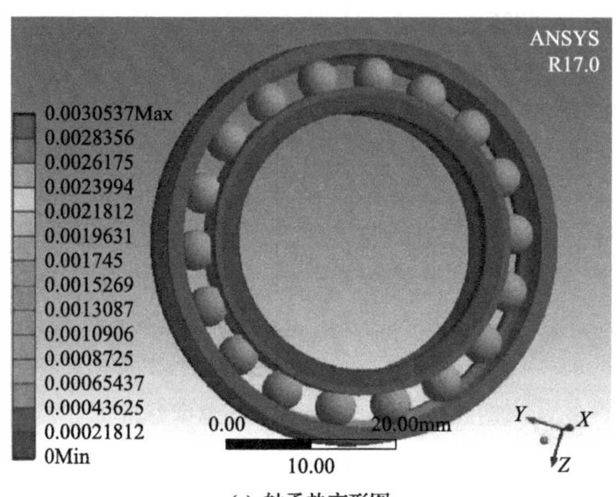

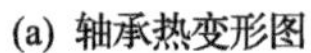

(a) 轴承热变形图

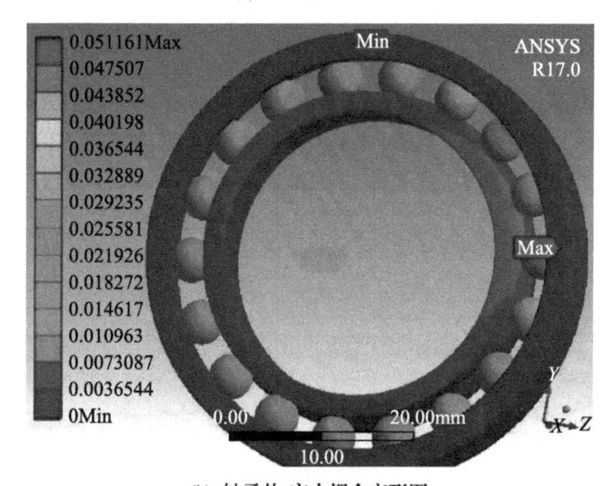

(b) 轴承热-应力耦合变形图

图 3.16　轴承变形图(单位：mm)

3.3.3　角接触球轴承动态性能仿真与分析

C01 型电主轴采用三个角接触陶瓷球轴承支撑，轴承的几何尺寸参数和预紧力设定情况如表 3.9 所示。

表 3.9　各轴承参数

参数名称	前轴承、中轴承	后轴承
型号	HCM71916-E-2RSD-T-P4S-XL	HCM71912-E-2RSD-T-P4S-XL
内径/mm	80	60

续表

参数名称	前轴承、中轴承	后轴承
外径/mm	110	85
滚动体数/个	27	22
滚动体直径/mm	9.5	8
节圆直径/mm	95	75
内滚道曲率半径系数	0.535	0.535
外滚道曲率半径系数	0.525	0.525
接触角/(°)	25	25
预紧力/N	1400(前)、800(中)	600

对轴承进行性能仿真，还需要轴承内外圈及滚动体的材料密度、弹性模量和泊松比信息。轴承内圈材料均为 SCM435，外圈材料均为 Cronidur30，滚动体材料均为 Ni_3H_4，三种材料的力学属性如表 3.10 所示。

表 3.10 轴承材料属性

材料名称	密度/(kg/m^3)	弹性模量/10^{5}MPa	泊松比
Cronidur30	7670	2.10	0.3
Ni_3H_4	3440	3.04	0.24
SCM435	7850	1.63	0.286

电主轴在空载运行的情况下，角接触球轴承在径向上受到来自轴的压力，由于离心力的作用，轴承内圈随轴高速转动就会引发内部几何结构的变化，角接触球轴承的几何结构变化会反映在接触角上，接触角可以反映轴承的承载能力。为了研究转速对轴承支承性能的影响，首先需要对转速与接触角之间的关系进行探讨。

在高转速下，轴承滚动体中心和滚动体与内外滚道的接触点三点不再处于同一直线上，轴承接触角分为内圈接触角和外圈接触角两部分。对前轴承进行仿真计算，设定内圈转速分别为 3000r/min、6000r/min、9000r/min 和 12000r/min。整体矩阵组装示意图如图 3.17 所示，以平面极坐标系的形式给出内外圈接触角仿真结果，类比轴承结构，每一圈上的小图标个数与前轴承滚动体个数相同，每个小图标代表一个滚动体，小图标的极角对应滚动体在轴承中的位置角，为了不使曲线过于密集，综合轴承内外圈接触角的变化范围，将极坐标极角的范围设定为 10°～25°。

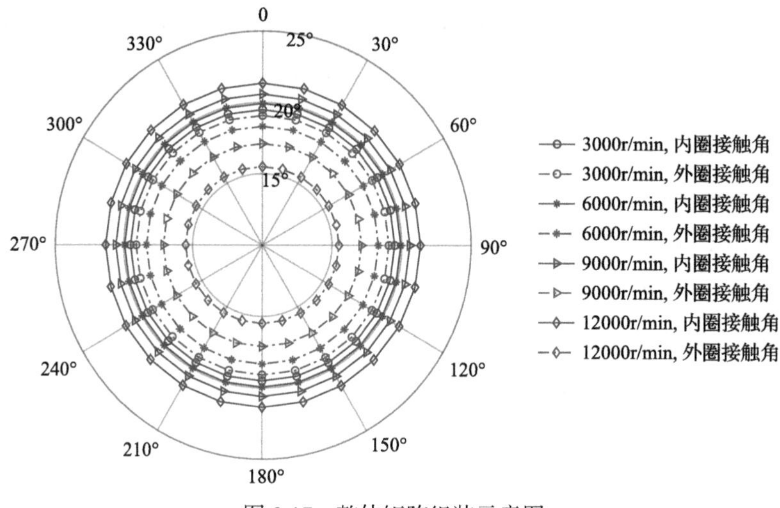

图 3.17　整体矩阵组装示意图

由于设定轴承只承受轴向预紧力作用，各位置的滚动体在内外圈上的接触角大小相同。由图 3.17 可知，内圈接触角随着转速的增大而增大，外圈接触角随着转速的增大而减小，低转速时内外圈接触角比较接近，转速升高后二者差距越来越大。同时，随着转速的增大，接触角的变化幅度也增大，外圈接触角减小的幅度要大于内圈接触角增大的幅度。

在得到角接触球轴承内外圈接触角的变化趋势后，进一步对不同转速下的角接触球轴承的支承刚度进行仿真分析，得到前轴承、中轴承和后轴承的轴向刚度和径向刚度随转速变化的曲线，如图 3.18 所示。

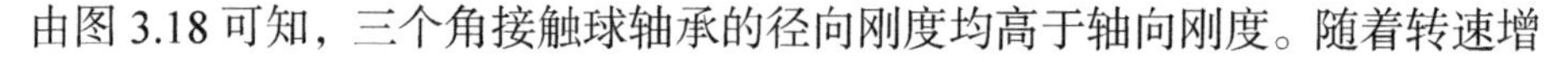
由图 3.18 可知，三个角接触球轴承的径向刚度均高于轴向刚度。随着转速增

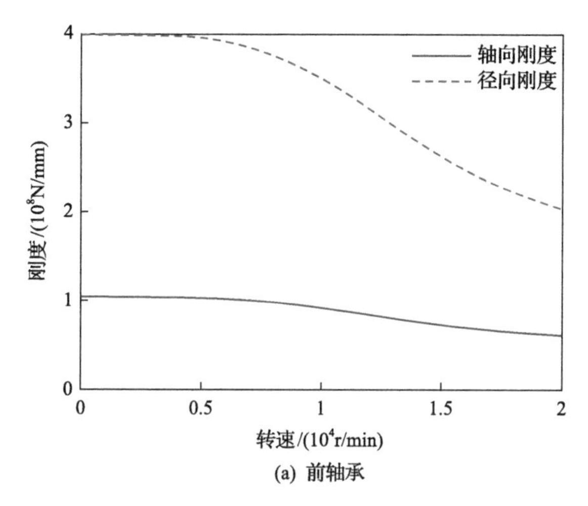

(a) 前轴承

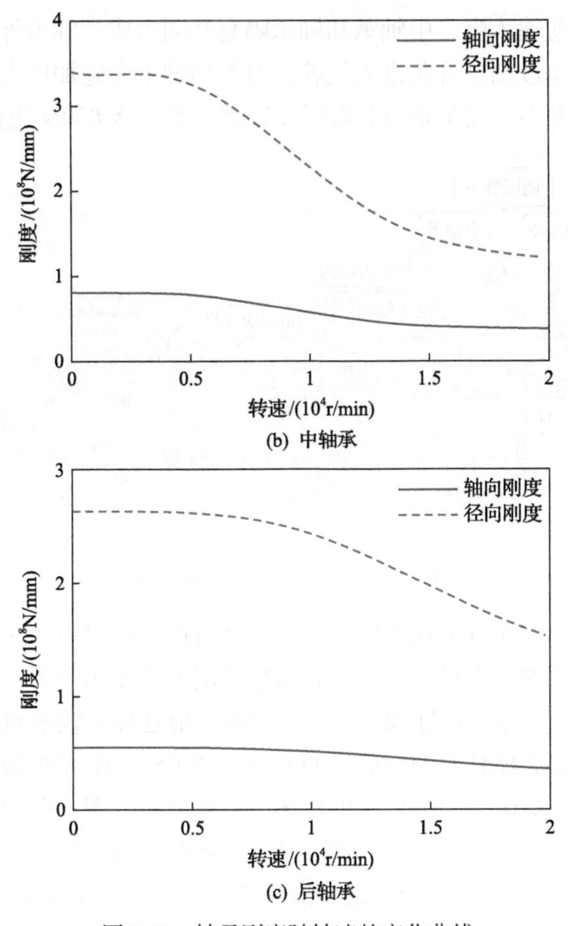

图 3.18　轴承刚度随转速的变化曲线

大，三个角接触球轴承的轴向刚度和径向刚度均呈现下降的趋势，而且变化规律为非线性。在转速从 0r/min 提升至 4000r/min 过程中，轴承刚度变化不明显；在转速从 4000r/min 提升至 14000r/min 过程中，轴向刚度、径向刚度均大幅下降，其中径向刚度下降的幅度更大。经过计算，前轴承径向刚度下降了 34%，轴向刚度下降了 30%；中轴承径向刚度下降了 56%，轴向刚度下降了 48%；后轴承径向刚度下降了 25%，轴向刚度下降了 21%。据分析，前轴承刚度下降幅度较小的原因在于，其预紧力大，而且前轴承的初始刚度也大于中轴承，说明大的预紧力有助于增加刚度并抑制高转速下的轴承软化。

3.3.4　变预紧力的电主轴热-固耦合分析

变预紧力电主轴结构如图 3.19 所示，主要包括前轴承、变预紧力结构、电主轴轴体、电机转子、电机定子、冷却水套和后轴承等。其中，变预紧力结构主要由压力气腔、滑动轴承座、中轴承和轴承隔套共同组成。轴承外圈安放在轴承滑套内，压力气体通过调压管路进入气腔，对滑动轴承套施加压力，调节气体的气压控制预紧力的大小。变预紧力装置可使轴承预紧力从 800N 变化到 1200N。

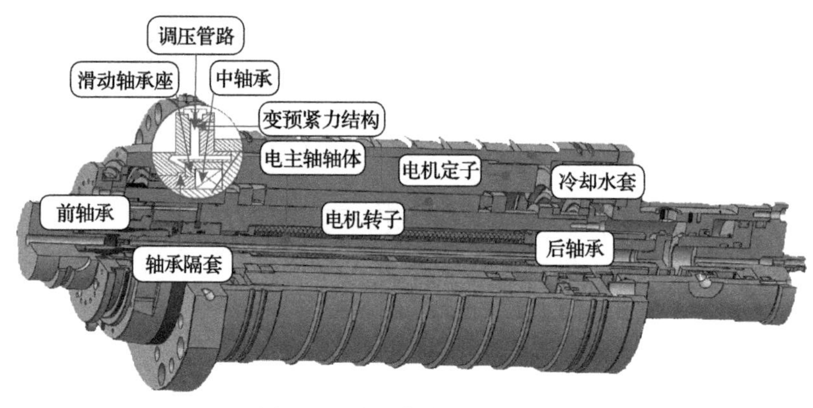

图 3.19 变预紧力电主轴结构

变预紧力装置能在电主轴不同工况下提供合适的预紧力，在低速重切削下增加预紧力，为轴承提供支承刚度；在高速精切削下减小预紧力，降低轴承摩擦生热，减少电主轴热误差，保证加工精度，也极大地延长了轴承的使用寿命。

分别对轴承施加预紧力 800N、1000N 和 1200N。图 3.20 为变预紧力电主轴在从预紧力 800N 提升至 1200N 后的整体温度场分布云图。在相同的转速下，更大的预紧力会使轴承的生热增多，加剧电主轴各单元的温升，稳态下前轴承温度由 34℃升高至 37℃，而转子由于缺少散热条件，温度由 48℃升高至 78℃。根据电主轴温升信息，确定由预紧力和电主轴温度结合产生的内应力对电主轴鼻端热误差的影响。图 3.21 显示了经过热-固耦合分析得到的 1000N 预紧力下电主轴达到稳态后的轴向热位移，最大热位移产生在电主轴后端，而前端产生的热位移较小，分别为 115μm 和 16μm[7]。

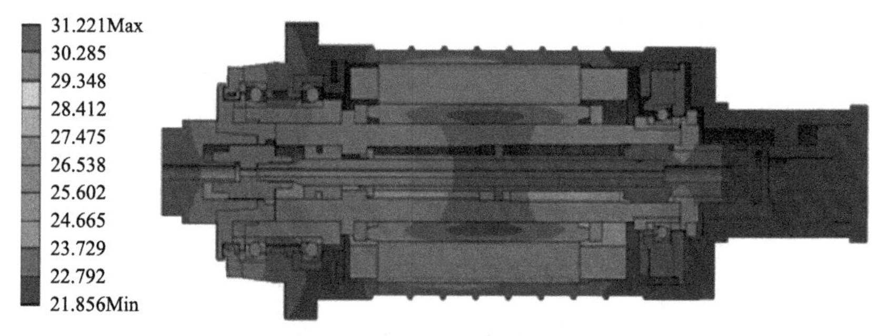

(a) 1000N预紧力电主轴温度分布云图

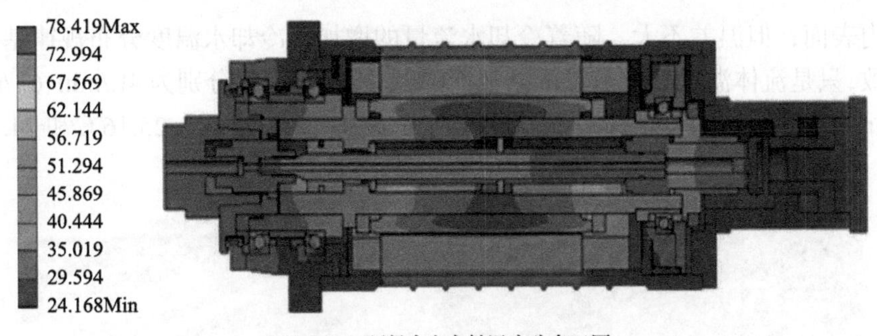

(b) 1200N预紧力电主轴温度分布云图

图 3.20　变预紧力电主轴温度分布云图(单位：℃)

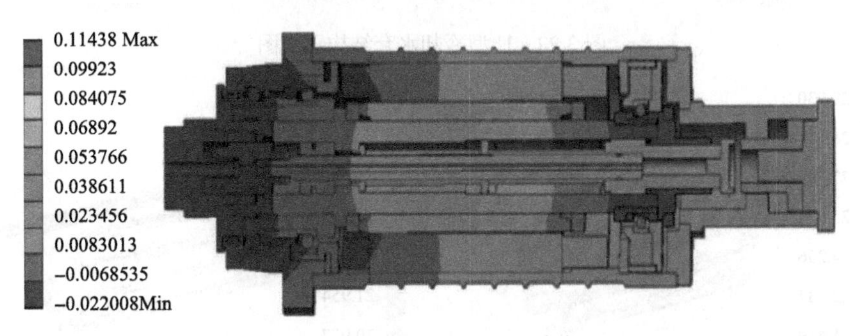

图 3.21　主轴系统轴向热位移(单位：mm)

3.4　电主轴热特性改善措施

当高速电主轴进行高速高精度加工切削时，降低主轴热变形量能够保证机床的加工精度。降低热变形量主要研究电主轴生热，降低电主轴生热量主要体现在减少主要发热源生热、加强电主轴散热能力和增加热补偿措施等。

3.4.1　电主轴冷却

降低电主轴温度，除降低定转子、轴承两大生热源的生热量外，还要增强对高速电主轴的冷却。

1. 改变冷却液流量

以 U 型冷却水套为例，通过改变冷却液流量进行电主轴热特性分析。图 3.22 为 U 型冷却水套结构示意图。

冷却水流量分别为 4L/min、6L/min、8L/min 和 10L/min 时的流体温度云图如图 3.23 所示。分析可知，冷却水温度从进水口到出水口逐渐升高，冷却水内表面温度相对于外表面要高一点，有小斑点是因为内表面距离热源更近一些，热量先传到内表面，但温差不大，随着冷却水流量的增加，冷却水温度分布规律基本保持一致，只是流体温度随着流量的增加而降低。冷却水流量分别为 4L/min、6L/min、8L/min 和 10L/min 时的流体最高温度分别为 29.93℃、26.84℃、25.16℃和 24.1℃。

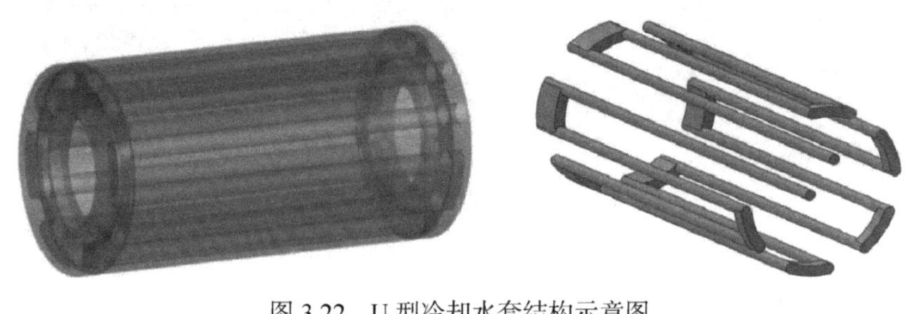

图 3.22　U 型冷却水套结构示意图

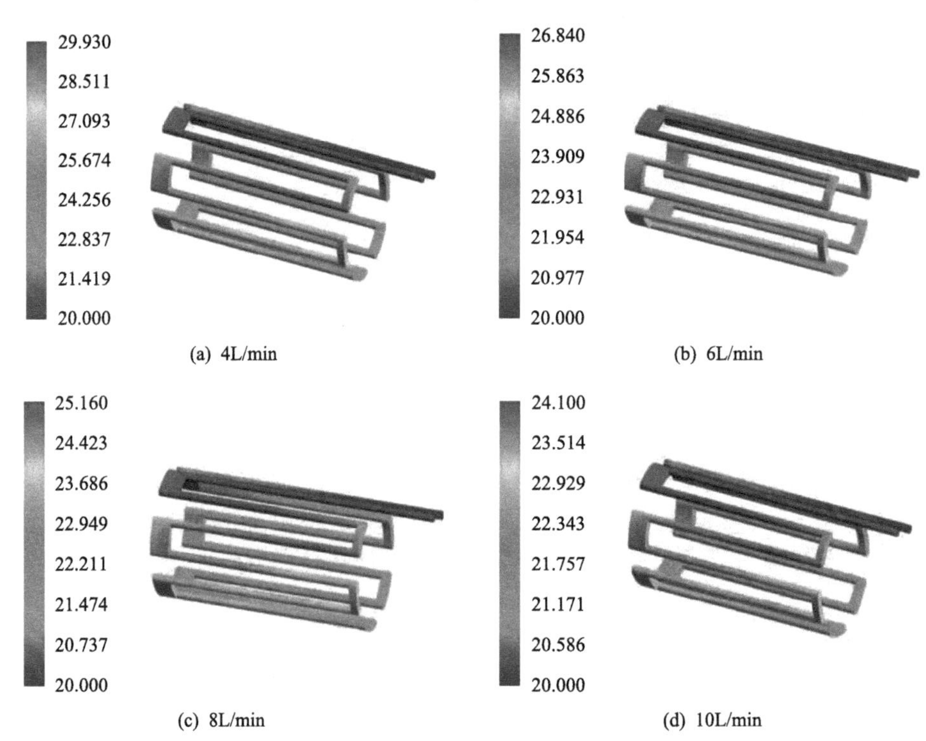

(a) 4L/min　(b) 6L/min

(c) 8L/min　(d) 10L/min

图 3.23　不同流量下流体温度云图(单位：℃)

冷却水流量分别为 4L/min、6L/min、8L/min 和 10L/min 时的 U 型冷却系统温度云图如图 3.24 所示。分析可知，冷却系统定子部分轴向温度分布均匀，轴向温度从进水口到出水口不断升高，随着冷却水流量的不断增加，冷却系统的温度逐渐降低，最高温度始终为出水口通道的一侧。冷却水流量分别为 4L/min、6L/min、8L/min、10L/min 时，U 型冷却系统最高温度分别为 41℃、36℃、33.5℃和 31.5℃。

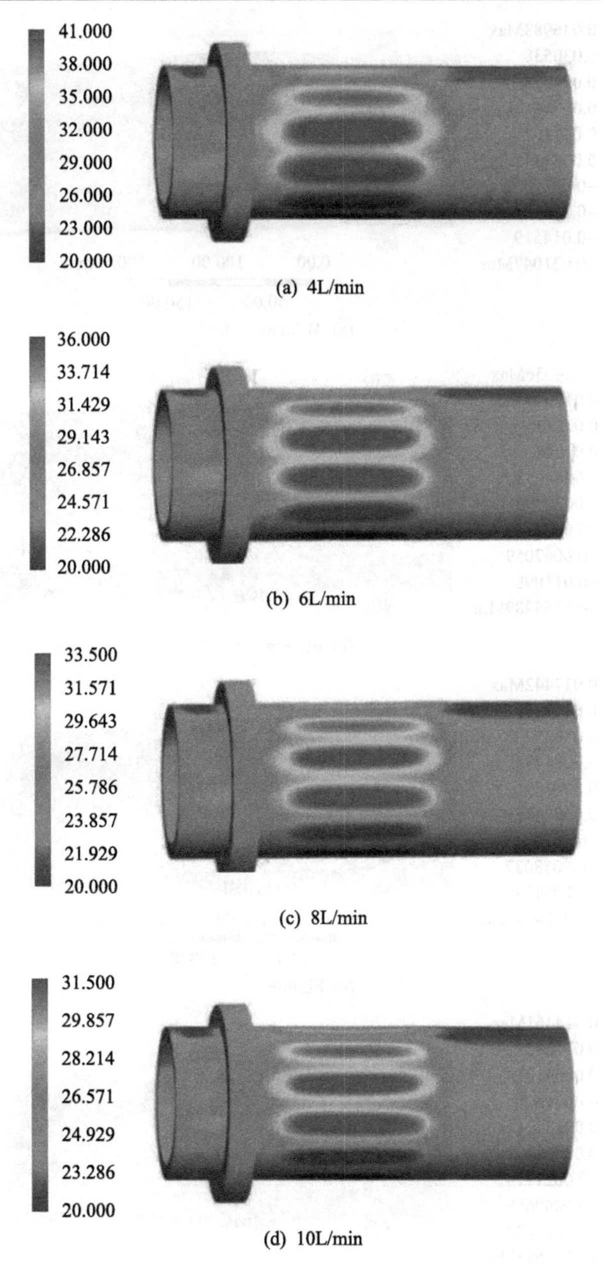

图 3.24　不同流量下 U 型冷却系统温度云图(单位：℃)

冷却水流量分别为 4L/min、6L/min、8L/min 和 10L/min 时的冷却系统径向热变形剖视图如图 3.25 所示。分析可知，冷却水流量分别为 4L/min、6L/min、8L/min 和 10L/min 时的冷却系统径向热变形量分别为 0.02314mm、0.016813mm、0.013341mm 和 0.011238mm。

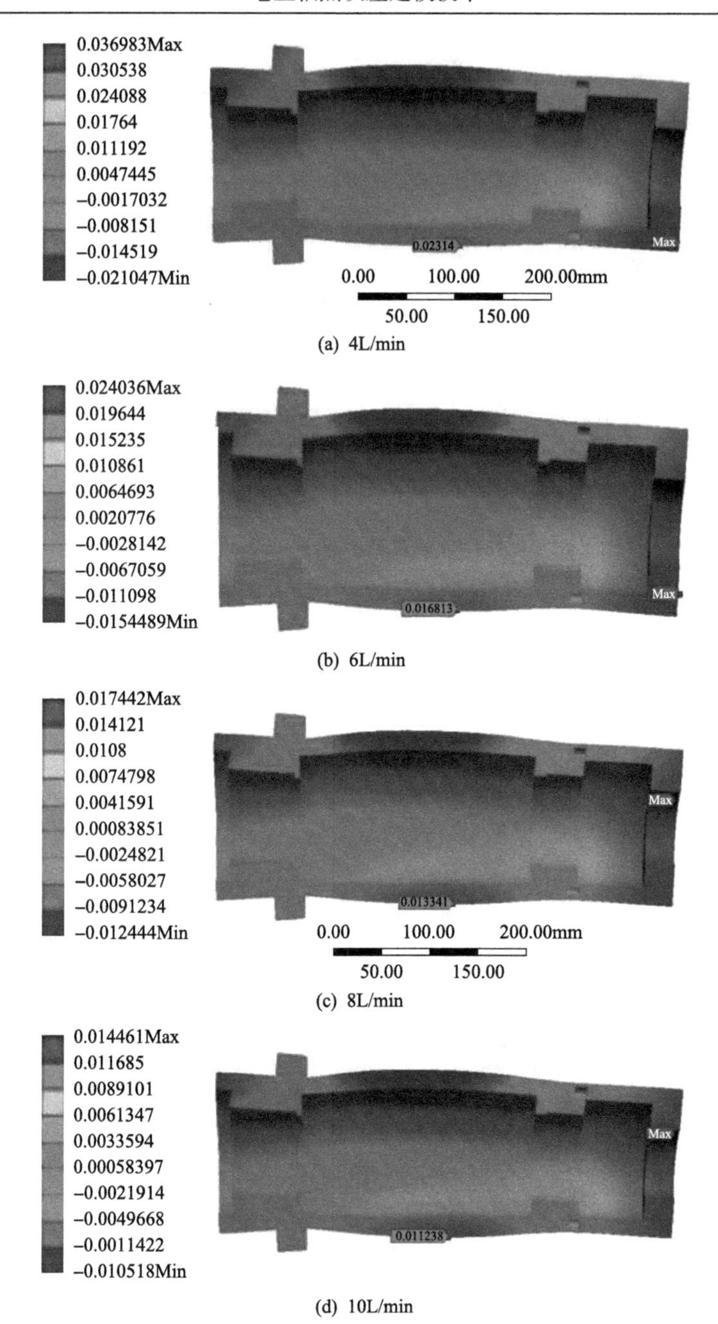

图 3.25　不同流量下冷却系统径向热变形剖视图(单位：mm)

由上述仿真分析结果可知，不同的冷却水流量所对应的冷却系统温度也不相同，冷却水流量分别为 4L/min、6L/min、8L/min、10L/min 和 12L/min 时，U 型冷却系统最高温度分别为 41℃、36℃、33.5℃、31.5℃和 30.5℃。流量与温度之间的关系曲线如图 3.26 所示。

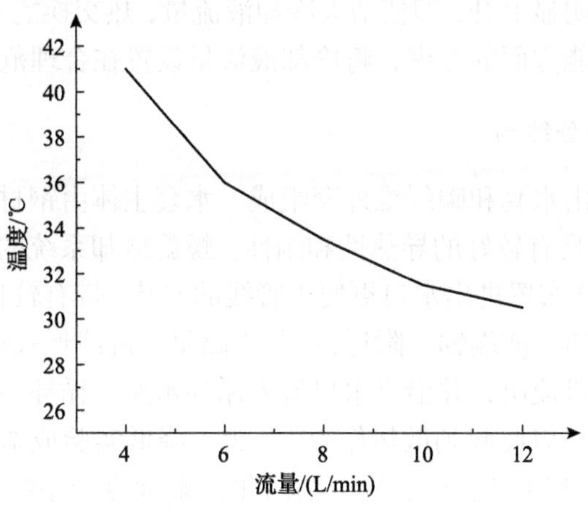

图 3.26　冷却系统流量-温度曲线

由图 3.26 可知，冷却系统的温度随着冷却水流量的增加呈现下降的趋势，但当冷却水流量增大到一定量时，冷却系统温度变化缓慢、不明显。综合考虑经济性、节能性，适当选用冷却水流量，以达到节能、有效降温的目的[8]。

由上述热-流-固耦合仿真分析可知，随着冷却水流量的不断增加，U 型冷却系统的温度逐渐降低，冷却系统的径向热变形量也逐渐降低，进而使电主轴的性能得到提升。冷却水流量分别为 4L/min、6L/min、8L/min、10L/min 和 12L/min 时，冷却系统径向热变形量分别为 0.02314mm、0.016813mm、0.013341mm、0.011238mm 和 0.009821mm。流量与径向热变形量之间的关系如图 3.27 所示。

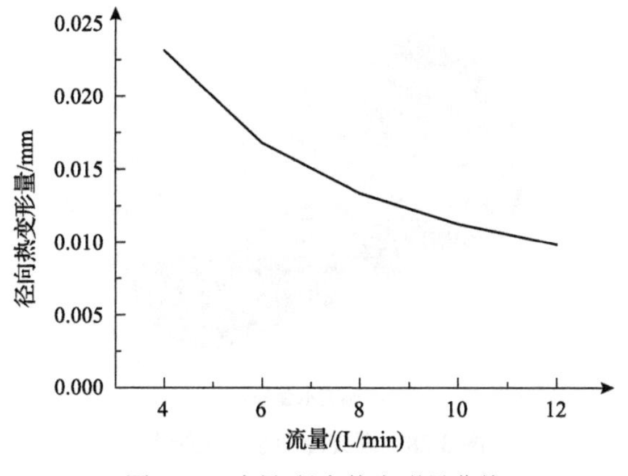

图 3.27　流量-径向热变形量曲线

由图 3.27 可知，当冷却水流量很小时，冷却系统的径向热变形量较大，随着冷却水流量的不断增加，冷却系统的径向热变形量逐渐降低，随后逐渐趋于平缓。

因此，对冷却系统的径向热变形量来说，冷却水的流量越大越好。电机的热辐射影响随转速的增加明显上升，即使增大冷却液流量，热交换能力也不会明显增加，因此出于经济、节能方面的考虑，将冷却液流量设置在合理范围内即可。

2. 改变冷却轴套结构

螺旋冷却系统由水套和碳纤维外套组成，水套主体由钢材制成，碳纤维外套较薄，仅为 2mm，具有较好的导热性和刚性。螺旋冷却系统的特点是进出水口安排在水套一端，这样布置进出水口更便于管线的安装，带有较长管路的为进水口，可以使冷却液直接通入前端轴承附近，冷却水路呈螺旋线形式包绕在水套外壳内，冷却液由工业水冷机流出，并沿进水口流入循环水路，循环一周后沿水路出水口流回工业水冷机中，以此起到散热作用[9]。为了降低实验成本，在不改变其实际性能的前提下，对该冷却水套进行结构简化，螺旋冷却系统主体的三维结构如图 3.28 所示。

(a) 螺旋水套主体

(b) 螺旋水套外套

图 3.28　螺旋冷却系统三维图

U 型冷却系统由循环水套主体和前后端盖组成，整体由钢材制成，为了安装方便及外形美观，冷却液进出水口同样设计在水套一端。冷却液由工业水冷机沿入水口打入循环水套内的直线水路中，直线水路前后安装有带槽型回路的端盖，在端盖的辅助下进行循环冷却，循环一周后由出水口流回工业水冷机中。

为了降低实验成本，不宜直接在电主轴样机上进行实验。因此，在不改变冷却性能的前提下，对该冷却系统进行结构简化，U 型冷却系统主体的三维结构如图 3.29 所示。

(a) U型冷却系统主体

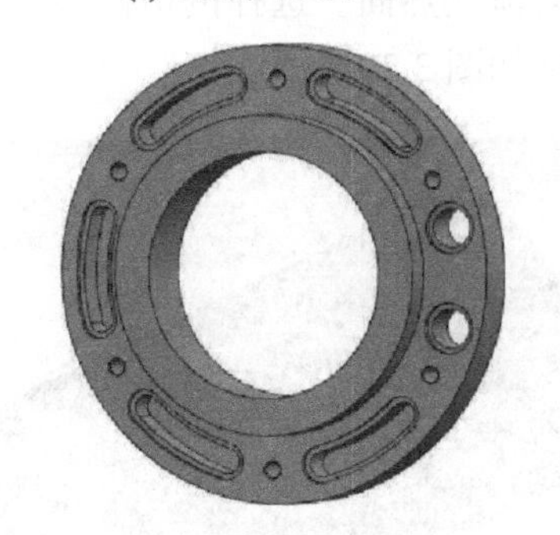

(b) U型冷却系统端盖

图 3.29　U 型冷却系统三维图

冷却液由工业水冷机打出，之后沿着入水口流入 U 型冷却系统中，在循环水道循环一周后沿出水口流回工业水冷机，以此起到散热作用。冷却水套参数对照表如表 3.11 所示。

表 3.11　冷却水套参数对照表

参数名称	螺旋冷却水套	循环冷却水套
进出水口管道直径/mm	5.5	5.5
水套长/mm	167	167
水套直径/mm	70	70
水套外径/mm	96	100
冷却水道尺寸/mm	12(宽)×3(深)	$\phi 5.5$
水路直径/mm	$\phi 5.5$	$\phi 5.5$

1) Fluent 热-流-固耦合仿真分析

为了便于对冷却系统进行仿真分析，本节不考虑随机因素产生的影响，并且为了满足仿真要求做出以下假设：

(1)不考虑自然对流和冷却系统外辐射的干扰。

(2)冷却液为不可压缩液体，且其工作时物理属性保持不变。

(3)冷却液不发生相变。

下面以一种冷却系统为例，简要介绍仿真分析的步骤。

(1)三维零件模型的简化。对模型进行必要的简化，对不影响仿真结果的结构，如倒角和安装孔进行修复，对多余的结构及不必要的平面进行清理。

(2)网格的划分及处理。在 ANSYS Workbench 的几何模块 DM 中抽取出内部流道，分别定义模型的流体域和固体域。在网格划分模块定义流道的进水口和出水口位置，在接触面设定对流换热面。选择网格模型，设定网格参数，进行网格划分，两种水套划分的网格如图 3.30 所示。

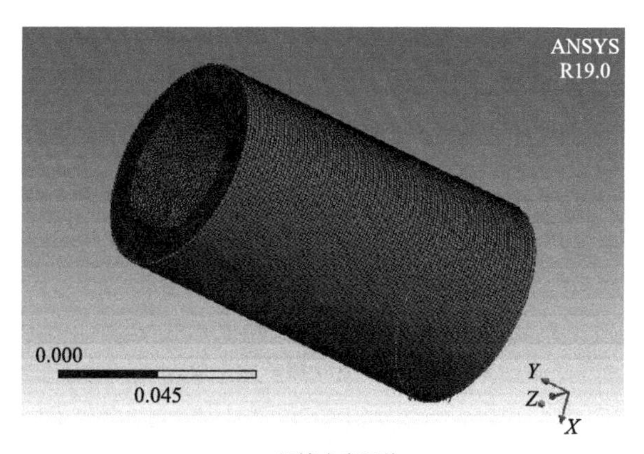

(a) 螺旋水套网格

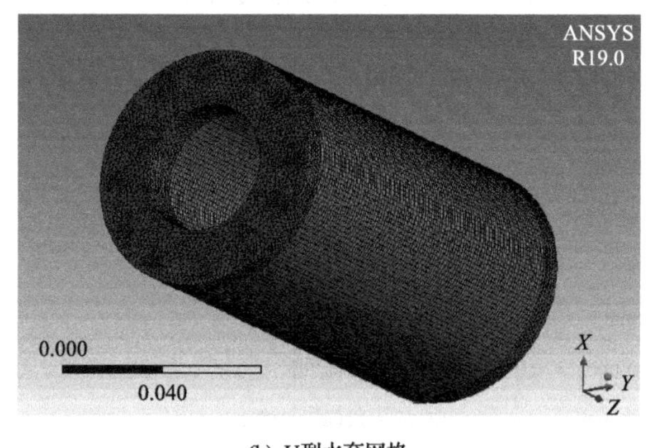

(b) U型水套网格

图 3.30　水套网格的划分

查看两种仿真网格的质量，包括网格空间范围、体积信息、表面积信息、节点信息等。其中，最需要检查的是网格单元的体积不能为负值，否则计算将无法继续。

(3) 仿真的设定。将第(2)步划分的网格中导入 Fluent 模块，对冷却系统进行稳态热流-固耦合仿真分析。分别对求解器进行缺省设置，选择 Pressure-Based 求解器，并采用稳态计算。然后进行湍流模型的设置，其中包括标准模型设置、壁面函数设置和湍流模型常数设置等。最后启用能量方程并定义材料的性质。

(4) 边界条件的设置。设置压力进出口、换热面以及各个换热系数的加载，将缸套内表面设置为发热源，并设置好体积热源，由第 2 章分析可知，冷却水套内壁的发热率为 1.6W/m^3，需要转化为体积热源，通过 SolidWorks 体积计算可知加热套体积为 621311.994mm^3，由热力学公式可知体积热源 Q 为 2.576×10^6W/m^3。选用压力进出口，进口压力为 1.5bar(1bar=10^5Pa)，出口压力为 0.6bar，环境温度为 25℃。

(5) 初始化并进行计算。单击 Solution Intialization(求解初始化)并设置残差监视器，同时打开迭代面板将 Number of Iterations(迭代次数)设为 100，单击 Iterate(迭代)按钮开始计算。图 3.31 为仿真分析残差曲线。

可以通过以下三种方法判断计算是否已经收敛。

①观察残差曲线。可以在残差监视器面板中设置 Convergence Criterion(收敛判据)，残差下降到小于设定值时，系统即认为计算已经收敛并同时终止计算。

②流场变量不再变化。有时无论采用何种方法进行计算，残差都不能降到收敛判据以下，此时可以用具有代表性的流场变量来判断计算是否已经收敛。如果流场变量在经过很多次迭代后不再发生变化，就可以认为计算已经收敛。

③总体质量、动量、能量达到平衡。在 Flux Reports(通量报告)面板中检查质量、动量、能量和其他变量的总体平衡情况。通过计算域的净通量应该小于 0.1%。

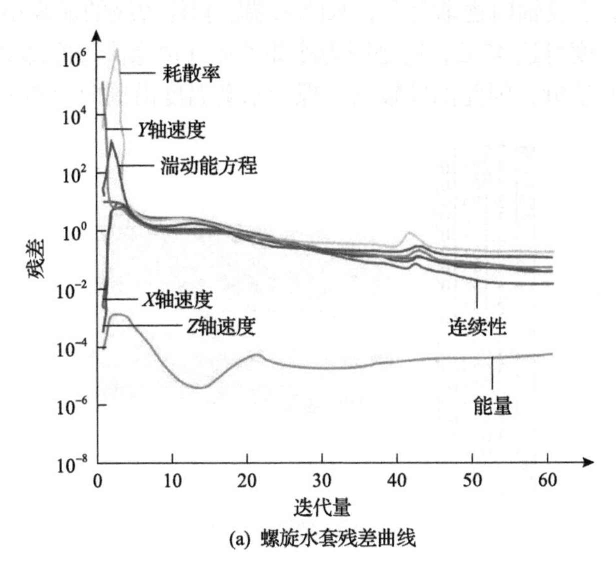

(a) 螺旋水套残差曲线

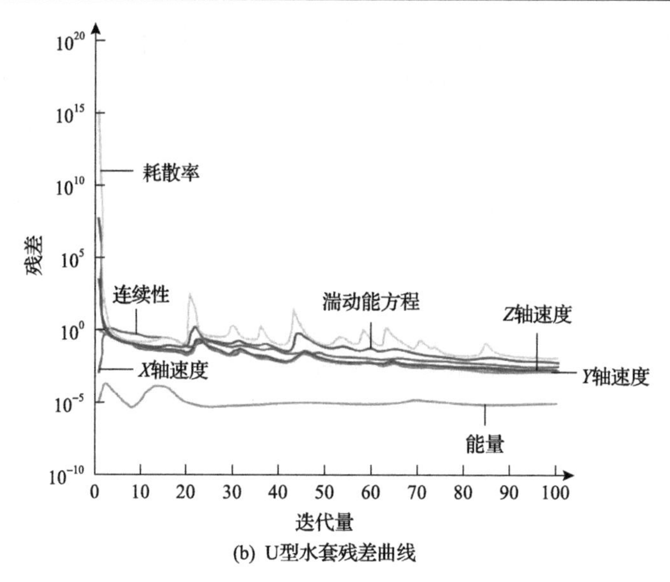

(b) U型水套残差曲线

图 3.31　仿真分析残差曲线

(6)结果后处理。把计算的结果导入 ANSYS 后处理软件中,也可直接用 Fluent 软件自身的后处理功能进行查看。本节用 Fluent 软件自带的后处理模块进行分析。结果加载后,单击 Result 菜单下的 Contours 功能进行设置,设置好后单击 display,仿真结果就会出现在屏幕的右下角。

2)螺旋冷却系统仿真结果分析

螺旋冷却系统流-固-热耦合仿真结果如图 3.32 所示。由图可以看出，进水口及水路起始端冷却液还没有及时与冷却水套进行换热，因此温度较低，大约为 27℃。温度沿着水套轴向逐渐上升，水路末端缸套外边缘的最高温度为 30℃，而内边缘的最高温度可达 47℃，这是因为冷却液从外边缘流过冷却效果较好，而内边缘距离发热面较近，因此温度较高。螺旋水套温度沿周向分布较为均匀，但中

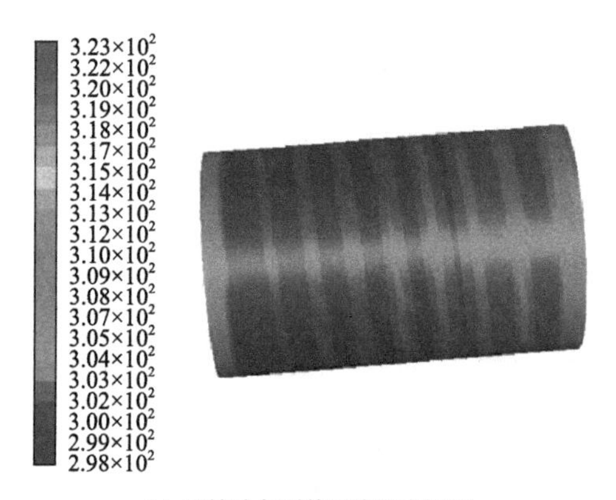

(a) 螺旋冷却系统温度场主视图

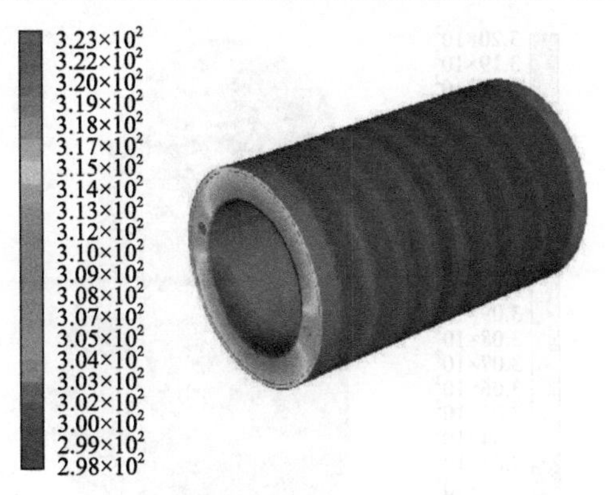

(b) 螺旋冷却系统温度场侧视图

图 3.32 螺旋冷却系统流-固-热耦合仿真结果(单位：K)

部温度较低，两端温度较高，这是热量传递不均匀导致的，水套中间部位平均温度为 32℃，两端内圈温度偏高，其中出水口附近温度最高达到 49℃，但只是局部温度，分布不广，整体状态较为理想。水路温度由入水口流至出水口逐渐上升，出水口处的温度较高，附近最高温度为 34℃，较入水口处温度升高 9℃，可见仿真的结果较为理想。

3) U 型冷却系统仿真结果分析

U 型冷却系统流-固-热耦合仿真结果如图 3.33 所示。由图可知，U 型冷却系统入水口温度约为 27℃，而出水口温度较高，约为 33℃，冷却液沿着冷却水套循环一周，和水套充分进行了热量交换。

端盖处由入水口沿周向至出水口温度逐渐上升，冷却液温度逐渐升高，带有出入水口一侧的端盖处温度最高为 36℃，水路转换处的冷却液较多，因此此处的冷却效果较好，温度较低，而没有冷却液流过的地方温度就会较高，端盖处的温度分布沿轴向出现蓝色光斑，且随着冷却液温度的升高，蓝色光斑逐渐变小，另

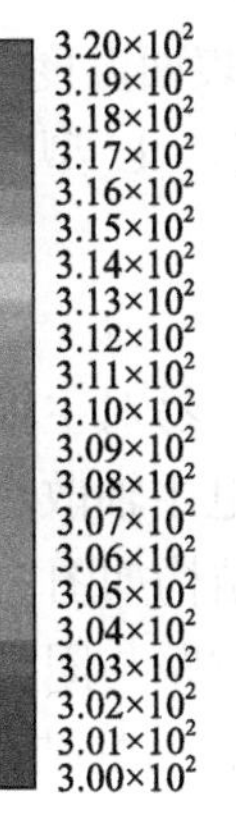

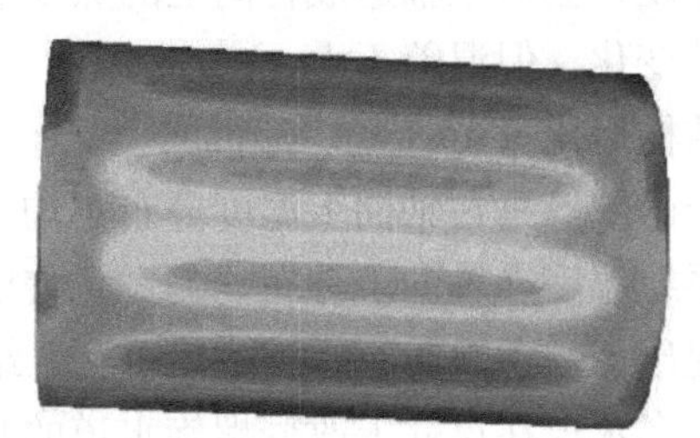

(a) U型冷却系统温度场主视图

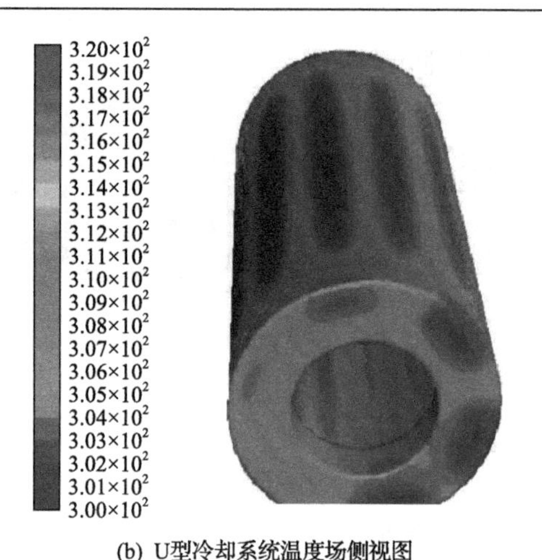

(b) U型冷却系统温度场侧视图

图 3.33　U 型冷却系统流-固-热耦合仿真结果(单位：K)

一端盖与之类似，且温度对称分布。温度最高处位于水套外壁，最高温度为 47℃，高温区的温度辐射沿轴向呈条状分布，中间温度较高，辐射沿周向呈周期性分布，水套中间平均温度为 38℃，在整体上温度由入水口向出水口递增。

4)冷却系统仿真对比分析

两种冷却系统在相同的参数设置下得到了各自的仿真结果，在温度场平衡时，冷却系统已对热源进行充分的换热，且仿真效果较好。下面对两种冷却系统的冷却性能进行分析对比。

(1)螺旋冷却系统的进出口温差为 9℃，U 型冷却系统冷却液进出口温差为 6℃，当冷却流量相同时，前者吸收热量多一些，会产生较好的冷却效果。

(2)从局部最高温度来看，螺旋冷却系统的最高温度出现在出水口处，最高温度可达 49℃。而 U 型冷却系统最高温度出现在缸套外表面的中间部位，最高温度为 47℃，比螺旋冷却系统低 2℃。

(3)从整体温度分布来看，螺旋冷却系统缸套外表面温度分布较为均匀，但在轴向上存在温度梯度，会对主轴造成径向上的热变形。U 型冷却系统缸套外表面温度分布呈周期性变化，但温差不大。

5)螺旋水套结构优化

螺旋冷却系统的缺点是在轴向上温度分布不均，易对主轴造成径向上的热变形。为保证冷却系统温度在轴向上分布均匀，且使电主轴散热达到最佳，利用并联水道的优点，提出了一种双向双螺旋冷却水套，结构如图 3.34 所示。

双向双螺旋水套水道在尺寸上改变螺旋水道的螺距与圈数，螺距改为原来的 2 倍，圈数改为原来的 1/2，其他尺寸保持不变。优化后的结构如图 3.35 所示。

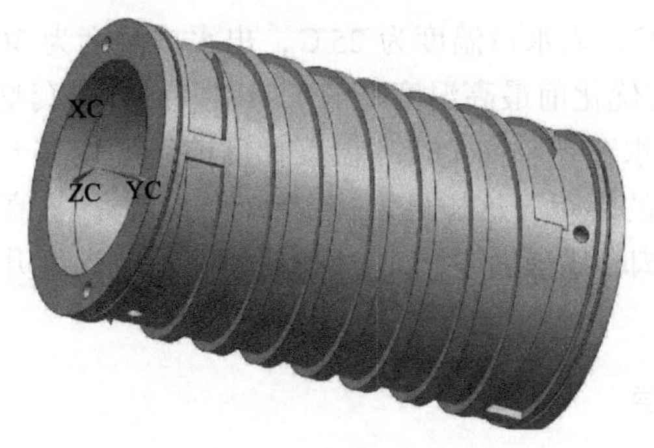

图 3.34　双向双螺旋冷却水套

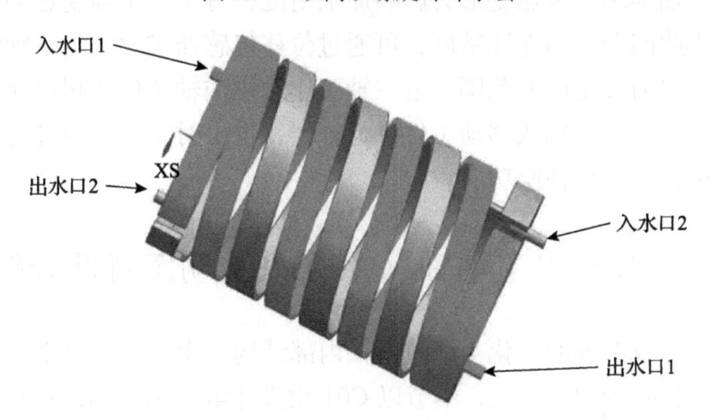

图 3.35　双向双螺旋水套水道

6) 双向双螺旋冷却系统仿真分析

采用 Fluent 软件对双向双螺旋冷却系统进行分析，热源加载参数与螺旋冷却系统保持一致，分析结果如图 3.36 所示。

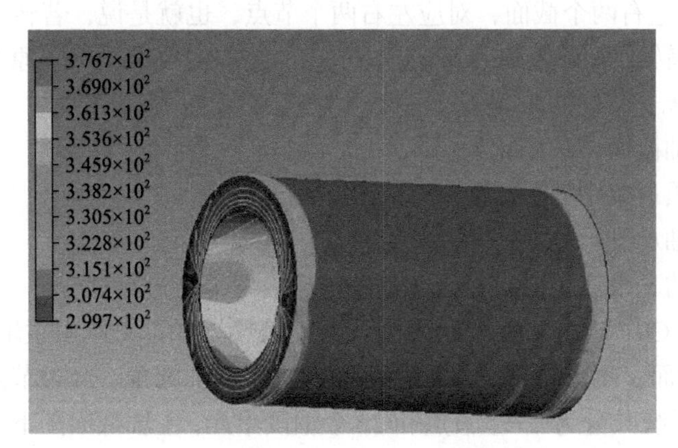

图 3.36　双向双螺旋水套仿真分析结果(单位：K)

由分析结果可知，双向双螺旋水套外表面平均温度为 27℃左右，相比优化前平均温度降低 5℃，入水口温度为 25℃，出水口温度为 30℃，两端最高温度为 45℃左右，相比优化前最高温度降低了 4℃，而且水套整体温度分布较为均匀，改善了优化前水套在轴向上产生温度梯度前后温差较大的问题。该冷却系统增大了螺旋水道的螺距，这样可以减少水流的阻力，提高冷却液的流速。同时采用双向螺旋冷却，克服了因水道过长而使冷却液温度升高，造成冷却效果下降的问题。

3.4.2　电主轴热补偿

高速电主轴轴芯产生热变形会影响加工精度，可采用主轴受热补偿装置和位移传感器解决此问题。为保证精度，可通过位移传感器实时监测主轴轴芯轴向位移和变形角，提前设定误差范围。电主轴工作过程中轴芯位移超过允许变形范围时，可通过系统移动主轴或移动工件进行补偿，也可对相应位置进行定点冷却或加热形成对称，达到热补偿功能。

3.5　高速电主轴轴承-转子系统动态特性分析

电主轴内部温度场的变化会导致主轴内部结构产生一定的改变，进而影响电主轴在高速运转时的加工精度，本节以 C01 型高速电主轴为例，对其动态特性进行分析研究。

3.5.1　电主轴模型前处理

应用有限元原理分析转子系统时，需要将转子划分成有限个轴段单元，每个轴段单元存在左右两个截面，对应左右两个节点，也就是说，若转子被分为 n 个轴段单元，则转子系统有 n+1 个节点。节点的选取需要遵循以下原则：

(1) 取在转子结构的两端。

(2) 取在轴截面直径变化处。

(3) 取在质量集中处。

(4) 取在轴承支承处。

(5) 较长的、没有截面直径变化的轴也应设置节点进行划分。

图 3.37 为 C01 型电主轴截面图，图中粗实线圈出的部分是电主轴的旋转主体，为了研究方便而又不失精度，忽略微小结构及零部件圆角。经过节点划分后得到的轴承-转子系统共分为 23 个节点和 22 个轴段单元，主轴截面图下方的标尺给出了 23 个节点在转子上的位置。如果需要更高的计算精度，可以对其中的单元进行进一步节点划分。

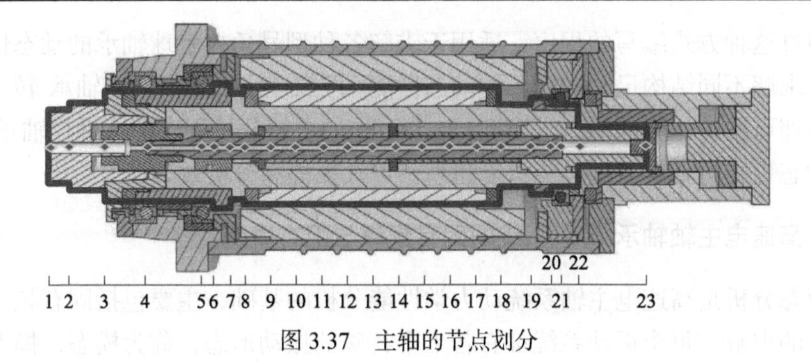

图 3.37　主轴的节点划分

本节选用 MATLAB 软件进行数值仿真程序的编写，首先输入角接触球轴承的信息，包含角接触球轴承尺寸参数、材料属性、内圈转速和预紧力，随后设定计算初值和计算收敛条件，进行数值求解即可得到角接触球轴承的动态性能，特别是支承刚度的相关信息。

得到角接触球轴承支承刚度后，进入电主轴轴承-转子系统动力学模型求解过程。首先根据节点划分情况输入转子各轴段的尺寸信息、材料属性、刚性圆盘质量和转动惯量，形成单元矩阵，结合之前得到的轴承刚度矩阵，依据有限元法单元矩阵组装原理构成系统矩阵，形成电主轴轴承-转子系统动力学模型，通过求解系统方程特征值得到固有频率与振型，轴承-转子系统求解程序流程如图 3.38 所示。

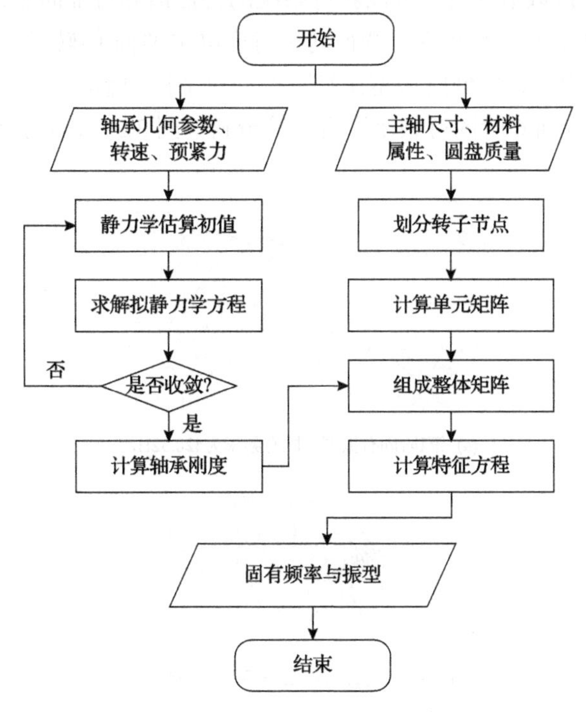

图 3.38　轴承-转子系统求解程序流程

通过这种方式编写的程序，适用于求解各种型号角接触球轴承的动态性能，也可以求解不同结构尺寸的转子的动态性能。按照规定的要求输入轴承-转子系统信息后即可构建相应的动力学模型，结合附加的求解分析程序即可进行轴承-转子系统动态性能仿真，有效避免重复建模，可大大提高分析效率。

3.5.2 高速电主轴轴承-转子系统的固有频率与固有振型

模态分析是高速电主轴系统动力学性能分析的基础，主要包括固有频率和固有振型的求解。每个振动系统都有若干个特殊的振动形态，称为模态，模态的数目等于系统的自由度数目[10]。每一模态都包含固有频率、阻尼比和振型三个参数，设置电主轴系统处于没有外部激励下的自由振动状态，即外力矩阵为零矩阵，通过运动微分方程的特征方程可以求出转子系统的固有频率[11]。

由电主轴轴承-转子系统运动微分方程，可以得到对应的特征方程：

$$K_{sys}Q = \lambda\left(M_{sys} - D_{sys}\right)Q \tag{3.2}$$

式中，K_{sys} 为系统刚度矩阵；M_{sys} 为系统的质量矩阵；D_{sys} 为系统阻尼矩阵(包括陀螺矩阵)；λ为特征值；Q 为特征向量。

对式(3.2)进行数值求解，可以获得系统的特征值和特征向量，特征值对应电主轴轴承-转子系统的固有频率，特征向量对应电主轴轴承-转子系统的主振型。

实际工程应用中，中低阶振型比高阶振型对结构的影响更大，并且也更容易出现，因此本节取前 6 阶固有频率进行计算分析。图 3.39 给出了电主轴前 6 阶固有振型和频率。

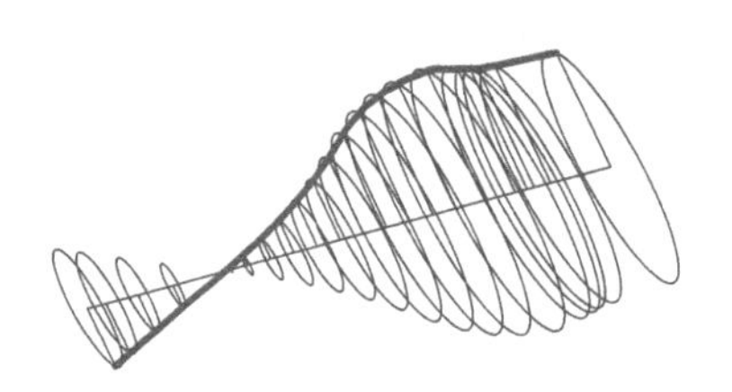

(a) 第1阶固有振型，固有频率为428.32Hz

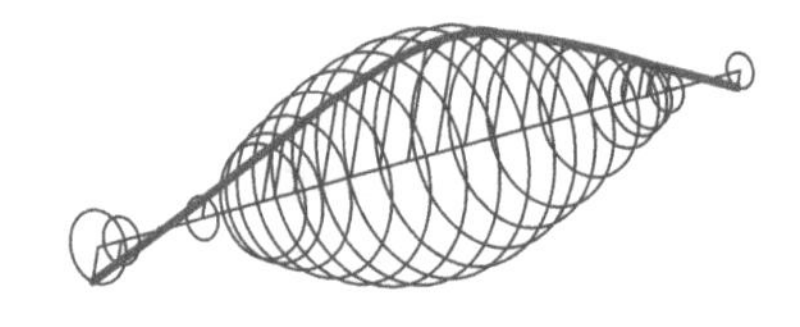

(b) 第2阶固有振型，固有频率为498.59Hz

(c) 第3阶固有振型，固有频率为1621.6Hz

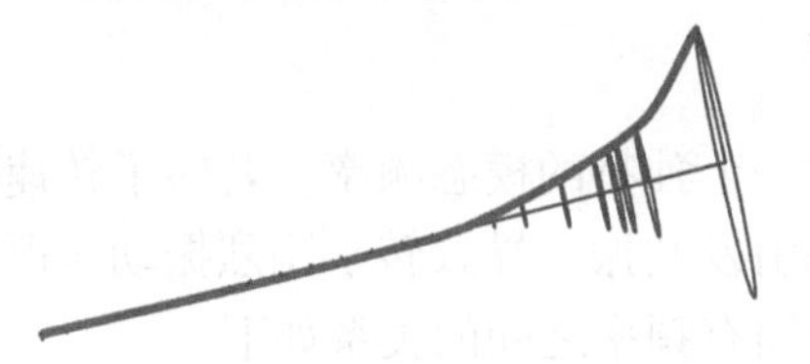

(d) 第4阶固有振型，固有频率为2382.1Hz

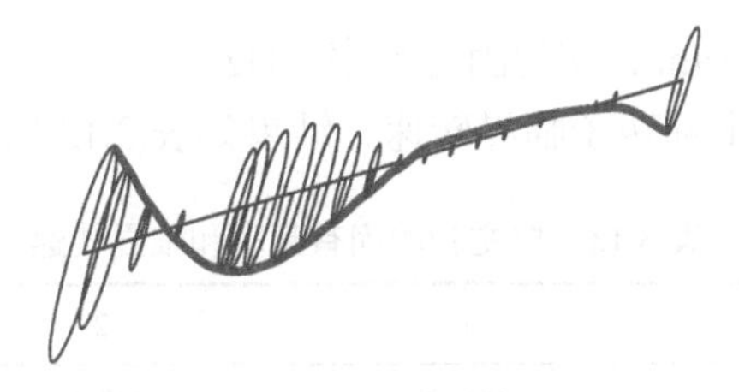

(e) 第5阶固有振型，固有频率为3697.3Hz

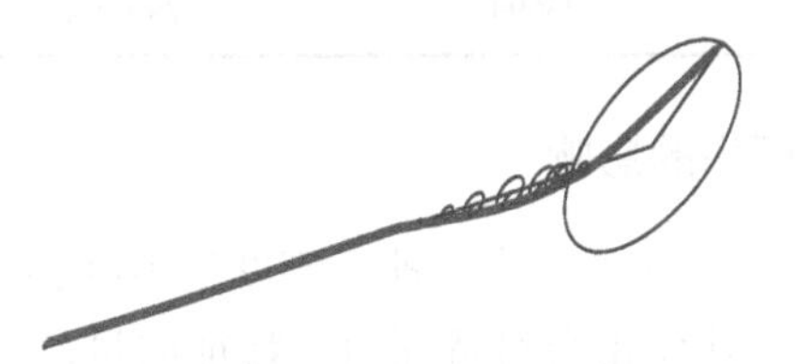

(f) 第6阶固有振型，固有频率为5354.4Hz

图 3.39　转子的固有频率与振型

如图 3.39 可知，在第 1 阶、第 2 阶固有振型下转子整体振动幅度都很大，第 1 阶固有振型对前轴承、中轴承影响较小，在后轴承处振幅较大，第 2 阶固有振型主要体现在主轴中部，这部分对应电机转子位置，振幅过大可能引发转子碰磨故障；第 3 阶固有振型中主轴前端振幅较大，而后半段相对稳定，对加工精度影响较大；第 4 阶固有振型振动形式与第 3 阶固有振型相反，其振动主要集中在后端，而前端相对稳定，对后端液压系统影响较大；第 5 阶固有振型下主轴前端发生了大幅弯曲，对加工精度影响较大；第 6 阶固有振型下主轴尾端有很大摆动，其余位置振幅很小。

表 3.12 给出了前 6 阶的固有频率和对应的振型。

表 3.12　主轴前 6 阶固有频率和振型

阶次	1	2	3	4	5	6
固有频率/Hz	428.32	498.59	1621.6	2382.1	3697.3	5354.4
振型	弯曲	弯曲	摆动	摆动	弯曲	摆动

3.5.3　电主轴临界转速

临界转速是转子的一个独特的模态频率，若转子转速刚好和某一固有频率相同，则会激发该阶模态引发共振，导致转子剧烈振动，严重影响加工能力，降低使用寿命。临界转速和固有频率之间的关系如下：

$$n = 60f \tag{3.3}$$

式中，n 为临界转速，r/min；f 为固有频率，Hz。

由式(3.3)计算电主轴转子临界转速，结果如表 3.13 所示。

表 3.13　电主轴的固有频率和临界转速

阶次	1	2	3
固有频率/Hz	428.32	498.59	1621.6
临界转速/(r/min)	25699.2	29915.4	97296

3.5.4　支承刚度对固有频率的影响

由 3.5.3 节可知，随着转速的升高，轴承刚度呈下降趋势。轴承刚度是组成系统刚度矩阵的重要部分，其变化会对特征值、特征向量产生影响，即改变固有频率和振型，现针对刚度对固有频率的影响展开讨论。以不同转速下轴承刚度为变量对固有频率进行循环计算，得到固有频率的变化曲线，如图 3.40 所示。

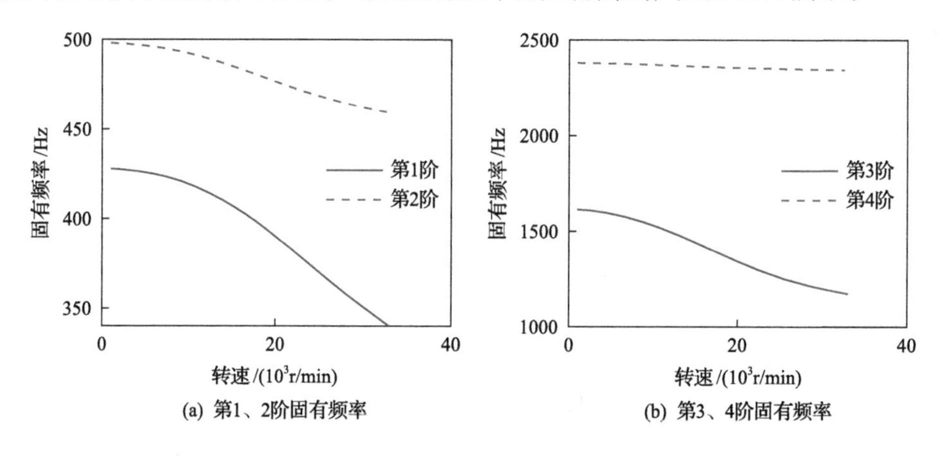

(a) 第1、2阶固有频率　　(b) 第3、4阶固有频率

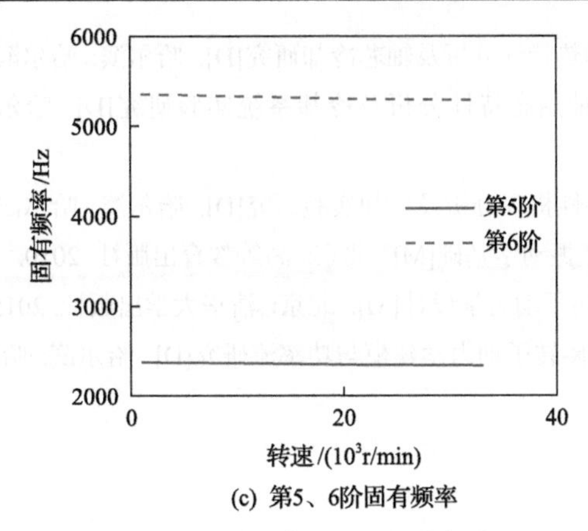

(c) 第5、6阶固有频率

图 3.40　不同转速下的固有频率

在转速升高的影响下，轴承刚度降低，转子的固有频率也相应降低。在轴承刚度下降幅度最大的 4000～20000r/min 阶段，转子的第 1 阶固有频率从 427.9Hz 下降至 340.1Hz,降幅 20.52%;转子的第 2 阶固有频率从 498.2Hz 下降至 459.4Hz，降幅 7.79%；转子的第 3 阶固有频率从 1615.7Hz 下降至 1174.6Hz，降幅 27.30%；转子的第 4 阶固有频率从 2381.3Hz 下降至 2345Hz，降幅 1.52%；转子的第 5 阶固有频率从 3697.1Hz 下降至 3634.4Hz，降幅 1.70%；转子的第 6 阶固有频率从 5352.7Hz 下降至 5287.7Hz，降幅 1.21%。

从各阶的降幅上来看，前三阶的固有频率受轴承刚度下降影响较大，后三阶的固有频率基本未发生变化，结合轴承变化规律可知，提高预紧力能够提高轴承刚度，从而提升转子系统在低频下的动态性能表现[12]。

参 考 文 献

[1] 魏文强. 高速电主轴温度测点优化及热误差建模研究[D]. 哈尔滨: 哈尔滨理工大学, 2020.

[2] 张雪亮. 新型高速电主轴轴承-轴芯热场分布规律与实验研究[D]. 哈尔滨: 哈尔滨理工大学, 2019.

[3] 王大力, 孙立明, 单服兵, 等. ANSYS在求解轴承接触问题中的应用[J]. 轴承，2002,（9）: 1-4.

[4] 伍生, 曹保民, 杨默然, 等. 滚动轴承接触问题的有限元分析[J]. 机械工程师，2007,（6）: 70-72.

[5] 张福星, 郑源, 汪清, 等. 基于ANSYS Workbench的深沟球轴承接触应力有限元分析[J]. 机械设计与制造, 2012,（10）: 222-224.

[6] Lee J, Kim D H, Lee C M. A study on the thermal characteristics and experiments of high-speed spindle for machine tools[J]. International Journal of Precision Engineering and Manufacturing, 2015, 16（2）: 293-299.

[7] 宣立宇. 高速电主轴热特性分析及轴芯冷却研究[D]. 哈尔滨: 哈尔滨理工大学, 2022.
[8] 王丽锋. 高速电主轴热态特性分析及冷却系统实验研究[D]. 哈尔滨: 哈尔滨理工大学, 2020.
[9] 孙宇杰. 电主轴热特性机理分析及冷却实验研究[D]. 哈尔滨: 哈尔滨理工大学, 2019.
[10] 张义民, 李鹤. 机械振动学基础[M]. 北京: 高等教育出版社, 2010.
[11] 王正. 转动机械的转子动力学设计[M]. 北京: 清华大学出版社, 2015.
[12] 吴林锴. 电主轴轴承-转子动力学建模与功率流研究[D]. 哈尔滨: 哈尔滨理工大学, 2022.

第4章　电主轴温度与热误差检测实验

研究高速电主轴的热误差建模技术，需先获取大量的实验数据。在电主轴热态性能分析的基础上，科学合理布置测温点，通过搭建高速电主轴温度与热误差综合检测系统平台，获得温度测点数据与电主轴前端轴向热位移数据，可为后续电主轴温度测点优化和热误差建模提供数据基础。

4.1　温度与热误差综合检测系统方案设计

温度与热误差综合检测系统主要包括温度检测系统与热误差检测系统两部分。两检测系统都由硬件与软件构成，温度检测系统硬件由温度传感器、多通道数据采集仪和转接头组成；热误差检测系统硬件由位移传感器、连接控制器和适配电源组成。温度与热误差综合检测系统软件各不相同，但实现的功能都是相同的，如数据信号同步实时采集、信号显示、后续数据处理及保存等[1]。温度与热误差综合检测系统方案如图4.1所示。

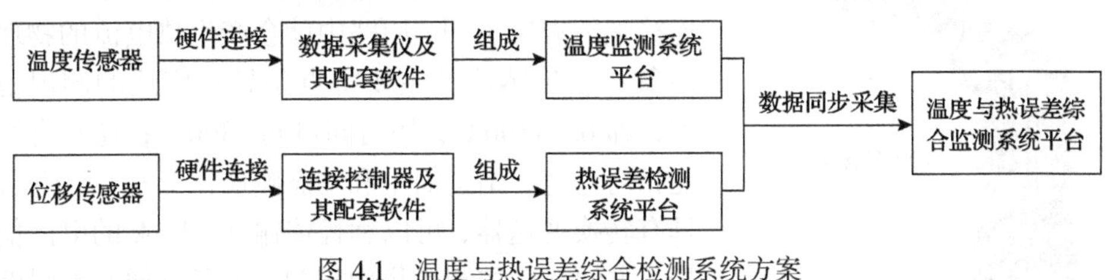

图4.1　温度与热误差综合检测系统方案

4.2　温度与热误差综合检测系统平台

4.2.1　电主轴温度检测系统

电主轴温度检测系统平台的搭建，具体包括温度传感器的选取，温度测点的布置，以及传感器、数据采集仪和计算机的数据通信连接与参数设置等。

1. 温度传感器的选取

电主轴温度检测系统主要检测电主轴外表面温度与内部轴承温度两部分。测量的电主轴表面温度通过多通道数据采集仪将温度传感器采集到的温度信号收集，在温度检测系统中记录保存。电主轴内部轴承温度可通过内置传感器将温度信号收集到电主轴动态数据控制箱中，最后将数据导入计算机中进行温度数据分析[2]。电主轴温度检测方案如图 4.2 所示。

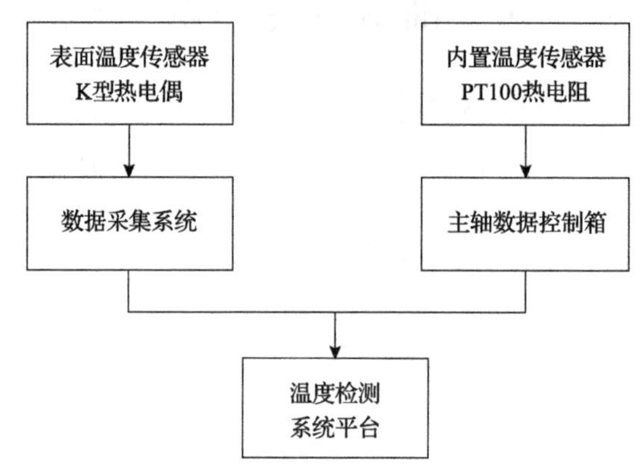

图 4.2　电主轴温度检测方案

下面从电主轴外部温度与内部轴承温度两方面介绍所需的温度传感器。

电主轴外部温度传感器选用 K 型热电偶，该器件在温度测量中应用较为广泛。K 型热电偶传感器工作基于热电效应，即将两种不同元件的导体两端连接成一个回路，如果两个连接端的温度不同，回路中就会产生热电流的物理现象。该传感器的主要特点是具有广泛的测温范围，即 0～1100℃，短时间可测 1300℃；还具有性能相对稳定、结构简单和动态响应快等优点，并且具有转换变送器，可以远程传输 0～4mA 的电流信号，方便自动控制和集中控制。为了方便开展温度数据的采集工作，需要重新改进传统 K 型热电偶传感器。首先将每条 K 型热电偶测温线增加 3m 补偿延长线，以确保可以安装到电主轴上每一个温度测点；其次采用与数据采集仪相配套的 BNC 转接头连接 K 型热电偶测温线，以确保数据传输的准确性。K 型热电偶传感器如图 4.3 所示。

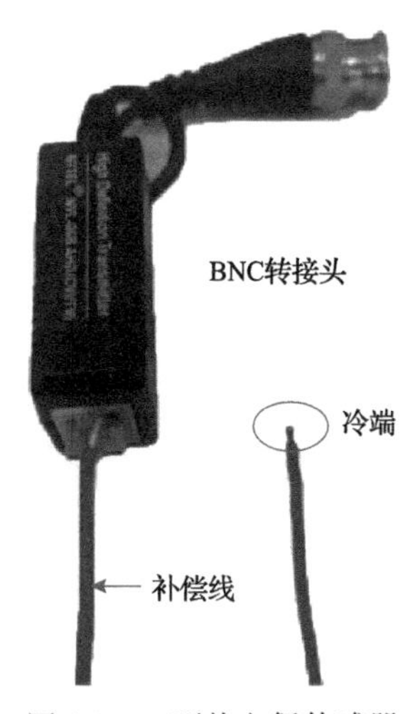

图 4.3　K 型热电偶传感器

电主轴内部温度传感器选用 PT100(或 PT101)热电阻。通过在主轴后端打孔将 PT101 热电阻传感器延伸到轴承室，再由轴承室开孔将传感器探头部分固定，与轴承外圈紧密贴合，以此来获取轴承处的温度。PT100 热电阻在工业上得到了广泛的应用，其温度测量是基于导体或半导体的电阻值随温度变化的原理。PT100 热电阻的主要特点是同样具有较为广泛的测温范围，温度范围在–200～

850℃；可以远距离传输电信号，具有灵敏度高、稳定性强、互换性和准确性好等优点。但是，PT100 热电阻测量时需要电源激励，无法瞬时测量温度的变化。

在温度测量中，K 型热电偶和 PT100 热电阻都属于接触型温度传感器。二者的原理、特性和温度测量范围不同，但是它们在测量物体温度方面的功能是相同的，并且其测温范围均涵盖电主轴的温度变化区间，因此电主轴内部温度传感器选用 PT100 热电阻(电主轴厂商配置)，电主轴外部温度传感器选用 K 型热电偶(数据采集仪配套使用)。

2. 温度测点的布置

温度在电主轴上的分布整体呈现非均匀性，电主轴受该温度场的影响而产生的变形也呈现非均匀性。理论上，设置在电主轴上的温度测点越多，描述电主轴整体的温度场分布越准确，从而通过温度场计算出来的热变形误差越精确。然而，这样的做法又会给实际带来一系列的问题。大量的温度测点导致温度传感器安装的工作量大大增加，相应的计算量也增加；过多的传感器引线会对电主轴的正常工作造成影响；过多的温度测点会带来不必要的噪声；温度信号之间的相互影响可能会降低测量的精度。目前，对于测温点的布置，一般需要遵循以下几个原则[3]。

(1) 主因素原则：用于热误差预测建模的各个测温点的数据，必须与相关热误差的数据有很强的相关性。

(2) 互不相关原则：所选取的各个测温点数据之间的耦合相关性必须要很低。

(3) 最大灵敏度原则：尽可能地选取热误差的敏感点，也就是温度的变化能够导致热误差随之出现较为明显变化的测温点。

(4) 最少布点原则：在能够达到热误差模型预测精度的前提下，应当尽可能少地选取测温点。

(5) 能观测性原则：所选取的测温点数据应能够相当准确地对加工中心热误差进行描述。

(6) 最近线性原则：在不影响热误差模型预测精度的前提下，建模过程尽量采用训练速度更快的线性建模。

在测温点的实际优化过程中，通常不能将以上原则考虑周全，一般需要从实际情况出发，由主到次选择上述原则。

由第 2 章热源分析与第 3 章主轴温度场有限元分析可知，内置电机定子与前后轴承为电主轴内部的主要热源，因此温度测点应尽可能布置在热源处或最接近热源处，这样才能更好地反映电主轴的热源温度，为电主轴温度预测模型提供数据支持。因此，基于此布置不同型号的电主轴温度测点，对不同型号的电主轴布置位置进行简单说明。

98.3407.9.300A 型高速电主轴温度测点布置位置如表 4.1 所示。温度传感器现场安装图如图 4.4 所示。

表 4.1　98.3407.9.300A 型高速电主轴温度测点布置位置说明

温度传感器编号	布置位置
T1、T2、T3	电主轴前端面
T4	电主轴内部前轴承处
T5	前轴承座外端面
T6、T7、T8	电主轴外壳表面
T9	电主轴内部后轴承处
T10	后轴承座外端面

(a) 前端面温度传感器

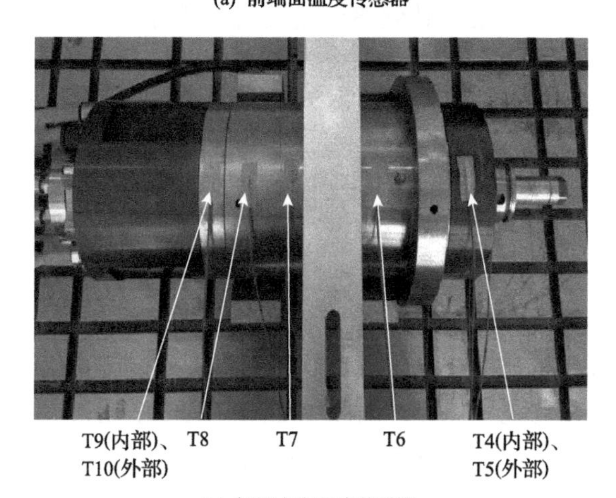

(b) 轴线方向温度传感器

图 4.4　温度传感器现场安装图

3101A 型高速电主轴温度测点布置位置如表 4.2 所示。

表 4.2　3101A 型高速电主轴温度测点布置位置说明

温度传感器编号	布置位置
T1	内置前轴承传感器
T2	内置后轴承传感器
T3	电主轴表面前轴承处
T4	电主轴表面电机定子处
T5	电主轴后表面轴承处

A02 型高速电主轴温度测点布置位置如表 4.3 所示[4]。

表 4.3　A02 型高速电主轴温度测点布置位置说明

温度传感器编号	布置位置
T1、T2	电主轴前端面，呈径向分布
T3	电主轴外壳靠近前端面处
T4	电主轴外壳前轴承处
T5、T6、T7	电主轴内部前轴承处
T8	电主轴外壳后轴承处
T9、T10	电主轴内部前后轴承处

C01 型高速电主轴温度测点布置位置如表 4.4 所示。温度传感器实际安装位置如图 4.5 所示[5]。

表 4.4　C01 型高速电主轴温度测点布置位置说明

温度传感器编号	布置位置
T1、T2、T3	电主轴前端面
T4	电主轴前轴承外壳
T5、T6、T7	电主轴进水水道
T8	电主轴出水水道
T9	电主轴电机中点外侧外壳
T10	电主轴后轴承外壳
T11、T12	电主轴内部中、后轴承室

图 4.5　温度传感器布置

3. 传感器、数据采集仪和计算机的数据通信连接与参数设置

各类型电主轴的温度传感器与数据采集仪和计算机的数据通信连接类似，下面以 98.3407.9.300A 型高速电主轴为例进行说明。

1)外部温度传感器

K 型热电偶传感器通过转接头与 DH5922-1 多通道数据采集仪相连，通过通用串行总线(universal serial bus，USB)将仪器与计算机相连，打开仪器，计算机将识别到新硬件，从而完成温度数据的通信连接。温度传感器连接如图 4.6 所示。

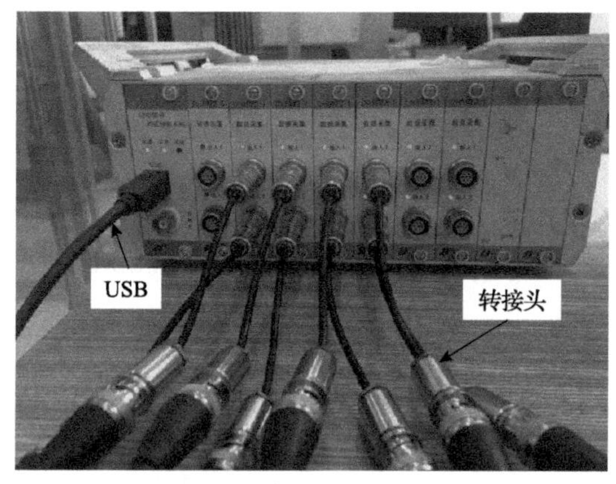

(a) 前端面温度传感器

(b) 轴线方向温度传感器

图 4.6　温度传感器连接图

外部温度数据采集分析软件为与 DH5922-1 多通道数据采集仪配套使用的 DHDAS 动态信号采集分析系统。仪器连接正常后，打开软件，新建项目工程文件，进入参数设置界面对测量通道进行参数设定。首先进行平衡清零操作，初始化测量通道原始参数；设置采样频率为 5Hz；测量通道为外表面的温度测点。完成初始设置后，即可对采样工作通道进行详细参数设定，根据所连接的温度传感器选择 K 型热电偶(镍铬-镍硅)，测温量程设为 485℃；冷端温度通过红外测温仪实际测量获得，为 22℃，冷端温度测量如图 4.7 所示；输入方式选择 DIF_DC，此为差分输入，通道可用于差分交流信号的测量；上限频率是通道的硬件低通滤波器功能选项，数值表示滤波器各挡的截止频率，根据经验设为 10Hz；抗混滤波功能是为了避免因所采集的信号产生混叠而导致的错误，设为 ON(开启)即可。通道参数设置如图 4.8 所示。

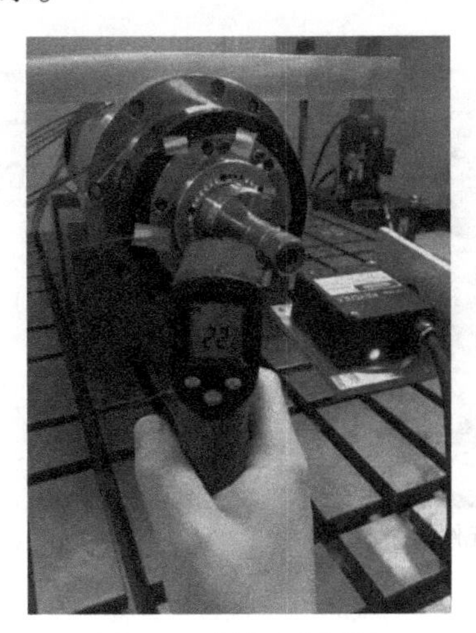

图 4.7　冷端温度测量

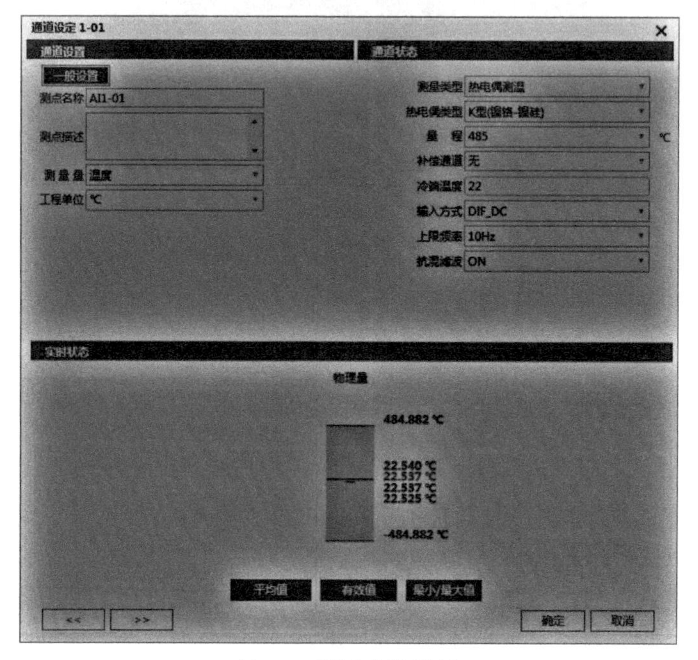

图 4.8　通道参数设置

完成参数设置后，即可对温度进行实时采集，在测量中，视图窗口可同时观测实时数据通道。

2）内部温度传感器

电主轴内部前后轴承温度可通过工控箱图形界面进行实时监控测量，同时前后轴承温度数据可借助工控箱内置的 USB 扩展通信接口获得。电主轴轴承监测系统如图 4.9 所示。

(a) 工控箱内部电气元件

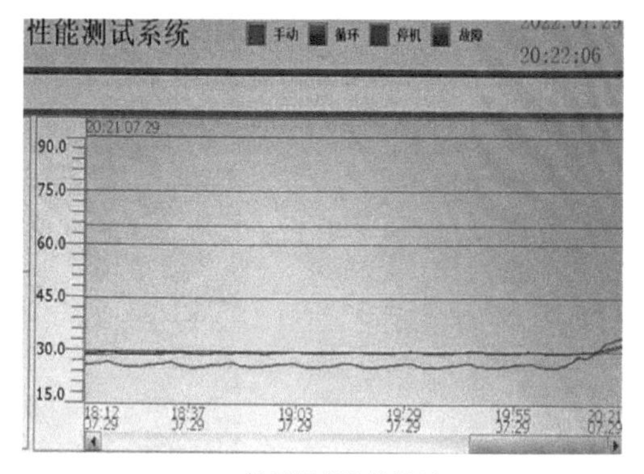

(b) 轴承温度监控界面

图 4.9　电主轴轴承监测系统

4.2.2　电主轴热误差检测系统平台

电主轴热误差检测系统平台，主要用于测量电主轴高速旋转时由热引起的轴向热位移数据。常用的热误差检测方法有三点法、五点法和六点法。大量研究表明[6,7]，电主轴轴向的热位移对机床加工精度的影响远大于电主轴径向的热位移，因此电主轴热误差检测系统平台采用一个位移传感器采集电主轴轴向的热位移数据即可。

电主轴热误差检测系统平台的搭建，具体包括位移传感器的选取和安装，显示控制器和计算机的数据通信连接，以及数据采集分析软件参数设置等内容。下面对各型号电主轴热误差检测系统平台进行详细介绍。

1. 位移传感器的选取

1)激光位移传感器

激光位移传感器可精确非接触测量被测物体的位置、位移等变化，主要应用于物体的位移、厚度、振动、距离、直径等几何量的测量。激光位移传感器采用激光技术实现非接触式的远距离测量，具有速度快、精度高、抗光和抗电干扰能力强等特点。日本基恩士的 LK-H020 型激光位移传感器的技术参数如表 4.5 所示。98.3407.9.300A 型电主轴和 A02 型电主轴均利用 LK-H020 型激光位移传感器进行检测。

表 4.5　LK-H020 型激光位移传感器的技术参数

参数名称	数值	参数名称	数值
测量范围/mm	20±3	激光输出/mW	4.8
红色半导体激光波长/nm	650	光点直径/μm	25
激光等级/A	3	重复精度/μm	0.02

2)电涡流位移传感器

电涡流位移传感器基于电涡流效应原理，能准确测量被测体(必须是金属导体)与探头端面之间静态和动态的相对位移变化，是一种非接触型线性化计量工具，其特点是结构简单、长期工作可靠性好、灵敏度高、抗干扰能力强、非接触测量、响应速度快、不受油水等介质的影响，广泛应用于大型旋转机械的轴位移、轴振动、轴转速等参数的长期实时监测中。电涡流位移传感器具有高线性度、高分辨力，能够准确测量被测金属导体距探头表面的距离，可以分析出设备的工作状况和故障原因，有效对设备进行保护及预维修。电涡流位移传感器的分辨率最高可达 0.1μm，其技术参数如表 4.6 所示。

表 4.6　电涡流位移传感器的技术参数

参数	数值		
测量范围(铁)	0～1mm		
输出电压	0～5V(0.2mm/V)		
适用转换器	5503a	55ms-s	5503ahf
分辨率	0.3μm	0.8μm	0.8μm
线性度	小于满量程±1%		
温度范围	–20～180℃		
温度特性	±0.8μm/℃(–20～0℃) ±0.6μm/℃(–20～0℃)		

2. 位移传感器的安装

1)LK-H020 型激光位移传感器的安装

实验利用磁性表座将传感器安装在实验台上，并将红色激光束与电主轴刀柄前端对齐，红色激光束经电主轴刀柄前端反射回传感器内部的 CCD 线性相机上，根据激光发射和反射的角度及激光和相机之间的距离，利用数字信号处理器就能计算出传感器和被测物体之间的距离，从而精确获得电主轴在高速旋转中的轴向热位移数据[8]。LK-H020 型激光位移传感器及其安装方式如图 4.10 所示。

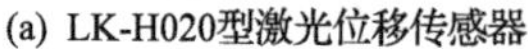
(a) LK-H020型激光位移传感器

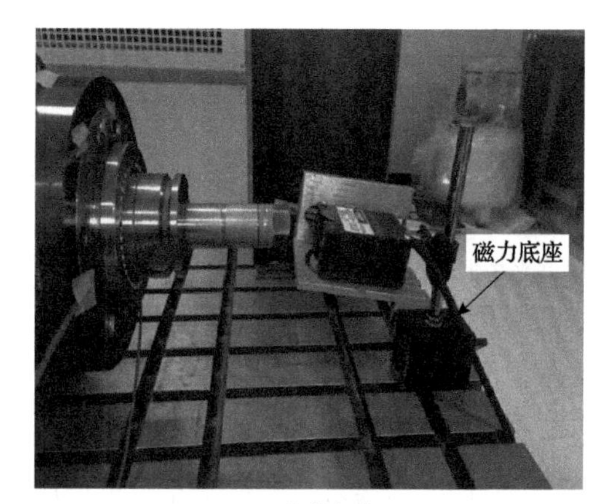

(b) 安装方式

图 4.10　LK-H020 型激光位移传感器及其安装方式

LK-H020 型激光位移传感器配套 LK-HD500 型显示控制器，通过商用以太网网线(五类交叉线)连接控制器和计算机，以太网网线一端插入控制器上的以太网接口，另一端插入计算机的局域网(local area network，LAN)接口中。通过以太网接口，单个计算机可连接多个控制器，通信协议为传输控制协议/互联网协议(transmission control protocol/internet protocol，TCP/IP)。LK-HD500 型显示控制器及其与以太网的连接方法如图 4.11 所示，控制器的配置软件参数设置如图 4.12 所示。

(a) 显示控制器

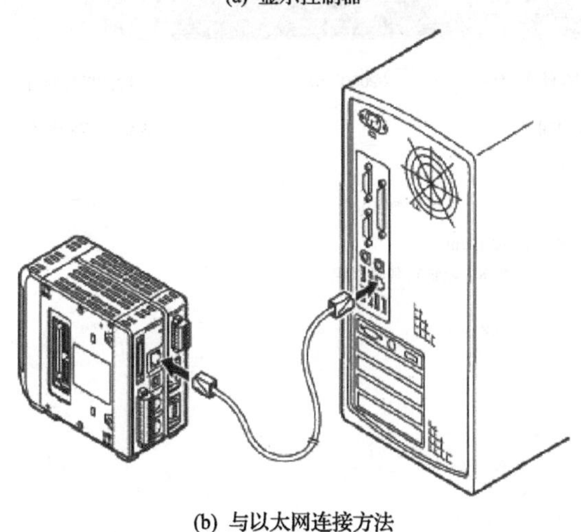

(b) 与以太网连接方法

图 4.11　LK-HD500 型显示控制器及其与以太网的连接方法

2) 电涡流位移传感器的安装

采用的电涡流位移传感器包含传感器探头、信号转换器、采集卡、开关电源、磁力底座支架和夹头。磁力底座支架通过磁力吸附摆放在合适的位置，通过调整夹头，使两个传感器探头分别正对电主轴的轴端和前端法兰盘，如图 4.13 所示。在使用电涡流位移传感器前，应打开电源进行 20min 的预热，以保证采集卡获得稳定的信号。

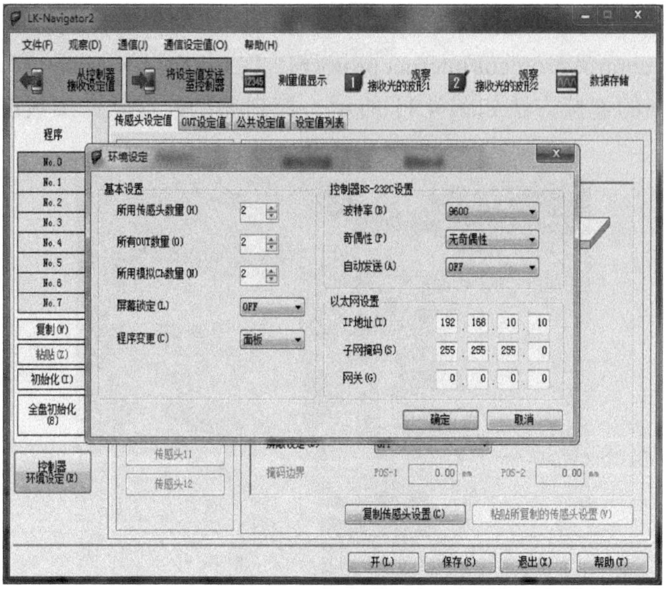

(a) 控制器环境设定

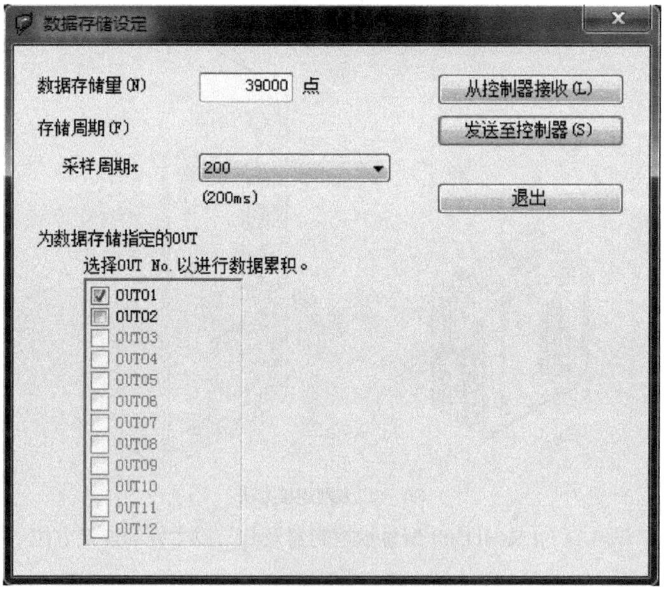

(b) 数据存储设定

图 4.12　配置软件参数设置

变压器使电涡流位移传感器的电源能够并入总电路中，传感器的采集卡通过转换线与计算机连接。本节采用的测试软件安装在搭载 Windows10 系统的 64 位计算机中，采集卡驱动软件为 USB3200，测试软件平台为 LabVIEW Runtime

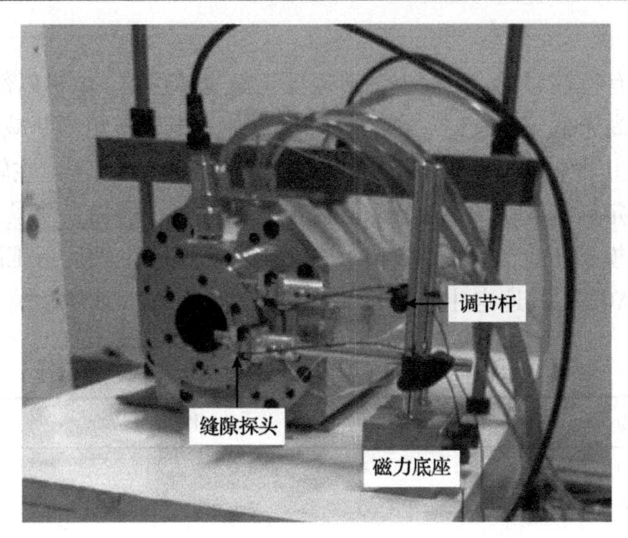

图 4.13　端面热位移采集平台现场连接

Engine。实验前，打开测试软件，标定电涡流位移传感器。初始标定系数为 1，根据显示的距离值与实际摆放距离来确定新的标定系数。标定结束后，为本次实验新建一个项目工程文件，单击“数据记录”按钮开始测试，数据保存在该工程文件中。单击“停止”按钮完成测试，单击图形区域，可导出简化图像，保存测试曲线。

4.3　电主轴温度与热误差检测实验

电主轴温度与热误差检测系统平台的搭建工作完成后，即可进行检测实验方案的设计与实施，并对实验结果进行数据分析，为后续电主轴温度测点优化和热误差建模技术提供数据基础。

4.3.1　实验方案的设计与实施

本节针对不同型号的电主轴进行实验方案设计。

VF108 立式加工中心主要对工件表面进行铣削加工处理，因此它的电主轴基本在恒定转速下工作。电主轴在规定转速下加工，需要提前进行预热，以减少其损耗，预热时间一般为 30min。电主轴和加工中心的精密性要求 VF108 立式加工中心需具备恒定的加工环境和冷却液温度等条件。为模拟 VF108 立式加工中心的实际加工情况，电主轴实验平台的环境温度和电主轴的冷却系统应与工厂的实际情况相同，因此将环境温度和工业水冷机的冷却液温度统一设置为 22℃。另外，在不同转速下的热误差实验结束后，应对电主轴进行充分冷却，以确保下次实验数据采集的准确性。因此，在每次热误差实验结束后，电主轴需静置 12h，以完成自然冷却。

由电机固有特性可知，当电主轴转速低于额定转速时，电机以额定转矩运行；当电主轴转速高于额定转速时，随着转速的增加，电机转矩不断减小。为了加工的稳定性，电主轴常以额定转矩运行，98.3407.9.300A 型高速电主轴和 A02 型高速电主轴的额定转速均为 9900r/min，结合该加工中心的加工情景，设计电主轴热误差实验的模拟工况方案。98.3407.9.300A 型高速电主轴运行工况方案设计如表 4.7 所示，A02 型高速电主轴运行工况方案设计如表 4.8 所示。

表 4.7　98.3407.9.300A 型高速电主轴运行工况方案设计

电主轴转速/(r/min)	运行时间/min	停机时间/min	总时间/min
5000	60	10	130
7000	60	10	130
9000	60	10	130

表 4.8　A02 型高速电主轴运行工况方案设计

预热转速/(r/min)	运行时间/min		
	4000r/min	6000r/min	8000r/min
1000	10	10	10
2000	10	10	—
3000	10	—	10
4000	120	10	—
5000	—	—	10
6000	—	20	—
8000	—	—	120

注：“—”表示未设计。

C01 型高速电主轴采取与 98.3407.9.300A 型高速电主轴和 A02 型高速电主轴实验方案相同的设计原则。为排除外部条件对电主轴的影响，电主轴停机 240min 以上，以保证电主轴系统温度与环境温度相同。实验开始前，开启空调 30min，控制环境温度为 22℃。最后设置工业水冷机，冷却水温度为 22℃，按实验方案设计摆放温度传感器和电涡流传感器。C01 型高速电主轴运行工况方案设计如表 4.9 所示。

表 4.9　C01 型高速电主轴运行工况方案设计

参数名称	数值			
电主轴转速/(r/min)	5000	7000	10000	12000
运行时间/min	180	180	180	180

4.3.2　实验结果及数据分析

1. 98.3407.9.300A 型高速电主轴

1) 温度检测结果及数据分析

根据设计的实验方案进行电主轴温度检测实验，通过电主轴温度检测系统平台获得电主轴温度测点在三种不同转速下的温度数据，具体实验结果如图 4.14～图 4.16 所示。

由上述电主轴温度测点曲线可知，在不同实验转速下，布置在电主轴上的温度测点具有相似的变化规律。T4 和 T9 分别作为电主轴内部前后轴承的温度测点，与布置在电主轴外部的其余温度测点相比，在温度测点曲线上有明显的不同。以转速 5000r/min 时的电主轴温度测点曲线为例，前轴承温度由 25.4℃达到 34.8℃，

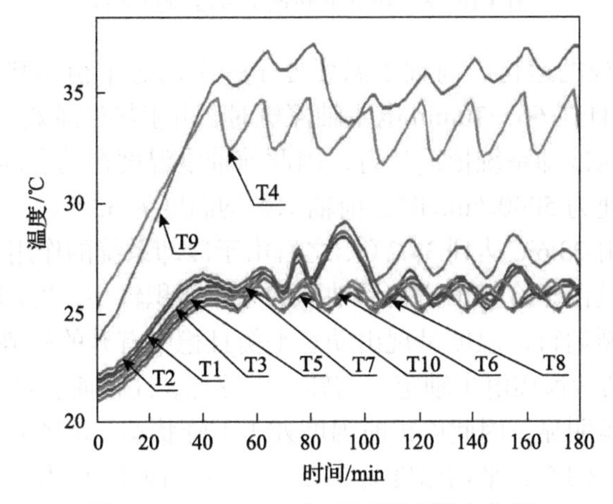

图 4.14　5000r/min 转速下温度测点曲线

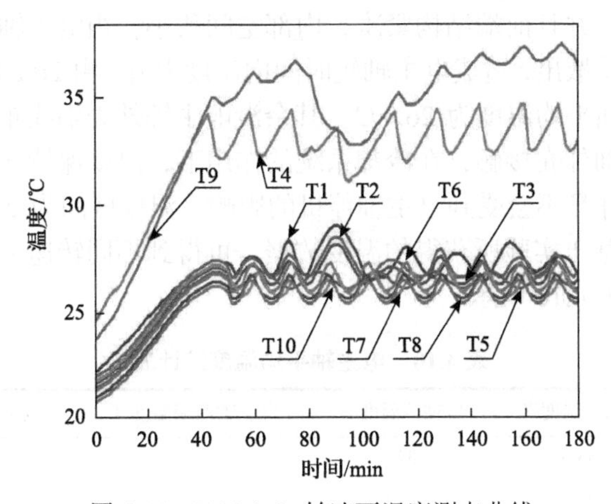

图 4.15　7000r/min 转速下温度测点曲线

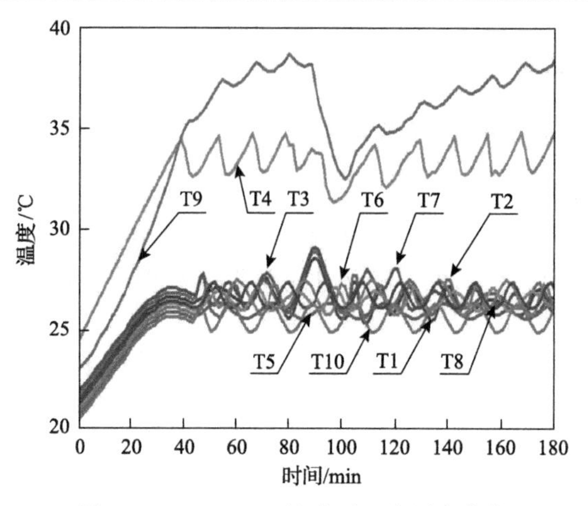

图 4.16　9000r/min 转速下温度测点曲线

之后由于冷却系统的运行，前轴承温度处于一个动态平衡的状态，温度稳定在32.6～34.9℃，并且在 60～70min 电主轴停机时，由于热迟滞效应，前轴承温度仍然上升，但停机时冷却系统依旧运行，因此前轴承温度在动态温度区间内。由此可知，电主轴转速为 5000r/min 时，前轴承平均温度为 33.5℃。

后轴承温度由 23.6℃达到 34.2℃，之后由于冷却系统的作用，温度略有降低，但降幅较小，这是由于冷却水槽在后轴承的分布面积较小，冷却效果不佳，同时随着电主轴的不断运行，温度呈现出动态平衡且稳中有升的趋势；当电主轴处于停机状态时，后轴承远离电主轴定子与转子发热源，且后轴承后端结构空间较大，散热效果较前轴承明显，因此停机时温度处于下降状态。由图 4.16 可知，后轴承温度稳定在 36～38.3℃，平均温度为 37.3℃。T3、T4 和 T5 作为电主轴前端面上的三个温度测点，温度相对变化不大，稳定在 25.3～28.5℃，同时由于前端面靠近电主轴生热源，并且前端结构紧凑，内部空间狭小，当电主轴停机时，前端面空间的热气流不易散出，造成电主轴短时间内温度上升，由 26.2℃上升到 28.5℃，因此电主轴前端面平均温度为 26.9℃。其余沿电主轴外壳轴线布置的温度测点，因为直接与电主轴外壳接触，在冷却系统的作用下，温度保持在一个相对稳定的动态平衡区间，并且不会受到电主轴停机的影响，温度区间为 25～26.3℃，平均温度为 25.7℃。基于实验所获得的温度数据，可得到不同转速下电主轴不同位置的平均温度，如表 4.10 所示。

表 4.10　电主轴平均温度统计表

转速/(r/min)	前轴承温度/℃	后轴承温度/℃	电主轴前端温度/℃	电主轴外壳测点温度/℃
5000	33.5	34.8	26.9	25.7
7000	33.7	35.6	27.8	26.6
9000	34.1	37.3	27.9	26.9

由表 4.10 可知，随着电主轴转速的提升，不同转速下电主轴相同位置的温度仅有 2～3℃的提升，从另一个角度说明了电主轴冷却系统对电主轴降温具有重要作用，可以保证电主轴高速运转加工的稳定性。同时基于实验数据可以发现，前后轴承实际测量温度与有限元仿真结果存在较大差异，但由仿真分析获得的电主轴温度场分布情况与电主轴实际运行的温度场分布情况相符，只是数值不同，可以为电主轴温度测点的布置提供理论参考。

2) 热误差检测结果及数据分析

根据设计的实验方案进行电主轴热误差检测实验，通过电主轴热误差检测系统平台获得电主轴在三种不同转速下的轴向热位移数据，具体实验结果如图 4.17 所示。由图 4.17 可以看出，不同转速下的轴向热位移曲线具有相同的变化趋势。以转速为 5000r/min 时的热位移曲线为例进行数据分析，在电主轴运转初期，随着运行时间的增加，轴向热位移逐渐增大，直至电主轴达到热平衡，热位移处于动态平衡状态，此时热位移大约为 37.2μm。当电主轴停机时，由于转子内部热量无法及时散出，同时电主轴前端面内部空间也积聚大量热量，短时间内温度升高，热量通过热传导和热对流的方式传递到电主轴刀柄前端部，形成热迟滞和热膨胀效应，因此热位移在停机时陡然增加，而当电主轴重新运行时，热位移又恢复到了动态平衡状态。由图 4.17 可知，转速为 7000r/min 和 9000r/min 时，热位移分别为 40.1μm 和 43.2μm，随着转速的增大，电主轴轴向热位移也增大，从而影响机床的加工精度。

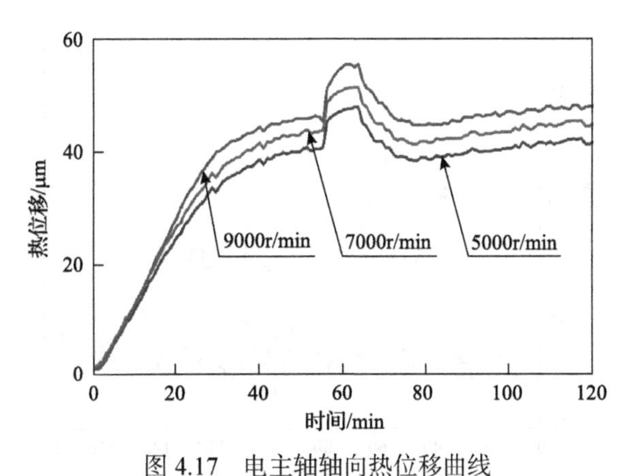

图 4.17　电主轴轴向热位移曲线

2. 3101A 型电主轴

根据实验方案所测量的五个温度测点数据，不同的影响因素下获得的温度数据略有不同。将环境温度与冷却水温度都选择为 22℃，当转速为 4000r/min 时，温度随时间变化曲线如图 4.18 所示。

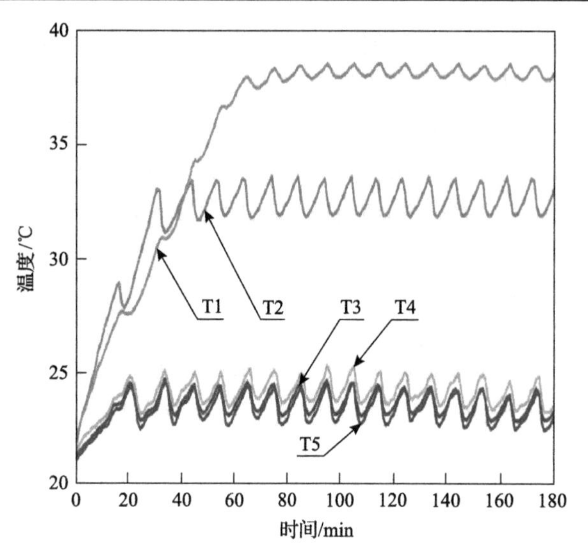

图 4.18　转速 4000r/min 下测点温度曲线

1)转速影响因素

当电主轴转速为 6000r/min 时，电主轴测点温度随时间变化曲线如图 4.19 所示。

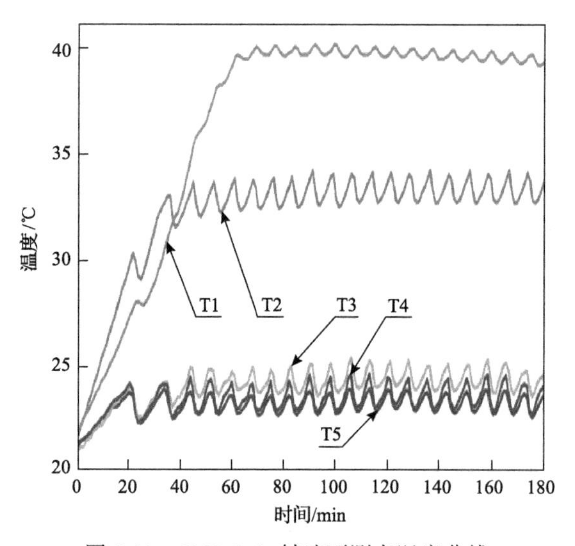

图 4.19　6000r/min 转速下测点温度曲线

当电主轴转速为 8000r/min 时，电主轴测点温度随时间变化曲线如图 4.20 所示。由图 4.19 和图 4.20 可知，当电主轴以相同环境温度、相同冷却水温度运行时，在同一时间节点，在电主轴转速不同的情况下对应测点的温度不同，说明电主轴转速也是影响温度的因素之一。

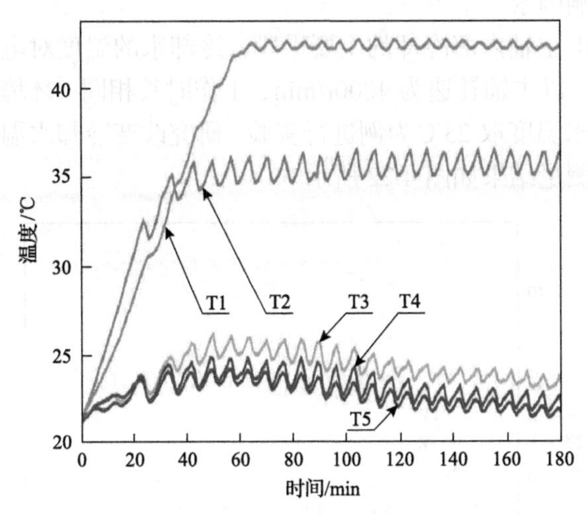

图 4.20 8000r/min 转速下测点温度曲线

2) 环境温度影响因素

通常情况下，电主轴测点温度与环境温度之间存在正相关关系，即当环境温度升高时，电主轴表面温度与轴承温度也会相应升高。因此，本节通过只改变环境温度，探究环境温度对电主轴温度的影响。以主轴转速为 4000r/min、工作时长相同、冷却水温度为 22℃、环境温度取常用加工工况 25℃为例进行实验，测量结果如图 4.21 所示。

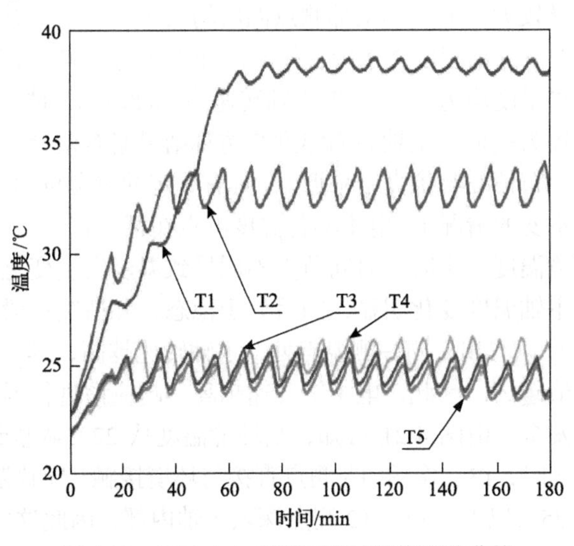

图 4.21 4000r/min 转速下环境温度影响曲线

3)冷却水影响因素

冷却水套是电主轴内部冷却的主要手段，冷却水的温度对电主轴的工作表现产生较大的影响。以主轴转速为 4000r/min、工作时长相同、环境温度取正常工作温度 22℃、冷却水温度取 25℃为例进行实验，研究改变冷却水温度对电主轴温度是否产生影响，测量结果如图 4.22 所示。

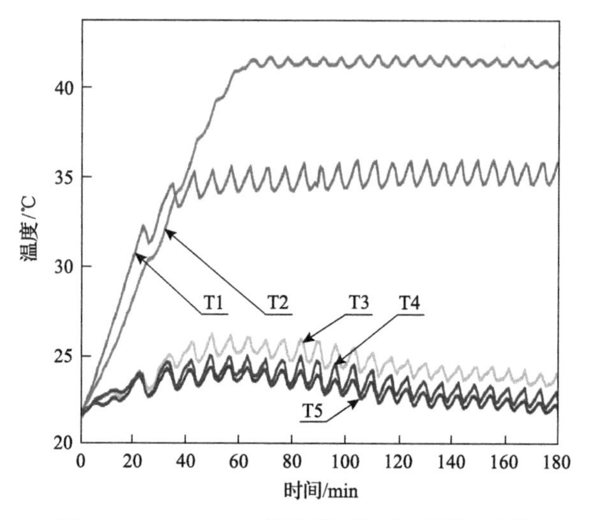

图 4.22　4000r/min 转速下冷却水温度影响曲线

由以上实验数据测量曲线可知，电主轴内部轴承温度均高于表面各点，内部前后轴承温度差异较大。电主轴全部测点温度均表现为逐渐上升并趋于动态平衡的状态，其曲线上下浮动程度受水冷机间断冷却工作的影响。由图 4.20 可知，当环境温度与冷却水温度均为 22℃、电主轴转速为 8000r/min 时，电主轴内部轴承温度与仿真结果较为接近，主轴表面温度与仿真结果略有差异，由此可以看出电主轴的实际温度分布情况与仿真结果近似，具有一定的参考价值。由图 4.21 可知，在其他因素保持不变的情况下，电主轴各温度测点在某一特定转速下长时间工作，冷却水温度与环境温度一定时，时间节点不同导致温度发生变化，即电主轴从开始到趋于稳态，主轴温度变化明显，随后处于稳态，并持续一段时间。同理，由图 4.18～图 4.20 可以看出，同一测温点处，主轴转速越高，其温升速度越快，且测温点的温度峰值越高，因此，电主轴转速越高，越应该进行温度预测，以免主轴损坏影响加工安全。由图 4.21 可知，当环境温度从 22℃调整到 25℃，其他影响因素均保持不变时，T3、T4 和 T5 测点直接与环境接触，导致温度都有所增加，最高温度均达到 25℃以上；T1、T2 测点深入主轴内部，因此这两点虽稍有变化，但相比于 T3、T4 和 T5 测点来说总体温度变化幅度较小，因此环境温度的改变对电主轴各测点温度均存在影响。由图 4.22 可知，当冷却水温度从 22℃调整到 25℃，其他影响因素均保持不变时，各测点温度均有不同程度的变化：T1 测点最高温度由 34.6℃上升到 36.88℃左右，T2 测点最高温度由 39.2℃上升到 40.8℃左右，T3、T4 和 T5 测点温度均有所上升，其中 T4 测点为电主轴外表面温度最高点，温度能够达到 26.1℃，增长 1.2℃左右。由以上数据不难发现，在内部轴承中后轴承为发热最为严重的关键部件，电机定子对应外表面测点为表面发热最高点，因此选取这两处测点作为预测模型的预测点，更能体现主轴的最高发热区域。

3. A02 型电主轴

1) 温度检测结果及数据分析

图 4.23 为不同转速下各温度测点的温度变化曲线。

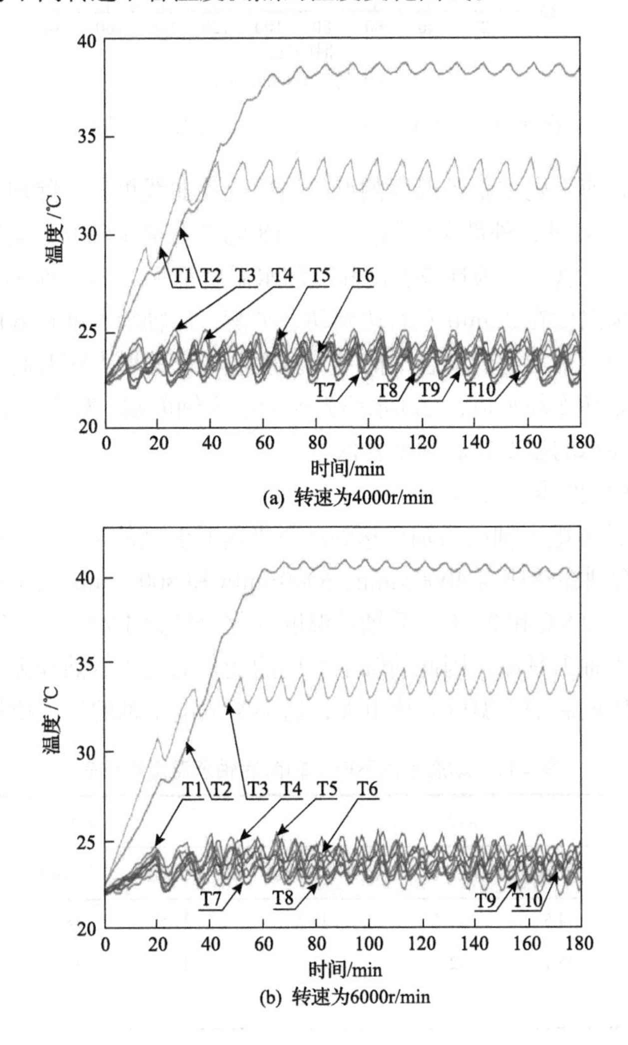

(a) 转速为4000r/min

(b) 转速为6000r/min

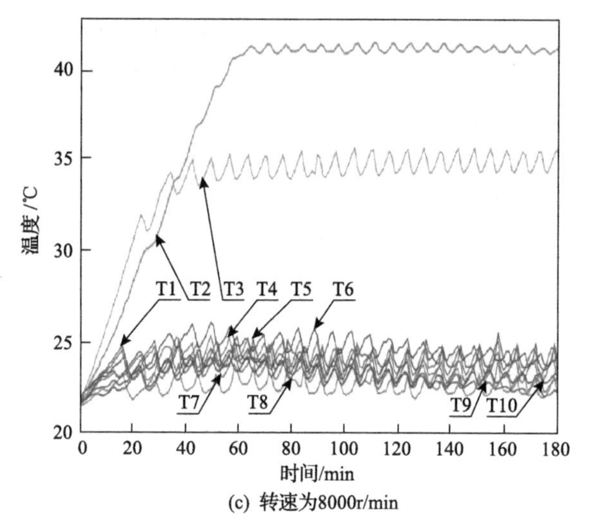

(c) 转速为8000r/min

图 4.23　不同转速下各温度测点的温度变化曲线

观察不同转速下电主轴各温度测点的温度变化曲线可知，除内部的前后轴承温度测点 T9、T10 外，外部温度测点 T1～T8 温度在电主轴开始运转后基本呈现动态平衡的状态，这是因为环境温度和冷却水温度都为 22℃。而不同转速下电主轴内部的前轴承温度在 30min 左右达到动态平衡，后轴承温度在 60min 左右达到动态平衡，且前后轴承达到动态平衡时，温度随转速的增大而升高。实验用 A02 型电主轴采用循环冷却水道，冷却水路先流经电主轴前端，然后螺旋向后端流动，导致电主轴前轴承的温度比后轴承要低。

2)热误差检测结果及数据分析

表 4.11 统计了电主轴前后轴承达到动态平衡时温度的最大值、最小值和算术平均值，可以看到在转速为 4000r/min、6000r/min 和 8000r/min 时的前轴承温度变化分别为 2.6℃、2.8℃和 2.7℃，后轴承温度变化分别为 1.2℃、1.0℃和 0.7℃。前轴承更靠近电主轴刀具端，因此前轴承温度的变化对电主轴热误差影响较大，且前轴承温度起伏比后轴承温度起伏更大，这会影响电主轴的加工质量。

表 4.11　动态平衡下电主轴前后轴承温度统计表

转速/(r/min)	前轴承温度/℃			后轴承温度/℃		
	最大值	最小值	算术平均值	最大值	最小值	算术平均值
4000	34.3	31.7	33.2	39.5	38.3	39.0
6000	35.1	32.3	33.9	41.3	40.3	40.8
8000	36.6	33.9	35.5	42.6	41.9	42.2

依据电主轴热误差检测方案进行实验，获得电主轴在三种不同转速下热误差变化曲线，如图 4.24 所示。不同转速下电主轴热误差变化趋势基本相同，在 0～60min，热误差基本呈线性上升的趋势，60min 后呈现动态平衡的状态。由于电主轴的转速不同，电主轴热误差达到动态平衡的时间也略有不同。在转速为 4000r/min 工况下，电主轴热误差动态平衡时间在 60min 左右；在转速为 6000r/min 和 8000r/min 工况下，电主轴热误差达到动态平衡的时间在 65～70min，且动态平衡后热误差数值随转速的增加而提升。表 4.12 为不同转速下电主轴热误差的平均值和动态平衡状态下的热误差平均值。由表可以看到，热误差平均值和动态平衡状态下热误差平均值均随电主轴转速的增大而增大。电主轴预热结束后，在 30min 时，转速 4000r/min、6000r/min 和 8000r/min 下的热误差分别达到 17.7μm、19.6μm 和 22.8μm，而动态平衡状态下热误差平均值更是达到了 32.8μm、36.1μm 和 41.0μm，这将影响电主轴的加工精度，降低工件加工质量。

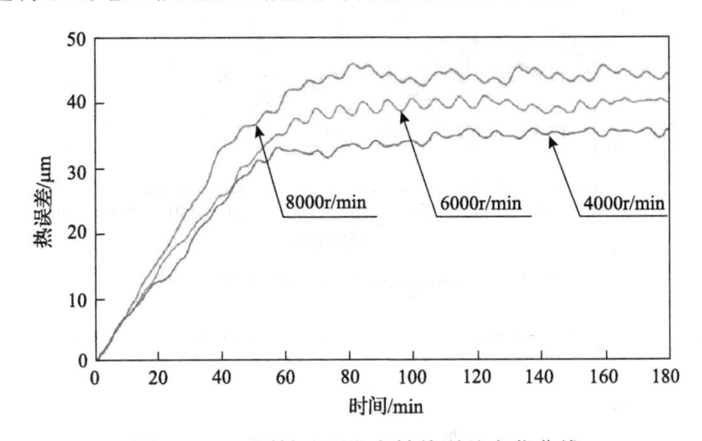

图 4.24　不同转速下电主轴热误差变化曲线

表 4.12　不同转速下电主轴热误差统计表

转速/(r/min)	热误差平均值/μm	动态平衡状态下热误差平均值/μm
4000	27.8	32.8
6000	31.4	36.1
8000	36.1	41.0

观察电主轴的热误差变化曲线和各温度测点的温度变化曲线可以发现，在不同转速下，电主轴热误差的变化和电主轴内部前后轴承温度的变化相似。电主轴前轴承更靠近其刀具端，因此前轴承温度的变化更能反映电主轴热误差的变化，在热误差和温度动态平衡状态下，热误差曲线的上下波动与前轴承温度曲线的波动基本保持一致。

4. C01 型电主轴

1)电主轴温度数据采集结果及分析

依据高速电主轴的实验方案，利用高速电主轴温度数据采集平台共采集 5 组温度数据，具体实验结果如图 4.25～图 4.29 所示。

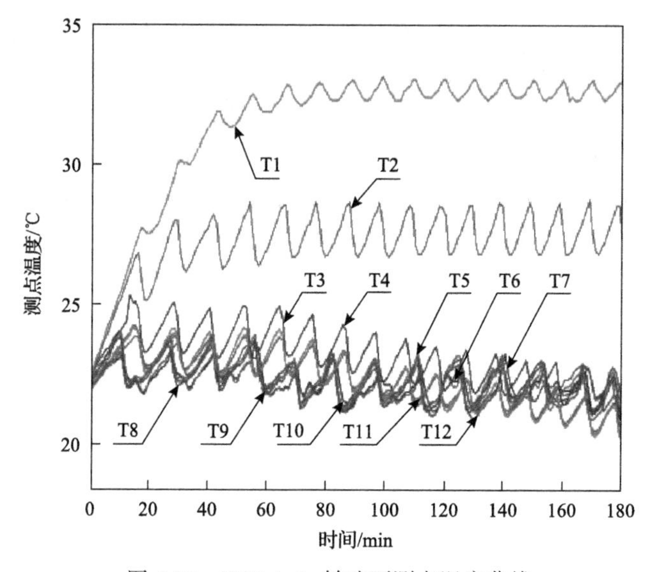

图 4.25　3000r/min 转速下测点温度曲线

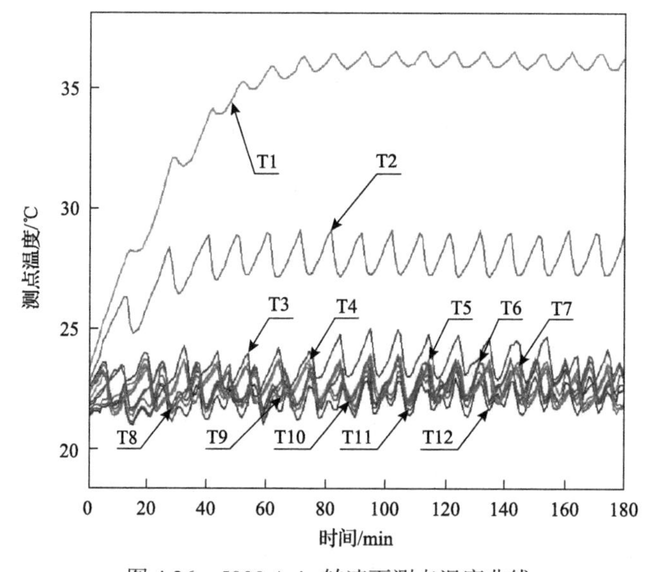

图 4.26　5000r/min 转速下测点温度曲线

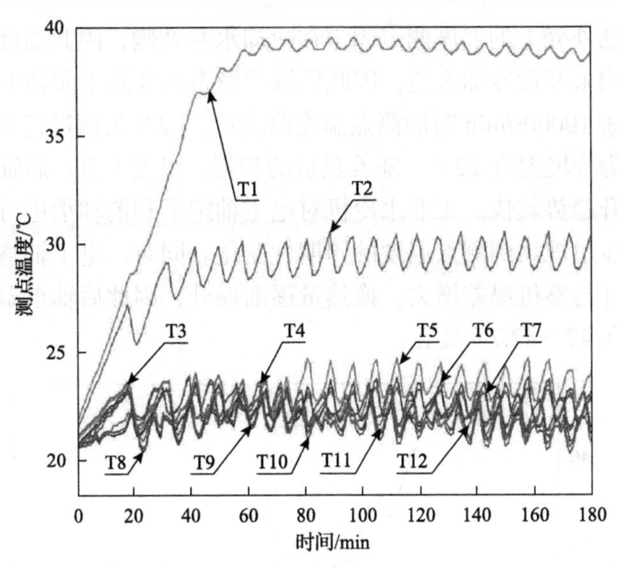

图 4.27　7000r/min 转速下测点温度曲线

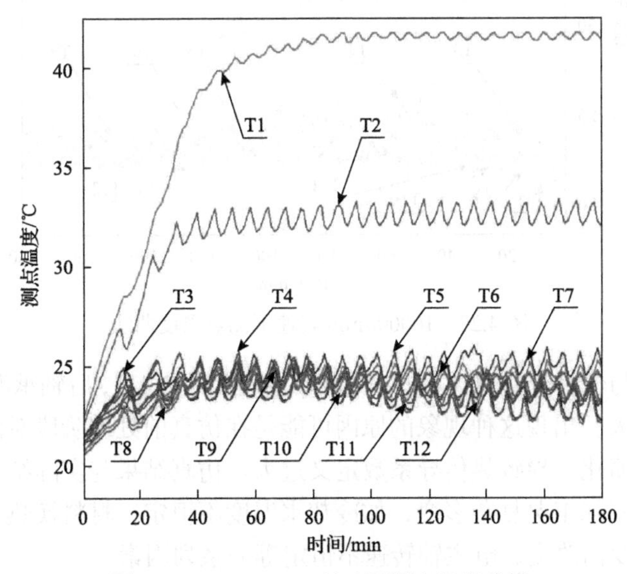

图 4.28　12000r/min 转速下测点温度曲线

由不同转速条件下的电主轴温度曲线可知，电主轴的不同测点处温度经一段时间后都呈上升趋势。工业水冷机具有制冷特性，当冷却水入口温度以恒定温度进行冷却时，水冷机不进行工作，随着循环冷却水温度上升，超过设定的温度上限时，制冷机对冷却水进行降温，因此冷却水的温度呈周期性变化，导致测点温度具有一定波动。在电主轴不同转速下的同一温度测点，温度上升趋势大体相同，温升速度有一定差异。由图 4.25～图 4.28 可知，靠近轴承热源附近的温度测点温升较大，电主轴外壳上的温度测点固定在冷却水套外侧，因此温度差异较小。电主轴后轴承结构未开设冷却水道，因此后轴承稳态温度高于前轴承稳态温度。

以额定转速 10000r/min 时的测点温度曲线(图 4.29)为例进行分析，各测点温度的起始温度为环境温度 22℃，随着热量的积累，温度上升，后轴承处未设冷却水道，因此温升趋势较快。工业水冷机对电主轴定子和前轴承进行冷却，可在曲线图中较为明显地观察到测点温度的周期性变化。同时，电主轴整体温度下降，后轴承处零部件与整机温差增大，换热量逐渐提升，因此后轴承温度曲线有较小的波动，温度在 42～42.7℃变化。

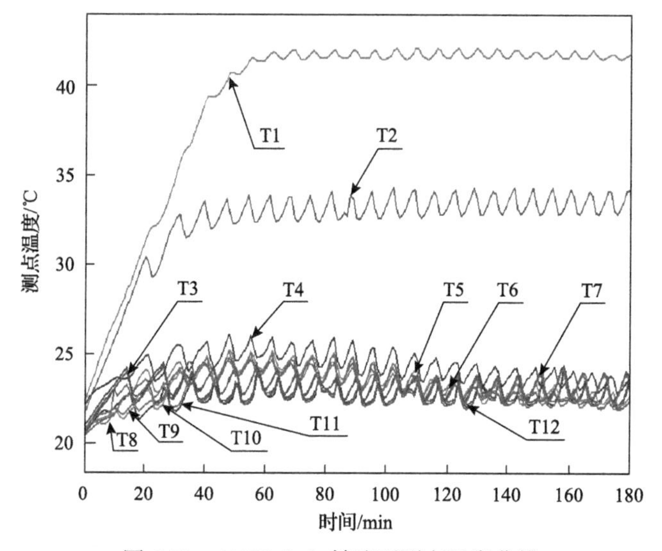

图 4.29　10000r/min 转速下测点温度曲线

通过实验与仿真分析对比可知，中轴承温度相差 3.4℃，后轴承温度相差 9℃。后轴承误差较大，出现这种现象的原因可能是在仿真前处理阶段对滑动轴承座及滚动体进行了简化，导致热传导系数定义过大。仿真结果与实际结果存在一定误差，这是因为实际工况复杂多变，如冷却水温度不恒定、材料换热率和热传导率随着温度的改变而改变、电主轴转速不恒定等一系列因素。

根据实验分析结果，电主轴暖机后前轴承温度为 22.3℃，后轴承温度为 22.7℃，随着转速的增大，在 42min 后前轴承基本达到稳态温度，而后轴承温度继续上升直到 63min，之后轴承温度在一定范围内波动。壳体上测点 T1、T2 和 T3 的温度相较其他测点温度更低，冷却水出水口温度较高，也呈现一定的波动变化。冷却水道入口平均温度为 24.59℃，出口平均温度为 25.52℃。不同转速下电主轴前轴承温度(测点 T11)、后轴承温度(测点 T12)、电主轴端部温度(测点 T2)、壳体温度(测点 T9)的平均值如表 4.13 所示。

表 4.13　不同转速下电主轴温度测点平均温度

转速/(r/min)	电主轴温度测点平均温度/℃			
	T2	T9	T11	T12
3000	22.2	22.4	26.9	30.7
5000	22.8	23.0	27.8	34.3
7000	23.1	23.7	29.2	36.4
10000	23.9	24.5	33	39.5
12000	24.7	25.7	33.5	41.2

由表 4.13 可以得出，转速升高会加剧电主轴生热，致使各零件温度上升，且不同零件温度上升趋势与转速不呈线性关系。在转速由 3000r/min 上升至 12000r/min 过程中，温度测点 T2 处温度变化了 2.5℃；T9 处变化了 3.3℃；T11 处变化了 6.6℃；T12 处变化了 10.5℃。

2）电主轴鼻端热伸长数据采集和曲线结果分析

依据实验方案，对温度测点采集温度的同一时刻进行电主轴鼻端热伸长数据采集。由图 4.30 可知，转速越高，热伸长量越大，达到稳态所用的时间也就越长。以转速 10000r/min 时电主轴温升与电主轴热伸长为例，电主轴温度稳态比热伸长稳态所用的时间更短，热伸长稳态发生在 78min 之后，比温度稳态延迟了 14min，说明热变形具有一定的滞后性。转速更低的曲线更快达到稳态平衡。表 4.14 给出了不同转速下电主轴鼻端热伸长稳态值的仿真结果。将转速为 10000r/min 时的实验结果与仿真结果进行对比，发现实际热伸长量较仿真结果更大。

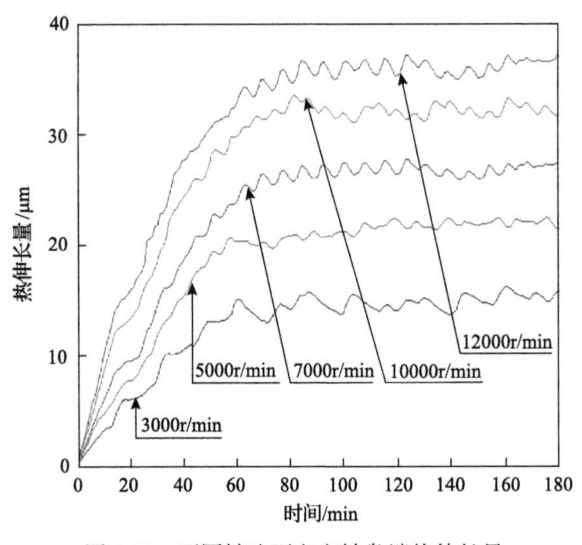

图 4.30　不同转速下电主轴鼻端热伸长量

表 4.14　不同转速下电主轴鼻端热伸长稳态值

参数	数值				
转速/(r/min)	3000	5000	7000	10000	12000
热伸长量/μm	14.7	20.9	25.6	30.5	34.1

参 考 文 献

[1] 魏文强. 高速电主轴温度测点优化及热误差建模研究[D]. 哈尔滨: 哈尔滨理工大学, 2020.

[2] 李贺. 电主轴温度预测模型建立与实验研究[D]. 哈尔滨: 哈尔滨理工大学, 2021.

[3] 叶天玺, 娄平, 严俊伟, 等. 基于改进模糊聚类和最大信息系数的数控机床温度测点选取[J]. 机床与液压, 2022, 50(6): 16-20.

[4] 李宝伟. 高速电主轴热误差试验分析及预测模型的建立[D]. 哈尔滨: 哈尔滨理工大学, 2021.

[5] 宣立宇. 高速电主轴热特性分析及轴芯冷却研究[D]. 哈尔滨: 哈尔滨理工大学, 2022.

[6] 刘焱, 王烨. 位移传感器的技术发展现状与发展趋势[J]. 自动化技术与应用, 2013, 32(6): 76-80, 101.

[7] 昌学年, 姚毅, 闫玲. 位移传感器的发展及研究[J]. 计量与测试技术, 2009, 36(9): 42-44.

[8] 张雪亮. 新型高速电主轴轴承-轴芯热场分布规律与实验研究[D]. 哈尔滨: 哈尔滨理工大学, 2019.

第 5 章　电主轴温度测点优化技术

从若干温度测点中选取能够准确反映电主轴温度变化且彼此相似程度低的热敏感点，是高速电主轴热误差预测建模的关键问题。本章针对此问题，基于模糊关系的聚类分析方法对温度测点数据进行分析，然后使用灰色绝对关联分析方法计算温度测点与热位移的关联度，最终得到与热误差关联程度高、相互之间相似程度低的高速电主轴热敏感点，为热误差预测建模提供数据支持。

5.1　温度测点优化方法

在高速电主轴热误差建模中往往将热敏感点温度数据作为模型的输入，以热敏感点的温度数据预测电主轴热误差，这就要求热敏感点能够反映电主轴热误差的变化情况，即热敏感点与电主轴热位移之间存在一定的关联度。高速电主轴内部结构紧密，各零部件温度呈非线性分布，且零部件温度具有一定的相似性，若在热误差建模中使用具备较高相似性的温度测点，则会影响模型的鲁棒性。因此，在温度测点的优选中，应排除彼此具备较高相似性的点。针对此需求，本节提出温度测点优化选取的两个目标：

(1)热敏感点与电主轴热误差之间具备较高的相关性。

(2)热敏感点之间的相似程度应尽可能低。

在温度测点的优选方法中，有限元分析方法和多元线性回归方法应用较多，两种方法存在各自的优缺点。有限元分析方法需要计算电主轴内部的主要热源、确定各零部件之间的传热系数等，计算复杂烦琐，计算量大，并且有限元分析模型与实际情况存在偏差，因此通过有限元分析方法分析出来的结果与实际结果存在较大的误差。多元线性回归方法因其计算量小、简单易行而被广泛采用[1]，但是此方法只考虑温度测点与电主轴热位移间的关系，没有分析各温度测点间的相似性[2]，因此在热误差建模中不能排除温度测点间的相关性，这会降低热误差预测模型的鲁棒性。目前，使用较多的方法是分组优选法，该方法先将温度测点分类，然后在各类中选出 1～2 个温度测点作为热敏感点。为满足热敏感点优化目标，本节采用分组优选法。使用基于模糊关系的聚类分析方法对温度测点进行分类，然后使用灰色相对和绝对关联分析方法从中优选出热敏感点。

高速电主轴热敏感点个数，即温度测点的优选个数，没有统一的标准，需要根据实际情况综合考虑。从电主轴热误差补偿方面考虑，电主轴安装在数控机床

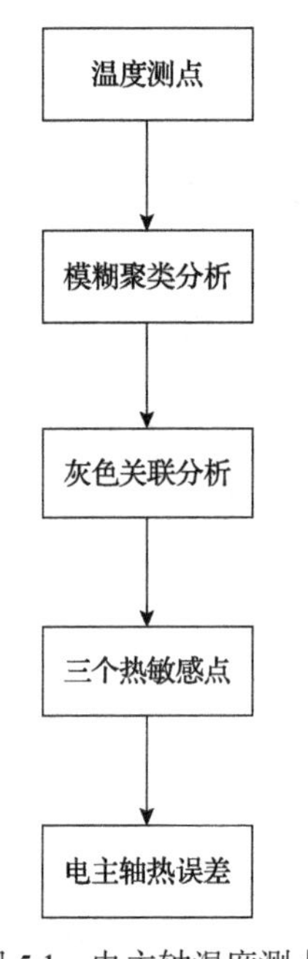

图 5.1　电主轴温度测点优化的技术路线

摆头内部，空间小，不宜在电主轴上布置过多的温度传感器，但若传感器数量较少，则难以确保可以获取电主轴温度状态信息；从电主轴热误差建模的角度分析，热敏感点个数过多会使模型变得复杂，计算量也会变大，个数过少又会因温度信息过少而难以保证模型的预测精度。基于电主轴温度测点变化曲线，可在电主轴内部的前后轴承测点中优选出 1 个热敏感点，然后对电主轴外壳处的 8 个温度测点进行模糊聚类分析和灰色关联分析(GRA)，优选出 2 个热敏感点。首先通过模糊聚类分析将电主轴外壳处的温度测点(T1～T8)样本集分成两类，使每类中的温度样本之间的相似程度较高，而两类之间的温度样本相似程度较低；然后使用灰色关联分析方法计算每一个温度测点(T1～T10)与电主轴热误差间的关联度，并进行排序；最后分别选取电主轴外壳处两个温度测点和内部前后轴承测点中与热误差关联程度高的温度测点作为高速电主轴热误差预测建模的热敏感点。电主轴温度测点优化的技术路线如图 5.1 所示。

首先，温度敏感点的选取是建立热误差模型的基础。它决定了模型的准确性和鲁棒性。当热敏感点过多时，温度变量之间的相关性会显著增强，导致热误差模型变得更加复杂和难以处理。这种复杂性可能使得模型在预测和解释温度变化时变得更加不确定，并增加了误判的可能性。另外，过多的热敏感点也可能会增加模型参数的估计难度，因为需要处理更多的变量之间的关系，增加了模型的训练和优化时间。然而，如果热敏感点过少，则无法准确地捕捉电主轴的温度场分布。这意味着模型无法获取完整的温度变化信息，从而在预测热误差时可能会忽略一些关键因素，这种情况下，热误差模型可能会因为信息不完整而失去准确性，导致预测精度下降。因此，选择适当的热敏感点数量对于建立准确和可靠的电主轴热误差模型至关重要。

本节选用模糊 C 均值(FCM)聚类算法和均值漂移(mean shift，MS)算法分别与灰色关联度相结合进行温度敏感点的选取。相比于 FCM 聚类算法，K-means 聚类算法的原理更简单。对于给定的样本集，按照样本之间的距离大小，将样本集划分为 K 个簇。簇内的点应尽量紧密地连在一起，保证簇间的距离尽可能得大。K-means 聚类算法的主要优点为原理简单、容易实现、收敛速度快、算法的可解释度比较高。但是，对于 K-means 聚类算法，K 值的选取不易把握，对于不是凸的数据集比较难收敛；采用迭代方法得到的结果只是局部最优，对噪声和异常点比较敏感。ISODATA 算法是由 K-means 聚类算法发展而来的一种重要的聚类分析算法，这种算法可以对特性比较复杂而人们又缺少认识的对象进行分类，有效地实施人工干预，加入人脑思维信息，使分类结果更符合客观实际，并给出相对的最优分类结果，具有一定的实用性。该算法存在的不足主要是需要设定一些参数，若选取的初始化参数不合适，则可能会影响聚类结果的正确性，当数据样本集较大并且特征数目较多时，算法的实时性较差。FCM 聚类算法需要经过更多次的迭代，计算量大，数据更加细腻，因此速度较慢。MS 算法是基于密度的非参数聚类算法，其思想是假设不同簇类的数据集符合不同的概率密度分布，找到一个样本点密度增大的最快方向，样本密度高的区域对应于该分布的最大值，这些样本点最终会在局部密度最大值处收敛，且收敛到相同局部最大值的点被认为是同一簇类的成员。该聚类算法的优点是不需要设置簇类的个数，可以处理任意形状的簇类，只需设置带宽这一个参数，带宽会影响数据集的核密度估计，该算法结果稳定，不需要进行类似 K-means 聚类算法的样本初始化。但是该算法也有缺点，如聚类结果取决于带宽的设置、带宽设置过小、收敛过慢、簇类的个数过多等。若带宽设置过大，则一些簇类可能会丢失。对于较大的特征空间，该算法的计算量非常大。

5.2　灰色关联分析

5.2.1　灰色关联分析理论

对温度测点序列和高速电主轴热位移序列进行灰色关联分析，灰色关联度的大小能够反映出温度测点和热位移这两个变量之间的关联程度，通过关联程度的大小找到热敏感点[3]。

1. 确定特征序列和相关序列

在电主轴温度测点优化技术中，特征序列为电主轴热误差序列，即

$$Y = \{Y(t) \mid t = 1, 2, \cdots, T\} \tag{5.1}$$

相关序列为温度测点序列，即

$$X = \{X_i(t) \mid i = 1, 2, \cdots, m; t = 1, 2, \cdots, T\} \tag{5.2}$$

2. 数据归一化

电主轴温度测点序列和热位移序列的单位不同，对单位不同的数据进行运算

是没有意义的，因此在计算之前需要将数据进行去量纲化，也称为归一化。本节采用区间法对数据进行归一化，归一化序列 $X_i^*(t)$ 的计算公式如式(5.3)所示：

$$X_i^*(t)=\frac{X_i(t)-\min(X_i(t))}{\max\left[X_i(t)-\min(X_i(t))\right]} \tag{5.3}$$

3. 计算灰色关联系数

归一化后的温度测点序列和热误差序列 $Y^*(t)$ 的灰色关联系数 $\xi_i(t)$，计算公式如式(5.4)所示：

$$\xi_i(t)=\frac{\min_i\min_t\left|Y^*(t)-X_i^*(t)\right|+\rho\max_i\max_t\left|Y^*(t)-X_i^*(t)\right|}{\left|Y^*(t)-X_i^*(t)\right|+\rho\max_i\max_t\left|Y^*(t)-X_i^*(t)\right|} \tag{5.4}$$

式中，$Y^*(t)$、$X_i^*(t)$ 分别为热误差序列、温度测点序列的归一化序列；ρ 为大于 0 且小于 1 的可调参数，ρ 越小，序列的区分度越大，通常取 ρ=0.5。

4. 计算灰色关联度

灰色关联系数是一个 T 维的向量，表示单个温度测点与热位移在每一个时刻 t 上的关联程度，不易于比较每个温度测点与热位移之间相关程度的大小。为了表征在全部时间域上温度测点与热位移之间的关联程度，需要求取每个温度测点的灰色关联系数的平均值，这个平均值称为灰色关联度 r_i，计算公式如式(5.5)所示：

$$r_i=\frac{1}{T}\sum_{t=1}^{T}\xi_i(t) \tag{5.5}$$

可以发现，X_i 对 X_0 的灰色关联度大小受分辨系数 ρ、$x_0'(k)$ 和 $x_i'(k)$ 的共同影响，分辨系数 ρ 是人工设定的，因此此方法也称为灰色相对关联分析。观察计算公式(5.5)可以发现，关联系数中的两极最小差和两极最大差是确定不变的，因此在设定好分辨系数后，关联系数的分子数值是确定不变的，分母数值只受 $x_0'(k)$ 和 $x_i'(k)$ 的影响。一旦出现两极最大差数值非常大的情况，灰色关联系数的变化范围就会变小，不利于 X_i 与 X_0 之间的关联度分析。

针对上述情况，梅振国[4]提出了一种基于斜率的灰色关联分析方法，该方法以序列 $x_0'(k)$ 和 $x_i'(k)$ 在各点斜率的相似程度来表示两条序列的关联程度，此方法与传统灰色关联分析方法相比舍弃了分辨系数 ρ，削减了人为主观因素，因此也称为灰色绝对关联分析。灰色绝对关联分析同样需要进行数据的归一化处理，然后计算各时刻的斜率，参考序列 X_0' 与比较序列 X_i' 在 $(k+1)$ 时刻的斜率大小如式(5.6)所示[5]：

$$\begin{cases}\alpha[x_0'(k+1)] = x_0'(k+1) - x_0'(k+1) \\ \alpha[x_i'(k+1)] = x_i'(k+1) - x_i'(k+1)\end{cases}, \quad k = 1, 2, \cdots, m-1 \tag{5.6}$$

计算得到参考序列与比较序列各时刻的斜率之后，计算两者之间的灰色绝对关联系数，在 $(k+1)$ 时刻的关联系数如式(5.7)所示：

$$\zeta_i(k+1) = \frac{1}{1 + \left|\alpha[x_0'(k+1)] - [x_i'(k+1)]\right|}, \quad k = 1, 2, \cdots, m-1 \tag{5.7}$$

灰色绝对关联度的计算方法基本不变，如式(5.8)所示：

$$r_i = \frac{1}{m-1}\sum_{k=1}^{m-1}\zeta_{0i}(k+1) \tag{5.8}$$

5.2.2　实验结果及数据分析

针对灰色关联分析和温度测点排序，首先基于灰色关联分析算法对 5 组实验的温度变量和热位移变量之间的灰色关联度进行计算，计算结果如图 5.2 所示。

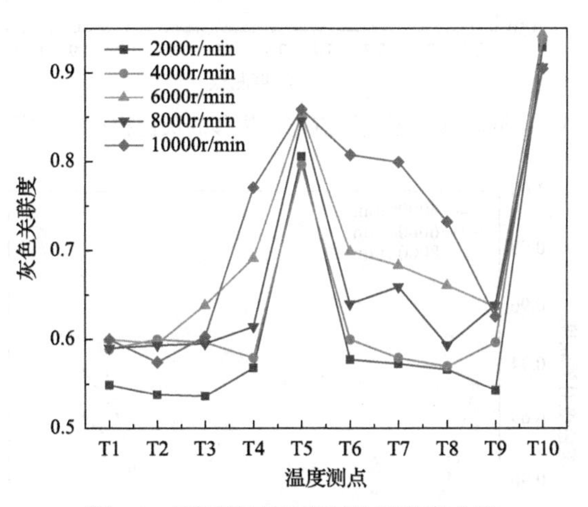

图 5.2　不同转速下的灰色关联度曲线

图 5.2 中，灰色相对关联度中的分辨系数 ρ =0.5。表 5.1 为基于灰色关联分析算法的不同转速下各温度测点的排序结果。为避免仅对单一转速下的温度测点进行关联分析，忽略其他转速而导致热敏感点选取不合理，对三种不同转速下电主轴各温度测点与热误差的灰色关联度进行分析。

表 5.1　温度测点排序结果

转速/(r/min)	排序结果
2000	T10>T5>T6>T7>T8>T4>T1>T9>T2>T3
4000	T10>T5>T6>T2>T3>T1>T9>T7>T4>T8
6000	T10>T5>T6>T4>T7>T8>T3>T9>T1>T2
8000	T10>T5>T7>T6>T9>T4>T3>T2>T8>T1
10000	T10>T5>T6>T7>T4>T8>T9>T3>T1>T2

根据灰色相对关联度数值大小，绘制不同转速下温度测点与热位移的灰色相对关联度曲线和灰色绝对关联度曲线，如图 5.3 和图 5.4 所示。不同电主轴转速下

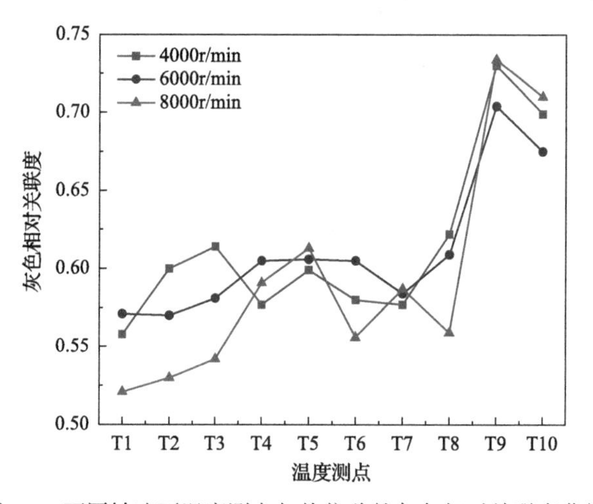

图 5.3　不同转速下温度测点与热位移的灰色相对关联度曲线

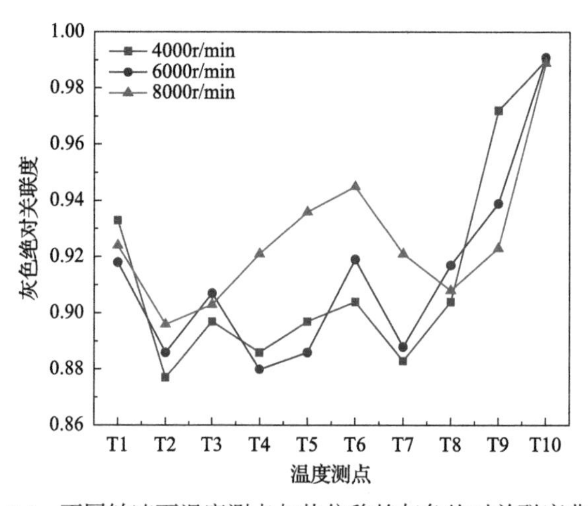

图 5.4　不同转速下温度测点与热位移的灰色绝对关联度曲线

各温度测点关联度的大小排序如表 5.2 所示。不同转速下温度测点的灰色相对关联度和灰色绝对关联度排序存在一定的差异，这是因为在进行不同电主轴转速下的热误差实验时，难以精确控制电主轴实验平台的环境温度、冷却液温度等环境因素，只能使它们在一个特定数值上下浮动，环境的轻微变化使得电主轴温度场产生变化，进而使温度测点产生差异。

表 5.2　各温度测点关联度排序

关联度	转速/(r/min)	排序结果
灰色相对关联度	4000	T9>T10>T8>T3>T2>T5>T6>T4>T7>T1
	6000	T9>T10>T8>T5>T6>T4>T7>T1>T3>T2
	8000	T9>T10>T5>T4>T7>T8>T6>T3>T2>T1
灰色绝对关联度	4000	T10>T9>T1>T6>T8>T3>T5>T4>T7>T2
	6000	T10>T9>T6>T1>T8>T3>T7>T5>T2>T4
	8000	T10>T9>T6>T5>T1>T7>T4>T8>T3>T2

根据电主轴外壳温度测点聚类结果及关联度排序结果，使用不同的关联分析方法，可获得电主轴不同的热敏感点组合，如表 5.3 所示。选取结果可进一步说明，基于模糊关系的聚类分析方法可应用于电主轴温度测点的优化选取，此方法在不同电主轴转速下具备较强的适应能力。由两种灰色关联分析方法分别得到两种电主轴热敏感点组合，即{T5, T8, T9}(灰色相对关联分析法)和{T1, T6, T10}(灰色绝对关联分析法)。分析灰色绝对关联度的计算过程发现，灰色绝对关联分析法在处理电主轴热误差和温度这种具有动态平衡特性数据时更能体现出二者的关联相似程度；但使用灰色绝对关联分析法得到的热敏感点是否在电主轴热误差预测建模中比灰色相对关联分析方法效果更好还需要进一步验证。

表 5.3　不同转速下的热敏感点选取结果

关联度	转速/(r/min)	热敏感点组合
灰色相对关联度	4000	{T5,T8,T9}
	6000	{T5,T8,T9}
	8000	{T5,T8,T9}
灰色绝对关联度	4000	{T1,T6,T10}
	6000	{T1,T6,T10}
	8000	{T1,T6,T10}

5.2.3　灰色关联分析算法

灰色关联分析算法代码如算法 5.1 所示。

算法 5.1　灰色关联分析算法

```
1. import pandas as pd
2. from numpy import *
3. path2000 = "D:/r2000.csv"
4. path4000 = "D:/r4000.csv"
5. path6000 = "D:/r6000.csv"
6. path8000 = "D:/r8000.csv"
7. path10000 = "D:/r10000.csv"
8. path = "D:/rmove.csv" #调取数据
9. T = pd.read_csv(path10000)
10. move = pd.read_csv(path)
11. #读取为df格式
12. T = (T - T.min()) / (T.max() - T.min())
13. move = (move - move.min()) / (move.max() - move.min())
14. #标准化
15. std = move.iloc[:, 3] # 为标准要素
16. ce = T # 为比较要素
17. print(std)
18. print(ce)
19. n = ce.shape[0]
20. m = ce.shape[1]#计算行列
21. #与标准要素比较，相减
22. a = zeros([m, n])
23. for i in range(m):
24. for j in range(n):
25. a[i, j] = abs(ce.iloc[j, i]-std[j])
26. #取出矩阵中最大值与最小值
27. c = amax(a)
28. d = amin(a)
29. #计算值
30. result = zeros([m, n])
31. for i in range(m):
32. for j in range(n):
33. result[i, j] = (d+0.5*c)/(a[i, j]+0.5*c)
34. #求均值，得到灰色关联度值
35. result2 = zeros(m)
36. for i in range(m):
```

```
37. result2[i] = mean(result[i, :])
38. RT = pd.DataFrame(result2, index=[arange(1, 11)], columns=["Error"]
39. print(RT)
```

5.3　热敏感点选取

5.3.1　基于 FCM 算法的温度测点优化

1. 基于模糊关系的聚类分析方法

聚类分析是一种将样本集按照某种特定的准则划分为若干子集的统计学方法[6]。传统聚类分析方法要求样本集中的每个样本必须划分到某一类中，这要求各样本间具有一定的界限，属于硬聚类[7]。实际上数据样本彼此之间都具备一定的相似度，各类之间没有明确的界限，这使得传统聚类分析方法不再适用。

模糊聚类分析方法的出现在很大程度上解决了传统聚类分析方法带来的问题。模糊聚类分析方法表达了样本隶属于各个类别的不确定程度，即样本对于类别的不确定描述[8]，因此使用模糊聚类分析方法对样本集进行分类划分比传统聚类分析方法更加客观和科学。本节采用模糊聚类中的基于模糊关系(模糊矩阵)的聚类分析方法对电主轴各温度测点进行划分。

基于模糊关系的聚类分析方法对样本的聚类分析过程是根据样本的模糊等价矩阵进行的，模糊等价矩阵由样本计算确定，反映了样本间的相似性关系。

设 $R=\{(r_{ij})_{n\times n}|i=1,2,\cdots,n\}$是 n 阶方阵，当 R 同时满足自反性、对称性和传递性条件时，称 R 为模糊等价矩阵。

自反性：

$$I \leqslant R(\Leftrightarrow r_{ij}=1)$$

对称性：

$$R^{\mathrm{T}} \leqslant R(\Leftrightarrow r_{ij}=r_{ji})$$

传递性：

$$R^2 = R(\Leftrightarrow \max\{(a_{ik}^{a_{kj}})\big|1\leqslant k\leqslant n\} \geqslant r_{ij})$$

式中，I 为单位方阵。

样本的模糊等价矩阵难以直接求出，一般情况下，先计算样本的模糊相似矩阵，然后通过模糊相似矩阵计算样本的模糊等价矩阵。

设 $R=\{(r_{ij})_{n\times n}|i=1,2,\cdots,n\}$是 n 阶模糊方阵，当 R 满足自反性和对称性时，称 R 为模糊相似矩阵。

基于模糊关系的聚类分析过程一般包括以下步骤。

1)数据标准化

数据标准化的目的是将所有数据都映射到同一尺度上，以削弱数据集中出现某些较大或较小值在后续处理中的影响，避免这些数据起主导作用。设样本集 $X=\{x_1, x_2,\cdots,x_n\}$是分类对象，其中 x_i 有 m 个特征，即

$$x_i=\{x_{i1},x_{i2},\cdots,x_{ij}\},\quad i=1,2,\cdots,m \tag{5.9}$$

设原始数据矩阵，即样本集为 $A=(x_{ij})_{n\times m}$。为减小样本中特殊数据的影响，应对 A 进行标准化处理，以适应模糊聚类分析的要求。矩阵 A 标准化处理后得到的矩阵为 $A'=(x'_{ij})_{n\times m}$。不同数据标准化方法的计算公式如表 5.4 所示。

表 5.4　数据标准化方法计算公式

数据标准化方法	计算公式
初值法	$x'_{ij}=\dfrac{x_{ij}}{x_i}(i=1,2,\cdots,n;j=1,2,\cdots,m)$
均值法	$x'_{ij}=\dfrac{x_{ij}}{\overline{x_i}}(i=1,2,\cdots,n;j=1,2,\cdots,m)$
最大值法	$x'_{ij}=\dfrac{x_{ij}}{\max(x_i)}(i=1,2,\cdots,n;j=1,2,\cdots,m)$
最大最小值法	$x'_{ij}=\dfrac{x_{ij}-\max(x_i)}{\max(x_i)-\min(x_i)}(i=1,2,\cdots,n;j=1,2,\cdots,m)$
均值方差法	$x'_{ij}=\dfrac{x_{ij}-\overline{x_i}}{s_i}(i=1,2,\cdots,n;j=1,2,\cdots,m)$
lg 函数转换法	$x'_{ij}=\dfrac{\lg(x_{ij})}{\lg[\max(x_i)]}(i=1,2,\cdots,n;j=1,2,\cdots,m)$

2)建立模糊相似矩阵

模糊相似矩阵的建立方法有绝对值倒数法和绝对值指数法等 13 种方法[9]。王新洲等[10]提出构造模糊相似矩阵应满足以下三项原则。

(1)正确性原则：选取的方法能够客观准确地表现各样本间的模糊相似关系。

(2)不变性原则：该原则主要针对不同构造方法中的常数 M。当选取不同常数 M 时，各样本之间的模糊相似关系能够保持不变。

(3)区分性原则：通过模糊相似矩阵聚类后，样本集中的各类之间存在界限，

且每类中的各样本间相似度高。

本节选用满足上述三项原则的绝对值倒数法建立样本矩阵 $R=(x_{ij})_{n\times m}$ 的模糊相似矩阵，如式(5.10)所示：

$$r_{ij}=\gamma_{ij}=\begin{cases}1, & i=j\\ \dfrac{M}{\sum\limits_{k=1}^{m}\left|x_{ik}-x_{jk}\right|}, & i\neq j\end{cases} \tag{5.10}$$

式中，$i,j=1,2,\cdots,n$。参数 M 是使所有 r_{ij} 落在区间[0,1]的常数。

由矩阵 $R=(x''_{ij})_{n\times m}$ 计算得到的模糊相似矩阵为 $R=(r_{ij})_{n\times n}$。

3)建立传递闭包矩阵

通过以上步骤得到样本集 A 的模糊相似矩阵 $R=(r_{ij})_{n\times n}$，然后使用平方法计算 A 的模糊计算矩阵。计算 R 的 2^k 次幂，即 $R\to R^2\to R^4\to\cdots$，直至出现 $R^{2^k}=R^{2^{k+1}}$ $(2^k\leqslant n,k\leqslant\log_2 n)$。根据模糊等价矩阵的定义可知，$R^{2^k}$ 是样本集 A 的模糊等价矩阵，记为 $t(R)$。

4)模糊聚类

根据 $t(R)$ 得到其λ截矩阵 $t(R)_\lambda$，其中置信水平 $\lambda\in[0,1]$。λ截矩阵 $t(R)_\lambda$ 的计算公式如式(5.11)所示：

$$t(R)_\lambda=r_{ij}(\lambda)=\begin{cases}1, & r_{ij}\geqslant\lambda\\ 0, & r_{ij}<\lambda\end{cases} \tag{5.11}$$

根据 λ 截矩阵 $t(R)_\lambda$ 进行样本集 R 的动态聚类。

2. FCM 算法

FCM 算法的执行代码(算法 5.2)具体如下。

算法 5.2　FCM 算法

```
1. import numpy as np
2. import pandas as pd
3. import time
4. global MAX #用于初始化隶属度矩阵U
5. MAX = 10000.0
6. global Epsilon #结束条件
7. Epsilon = 0.0000001
8. defprint_matrix(list):
9. """
```

```
10. 以可重复的方式打印矩阵
11. """
12. for i in range(0, len(list)):
13. print(list[i])
14. definitialize_U(data, cluster_number):
15. """
16. 这个函数是隶属度矩阵 U 的每行加起来都为 1. 此处需要一个全局变量 MAX
17. """
18. global MAX
19. U = np.zeros((data.shape[0], cluster_number))
20. for i in range(0, U.shape[0]):
21. current = np.random.rand(cluster_number)
22. for j in range(len(current)):
23. current[j] = current[j] / current.sum()
24. U[i, :] = current
25. return U
26. def distance(point, center):
27. """
28. 该函数计算两点之间的距离(作为列表)。我们指欧几里得距离
29. """
30. iflen(point) != len(center):
31. return -1
32. sum = np.sum((point - center)**2)
33. returnnp.sqrt(sum)
34. defend_conditon(U, U_old):
35. """
36. 结束条件。当 U 矩阵随着连续迭代停止变化时，触发结束
37. """
38. global Epsilon
39. for i in range(0, len(U)):
40. for j in range(0, len(U[0])):
41. if abs(U[i][j] - U_old[i][j])> Epsilon:
42. return False
43. return True
44. defnormalise_U(U):
45. """
46. 在聚类结束时使 U 模糊化。每个样本的隶属度最大的为 1，其余为 0
47. """
48. for i in range(0, len(U)):
```

```
49. maximum = max(U[i])
50. for j in range(0, len(U[0])):
51. if U[i][j] != maximum:
52. U[i][j] = 0
53. else:
54. U[i][j] = 1
55. return U
56. defLc(data, dist, U, m):
57. f2 = 0
58. f1 = (((U**m) * distance(dist, data.mean())).sum(axis=1)/(U.
shape[1] - 1)).sum(axis=0)
59. for i in range(distance.shape(0)):
60. temp = ((U[i, :]**m) * distance(data, dist[i, :])).sum() / (data.
shape[0] - U.shape[0])
61. f2 += temp
62. return f1/f2
63. def fuzzy(data, cluster_number, m):
64. """
65. 这是主函数，它将计算所需的聚类中心，并返回最终的归一化隶属矩阵 U
66. 输入参数：簇数(cluster_number)和隶属度的因子，隶属度的因子(m)的最佳取
值范围为[1.5，2.5]
67. """
68. # 初始化隶属度矩阵 U
69. U = initialize_U(data, cluster_number)
70. # print_matrix(U)
71. # 循环更新 U
72. while (True):
73. # 创建它的副本，以检查结束条件
74. U_old = U.copy()
75. # 计算聚类中心
76. C = np.zeros((cluster_number, data.shape[1]))
77. for j in range(0, cluster_number):
78. current_cluster_center = []
79. for i in range(0, len(data[0])):
80. dummy_sum_num = 0.0
81. dummy_sum_dum = 0.0
82. for k in range(0, len(data)):
83. # 分子
84. dummy_sum_num += (U[k][j] ** m) * data[k][i]
```

```
85. # 分母
86. dummy_sum_dum += (U[k][j] ** m)
87. # 第 i 列的聚类中心
88. current_cluster_center.append(dummy_sum_num / dummy_sum_dum)
89. # 第 j 簇的所有聚类中心
90. C[j, :] = current_cluster_center
91. # 创建一个距离向量，用于计算 U 矩阵
92. distance_matrix = []
93. for i in range(0, len(data)):
94. current = []
95. for j in range(0, cluster_number):
96. current.append(distance(data[i], C[j]))
97. distance_matrix.append(current)
98. # 更新 U
99. for j in range(0, cluster_number):
100.for i in range(0, len(data)):
101.dummy = 0.0
102.for k in range(0, cluster_number):
103.# 分母
104. dummy += (distance_matrix[i][j] / distance_matrix[i][k]) ** (2 / 
(m - 1)) U[i][j] = 1 / dummy
105. ifend_conditon(U, U_old):
106. print("已完成聚类")
107. break
108. U = normalise_U(U)
109. return U
110. if __name__ == "__main__":
111. path2000 = "D:/r2000.csv"
112. path4000 = "D:/r4000.csv"
113. path6000 = "D:/r6000.csv"
114. path8000 = "D:/r8000.csv"
115. path10000 = "D:/r10000.csv"
116. path = "D:/rmove.csv" #调取数据
117. pd_data = pd.read_csv(path2000, dtype="float")
118. data = np.array(pd_data, dtype="float")
119. data = data.T
120. start = time.time()
121. # 调用模糊 C 均值函数
122. res_U = fuzzy(data, 3, 5)
```

```
123. fori, cluster in enumerate(res_U.T):
124. #获取此群集的示例的行索引
125. row_ix = np.where(cluster == 1) + np.array([1])
126. #创建这些样本的散布
127. print(i + 1, ":", row_ix)
128. #计算准确率
129. print("用时: {0}".format(time.time() - start))
```

3. 电主轴温度测点的模糊聚类

以电主轴运行转速为 4000r/min 情况下检测得到的数据为例，使用基于模糊关系的聚类分析方法对电主轴温度测点进行聚类。设 8 个温度测点组成的数据集 $T=(t_{ij})_{8\times 180}$ 为样本集。首先对温度测点数据集进行标准化处理，然后使用绝对值倒数法计算温度测点的模糊相似矩阵。不同数据标准化方法得到不同的聚类结果，对比几种标准化方法得到的聚类结果，最终选用均值标准化方法。经计算，经均值标准化后的样本集的模糊相似矩阵 R 和模糊等价矩阵 $t(R)$ 分别如式(5.12)和式(5.13)所示：

$$R=\begin{pmatrix} 1 & 0.98 & 0.98 & 0.98 & 0.98 & 0.98 & 0.97 & 0.98 \\ 0.98 & 1 & 0.99 & 0.97 & 0.97 & 0.97 & 0.97 & 0.99 \\ 0.98 & 0.99 & 1 & 0.97 & 0.97 & 0.97 & 0.97 & 1 \\ 0.98 & 0.97 & 0.97 & 1 & 0.99 & 0.99 & 1 & 0.97 \\ 0.98 & 0.97 & 0.97 & 0.99 & 1 & 0.99 & 0.99 & 0.97 \\ 0.98 & 0.97 & 0.97 & 0.99 & 0.99 & 1 & 0.99 & 0.97 \\ 0.97 & 0.97 & 0.97 & 1 & 0.99 & 0.99 & 1 & 0.97 \\ 0.98 & 0.99 & 1 & 0.97 & 0.97 & 0.97 & 0.97 & 1 \end{pmatrix} \tag{5.12}$$

$$t(R)=\begin{pmatrix} 1 & 0.98 & 0.98 & 0.98 & 0.98 & 0.98 & 0.98 & 0.98 \\ 0.98 & 1 & 0.99 & 0.98 & 0.98 & 0.98 & 0.87 & 0.99 \\ 0.98 & 0.99 & 1 & 0.98 & 0.98 & 0.98 & 0.98 & 1 \\ 0.98 & 0.98 & 0.98 & 1 & 0.99 & 0.99 & 1 & 0.98 \\ 0.98 & 0.98 & 0.98 & 0.99 & 1 & 0.99 & 0.99 & 0.98 \\ 0.98 & 0.98 & 0.98 & 0.99 & 0.99 & 1 & 0.99 & 0.98 \\ 0.98 & 0.98 & 0.98 & 1 & 0.99 & 0.99 & 1 & 0.98 \\ 0.98 & 0.99 & 1 & 0.98 & 0.98 & 0.98 & 0.98 & 1 \end{pmatrix} \tag{5.13}$$

根据模糊等价矩阵和不同置信水平计算λ阶矩阵，对温度测点进行聚类。去除温度测点全部分为一类和全部分为两类的置信水平，不同λ值下的聚类结果如

表 5.5 所示。置信水平 λ 为 0.99 时的结果为最佳聚类结果。观察聚类结果，并结合 5.2 节中提出的电主轴温度测点优化选取方案，发现电主轴转速为 4000r/min 时的温度测点聚类结果达到预期效果。

表 5.5　4000r/min 时不同 λ 值下的聚类结果

置信水平 λ	聚类结果
1.00	{T1}、{T2}、{T3, T8}、{T4, T7}、{T5}、{T6}
0.99	{T1, T2, T3, T8}、{T4, T5, T6, T7}
0.98	{T1, T2, T3, T4, T5, T6, T7, T8}

为验证最佳聚类结果的准确性，需要对电主轴转速为 6000r/min 和 8000r/min 的温度测点分别进行模糊聚类，以验证该方法是否适用于其他转速下温度测点的最佳聚类结果，如表 5.6 所示。

表 5.6　不同转速下温度测点的最佳聚类结果

电主轴转速/(r/min)	最佳聚类结果
4000	{T1, T2, T3, T8}、{T4, T5, T6, T7}
6000	{T1, T2, T3, T8}、{T4, T5, T6, T7}
8000	{T1, T2, T3, T8}、{T4, T5, T6, T7}

由表 5.6 可以看出，电主轴外壳温度测点在不同转速下的最佳聚类结果相同，因此可以将电主轴外壳温度测点分为{T1, T2, T3, T8}和{T4, T5, T6, T7}两类。以上结果表明，基于模糊关系的聚类分析方法可成功将各温度测点进行聚类。如此，从两类温度测点中选取的热敏感点之间相似性较低，满足温度测点优化目标。

5.3.2　基于 MS-GRA 算法的温度测点优化

1. 基于 MS 算法的聚类分析

1) 聚类过程

对于给定的空间序列分布，MS 算法聚类过程如下。

(1) 对于给定的样本点，随机抽取 1000 对样本点，计算每对样本点之间的距离，并取所有距离之和的 20% 作为高维球区域的半径 r。

(2) 从样本点中选取一个未标记的点作为滑动窗口中心 c，找出以 c 为中心、r 为半径的滑动窗口区域 $S_r(c)$，考虑 $S_r(c)$ 中所有的点都属于聚类 c，并添加属于该类的概率，归为一类。

(3) 计算 $S_r(c)$ 中每一个样本点与滑动窗口中心点 c 构成的向量，并通过这些向量计算均值偏移向量 $M_r(c)$。

(4)更新滑动窗口中心 $c^{(n+1)}=c^{(n)}+M^{(n)}r(c)$。

(5)重复步骤(3)～(5)，直至 $M_r(c)$ 等于 0 时收敛。

(6)一直迭代，直至所有的样本点均被标记。

2) MS 算法

MS 算法是一种滑动窗口算法，与传统用于电主轴温度测点优化的方法相比，它无须得知聚类数量和形状等先验知识[11]，可将滑动窗口的中心移动到滑动窗口内所有点的均值处，使滑动窗口移动到更密集区域，不断迭代找到数据中心[12]。

对于给定的 d 维空间 R_d 有 n 个样本 $x_i\,(i=1,2,\cdots,n)$，选择一个样本点 x 作为窗口中心，则窗口移动的方向和距离可由均值偏移向量表示，均值偏移向量 $M_r(x)$ 可由式(5.14)进行计算：

$$M_r(x)=\frac{1}{k}\sum_{x_i\in S_r}(x_i-x) \tag{5.14}$$

式中，k 表示有 k 个样本在 S_r 中。

S_r 由式(5.15)可表示为

$$S_r(x)=\{y\,|\,(y-y_i)(y-x_i)^{\mathrm{T}}\leqslant r^2\} \tag{5.15}$$

由式(5.15)可知，$S_r(x)$ 表示以半径为 r、样本点 x 为中心的一个球形窗口区域。对于球形窗口区域中的样本点，每一个样本点对 $M_r(x)$ 的贡献程度应该有所不同，所以通过引入内核函数对均值偏移向量进行修正，计算公式如式(5.16)所示：

$$M_r(x)=\frac{\sum_{i=1}^{n}G\left(\frac{x_i-x}{h_i}\right)(x_i-x)}{\sum_{i=1}^{n}G\left(\frac{x_i-x}{h_i}\right)} \tag{5.16}$$

式中，$G\left(\frac{x_i-x}{h_i}\right)$ 为高斯核函数。

2. MS 温度测点优化算法

MS 温度测点优化算法的执行代码见算法 5.3。

算法 5.3　MS 温度测点优化算法

```
1. from numpy import unique
2. from numpy import where
3. from sklearn import cluster
```

```
4. from matplotlib import pyplot
5. import pandas as pd
6. import numpy as np
7. import time
8. start = time.time()
9. # 定义数据集
10. path2000 = "D:/ r2000.csv"
11. path4000 = "D:/ r4000.csv"
12. path6000 = "D:/r6000.csv"
13. path8000 = "D:/r8000.csv"
14. path10000 = "D:/r10000.csv"
15. path = "D:/rmove.csv" #调取数据
16. pd_data = pd.read_csv(path10000, dtype="float")
17. X = np.array(pd_data, dtype="float")
18. X = X.T
19. # 定义模型
20. model = cluster.MeanShift()
21. # 模型拟合
22. model.fit(X)
23. # 为每个示例分配一个集群
24. yhat = model.predict(X)
25. # 检索唯一群集
26. clusters = unique(yhat)
27. # 为每个群集的样本创建散点图
28. for cluster in clusters:
29. # 获取此群集的示例的行索引
30. row_ix = where(yhat == cluster) + np.array([1])
31. # 创建这些样本的散布
32. print(cluster + 1, ":", row_ix)
33. distance=np.zeros((model.cluster_centers_.shape[0],X.shape[0]))
34. for i in range(model.cluster_centers_.shape[0]):
35. for j in range(X.shape[0]):
36. distance[i, j] = np.sqrt((X[j, :] - model.cluster_centers_
[i, :])**2).sum()
37. s = distance.sum(axis=0)
38. for i in range(distance.shape[0]):
39. for j in range(distance.shape[1]):
40. distance[i, j] = distance[i, j]/s[j]
41. print(distance)
42. print(time.time()-start) #输出结果
```

3. MS-GRA 算法在温度测点优化中的应用

本节主要以所采集的实验数据为依据，应用 MS-GRA 算法对高速电主轴温度测点进行优化。依据 MS-GRA 算法的排序结果，对 5 组实验温度测点进行筛选，结果如表 5.7 所示。

表 5.7　MS-GRA 算法筛选结果

转速/(r/min)	最佳温度测点
2000	T10, T5, T6
4000	T10, T5, T6
6000	T10, T5, T6
8000	T10, T5, T7
10000	T10, T5, T6

由 MS-GRA 算法筛选的温度测点存在两种筛选结果，其中转速为 8000r/min 的筛选结果为 T10, T5, T7，另外 4 组实验筛选的结果均为 T10, T5, T6。为了使建立的高速电主轴热误差预测模型具有较高的鲁棒性，最终选取 T10、T5、T6 这三个温度测点作为最终温度测点。

参 考 文 献

[1] 谢飞, 王玲, 殷鸣, 等. 数控机床热误差的温度测点优化方法[J]. 组合机床与自动化加工技术, 2019,(6): 45-49.

[2] 张琨, 张毅, 侯广锋, 等. 基于热模态分析的热误差温度测点优化选择[J]. 机床与液压, 2012, 40(7): 1-3.

[3] 邓聚龙. 灰色系统理论教程[M]. 武汉: 华中理工大学出版社, 1990.

[4] 梅振国. 灰色绝对关联度及其计算方法[J]. 系统工程, 1992, 10(5): 43-44, 72.

[5] 姬生才, 王昭亮, 牛子曦. 灰色绝对关联度在风光互补特性分析中的应用[J]. 西北水电, 2018,(3): 99-103.

[6] 郭杨. 基于因子分析和聚类分析的山东省各地区综合实力评价研究[D]. 济南: 山东大学, 2019.

[7] 谭洁琼. 全局模糊聚类算法研究[D]. 哈尔滨: 哈尔滨理工大学, 2018.

[8] 高新波. 模糊聚类分析及其应用[M]. 西安: 西安电子科技大学出版社, 2004.

[9] 谢彦斌. 基于模糊相似矩阵的尿糖试纸颜色识别研究[D]. 南京: 南京理工大学, 2013.

[10] 王新洲, 舒海翅. 模糊相似矩阵的构造[J]. 吉首大学学报(自然科学版), 2003, 3(24): 37-41.

[11] Fong S, Harmouche J, Narasimhan S, et al. Mean shift clustering-based analysis of

nonstationary vibration signals for machinery diagnostics[J]. Institute of Electrical and Electronics Engineers Transactions on Instrumentation and Measurement, 2020, 69(7): 4056-4066.

[12] Shiu S Y, Chen T L. On the strengths of the self-updating process clustering algorithm[J]. Journal of Statal Computation and Simulation, 2016, 86(5): 1010-1031.

第 6 章　电主轴热误差建模

高速电主轴热误差的存在严重影响机床加工精度，热误差补偿能够针对电主轴热误差问题有效改善加工精度，因此建立一个高准确性和强鲁棒性的电主轴热误差预测模型极其重要。

只有电主轴整体温度改变产生的误差称为热误差。电主轴热误差主要研究电主轴轴向热位移误差，它与电主轴温度场存在一定的函数关系，如式(6.1)所示：

$$\Sigma = a_0 + a_1\Delta T + a_2(\Delta T)^2 + a_3(\Delta T)^3 \tag{6.1}$$

式中，a_i (i=0,1,2,3) 为转换系数；ΔT 为电主轴测点温升。

建立一个精准的热误差预测模型，对于电主轴实际工作过程中的误差补偿是很有必要的。热误差预测模型的精度和鲁棒性是模型优劣的判别依据，目前常用的热误差建模方法主要分为理论建模方法和实验建模方法。

6.1　电主轴热误差建模方法及相关理论

6.1.1　电主轴热误差理论建模方法

电主轴实际工作过程中的热误差的产生很大程度归因于当前工况条件、切削情况、冷却液参数和电主轴外部环境影响等，电主轴热误差呈现非线性的交互作用，因此通过原理分析进行精密的热误差建模是十分困难的，这也是仿真分析与实际曲线存在误差的原因。

理论建模常用的电主轴热误差建模方法为热网络法，即将电主轴整机划分相应节点，根据能量守恒定律，节点流入能量一部分转化为势能，一部分消散损耗，其余能量流入相连节点。根据理论计算电主轴部件间的传热系数、换热功率以及热源生热等，作为电主轴理论建模的边界条件。因此，精确理论建模的难度较高，计算过程复杂，大多用于电主轴温度场和静力学场分析，如键图法、热网络法建模等。根据相互作用的系统有功率传递原理，将电主轴划分为若干子系统，部件和系统交界处作为通口，进行热能传递，能量形式转化为势能存储和消散，能量公式为

$$\Delta T = \frac{Q}{C} = \frac{Q}{cm} \tag{6.2}$$

式中，C 为节点的热容，J/K；m 为质量，kg；c 为比热容，J/(kg·℃)；Q 为 ΔT 内瞬时的热能量，J，可表示为

$$Q=\int S_{\mathrm{f}}\mathrm{d}t=\int\frac{S_{\mathrm{e}}}{R}\mathrm{d}t \tag{6.3}$$

S_{f} 为流源，表现为生热功率，W；S_{e} 为势源，表现为温度，℃；R 为热阻，Ω。

1. 键图法

主轴热误差键合图的建立主要分为两部分，即温度场键合图和热伸长键合图。

温度场键合图以电主轴所有零部件为基础，以电主轴有限元分析的热云图结果为参考，对各零部件进行简化，划分节点，设定参数，构成一个完整的电主轴热模型，并仿真分析得出关键点实时温度数据[1]。

热伸长键合图将主轴零件简化成一维杆的热变形，设定稳定的零件和因果关系，引用温度场键合图关键点实时温度数据，仿真分析得出主轴鼻端的热伸长量。

首先运用有关热能及温度的原理，应用键合图法建立主轴温度场模型。从有限元分析中观察热能在主轴内流动及变化的情况，根据其变化规律对主轴主要零部件进行简化、划分节点、设定参数。

1)简化

保留主轴模型中的回转零部件及固定零部件。回转零部件包括主轴、各隔环、转子、轴承，固定零部件包括定子、前轴承座、后轴承座，其他功能性零部件可视为一个整体零部件。通过简化零部件，达到在不影响整体系统准确性的同时使模型更加简洁，分析运算更高效的目的。

2)划分节点

根据键合图的原理，每个零件可定义为一个节点，同时每个零件内部也可分为无数个节点。节点的数量影响运算的速度，对于整个主轴系统的分析，单一零件多节点设定使系统变得复杂，且会降低运算分析的效率。

对于关键性零件，按其特性进行分区划分节点，轴承可分为三个节点，分别是轴承内环、轴承外环、陶瓷球。主轴以转子中线为参考线，分成前后两个节点，其原因是转子产生热量后向主轴传递，主轴材料均匀且相同，热流会沿着主轴轴向均匀地流向低温处，主轴前部有两个角接触球轴承，可视为两个热源，主轴后部有一个角接触球轴承，可视为一个热源。通过对轴承进行生热功率计算，分析可得主轴前轴承明显比后轴承的温升快，表明主轴前后部分热流不均衡，需设置两个节点，定义其流向是必要的。主轴温度场节点设定如图 6.1 所示。

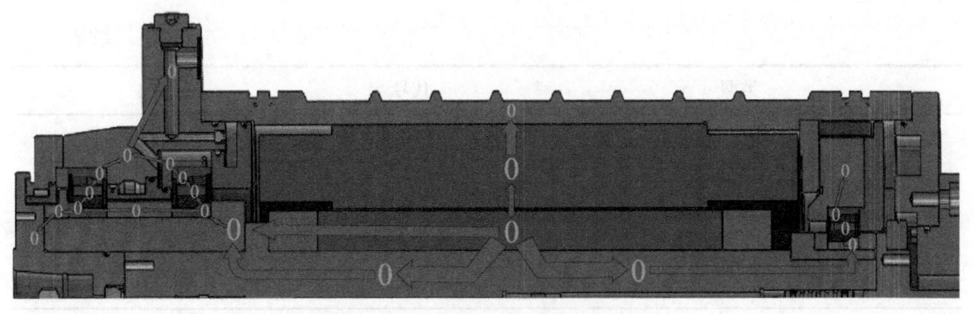

图 6.1　主轴温度场节点设定

3)设定参数

电主轴生热分析的计算及其边界条件，参见表 6.1。

表 6.1　生热功率代号对应表

类型	代号	参数
定子生热功率	SF1	1854687.84W
转子生热功率	SF2	326666.67W
前轴承生热功率	SF3	81.36kW
中轴承生热功率	SF4	38.65kW
后轴承生热功率	SF5	23.39kW
定子	热阻 R1	0.00026K/W
	热容 C1	4147.00J/K
冷却水套	热阻 R2	0.000024K/W
	热容 C2	3758.20J/K
转子	热阻 R3	1.00K/W
	热容 C4	2178.00J/K
主轴前部	热阻 R5	0.00046K/W
	热容 C5	1305.00J/K
主轴后部	热阻 R6	0.0012K/W
	热容 C6	819.00J/K
轴承隔环	热阻 R7	0.0014K/W
	热容 C7	702.00J/K
前/中轴承内隔环	热阻 R8	0.0142K/W
	热容 C8	49.50J/K

续表

类型	代号	参数
前/中轴承陶瓷球	热阻 R9	0.02K/W
	热容 C9	2.35J/K
前/中轴承外隔环	热阻 R10	0.40K/W
	热容 C10	49.50J/K
轴承滑套	热阻 R11	0.0014K/W
	热容 C11	126.00J/K
后轴承内隔环	热阻 R12	0.085K/W
	热容 C12	117.00J/K
后轴承陶瓷球	热阻 R13	0.044K/W
	热容 C13	22.50J/K
后轴承外隔环	热阻 R14	9.15K/W
	热容 C14	0.10J/K
前轴承定位隔环	热阻 R15	0.0185K/W
	热容 C15	54.00J/K
锥孔端盖	热阻 R16	0.0026K/W
	热容 C16	373.50J/K
轴承间隔环	热阻 R17	0.0014K/W
	热容 C17	702.00J/K
后轴承座	热阻 R18	0.13K/W
	热容 C18	22.50J/K
前轴承座	热阻 R19	0.00055K/W
	热容 C19	49.50J/K
后法兰及其他功能件	热阻 R20	0.44K/W
	热容 C20	60.5J/K
接触热阻	热阻 R21	0.34K/W
	热阻 R22	0.66K/W
	热阻 R23	0.87K/W
	热阻 R24	0.42K/W

续表

类型	代号	参数
接触热阻	热阻 R25	0.95K/W
	热阻 R26	0.22K/W
	热阻 R27	0.67K/W
	热阻 R28	0.65K/W
	热阻 R29	0.45K/W
	热阻 R30	0.74K/W
	热阻 R31	0.45K/W
	热阻 R32	0.78K/W
	热阻 R33	0.87K/W
	热阻 R34	0.97K/W
	热阻 R35	0.87K/W
	热阻 R36	0.13K/W
	热阻 R37	0.15K/W
	热阻 R38	0.48K/W
	热阻 R39	0.45K/W
	热阻 R40	0.56K/W
	热阻 R41	0.89K/W
	热阻 R42	0.92K/W
	热阻 R43	0.71K/W
冷却水套外表面温度	SE1	25.00℃
前轴承座外表面温度	SE2	25.00℃
锥孔端盖外表面温度	SE3	25.00℃
后法兰外表面温度	SE4	25.00℃
冷却水温度	SE5	25.00℃

4) 建立热伸长键合图

从热弹性力学角度分析，电主轴单元热误差的产生可以归结于电主轴结构各部件热变形的叠加，即电主轴结构温度场随时间发生变化，继而造成电主轴单元结构各部件的热变形及刚度发生变化，最终以电主轴末端热误差的形式表现出来。图 6.2 为主轴温度场键合图。电主轴结构任何部件的热变形都可简化为一维

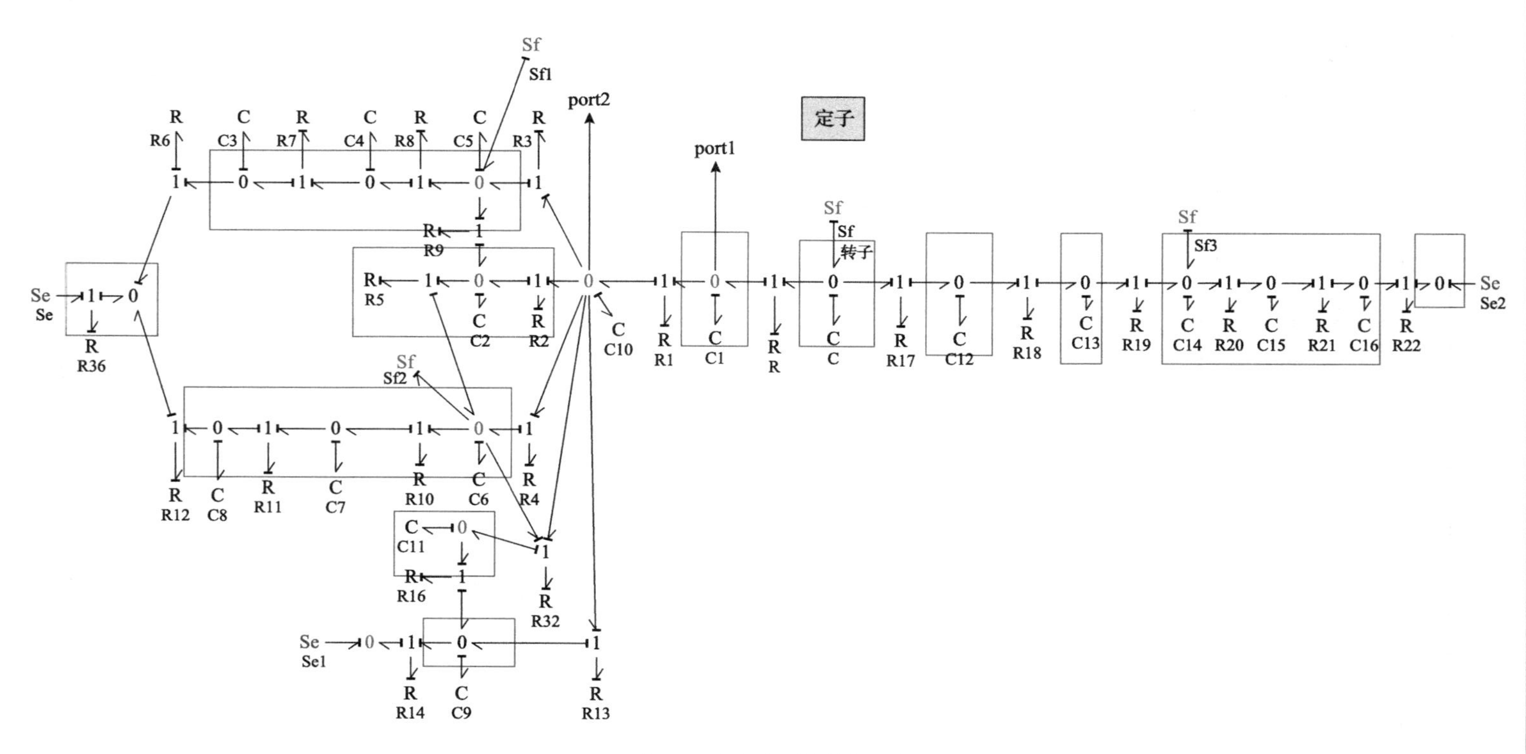

图 6.2　主轴温度场键合图

杆的热变形 ΔL 进行分析，主轴的径向被轴承所约束，轴的热伸长不能自由发生，因此在主轴内产生热应力 Σ，温升时为压应力，温降时为拉应力，所以有

$$
\begin{cases}
\Delta L = \alpha_R L\Delta T + \dfrac{\sigma L}{E_R} \\
\Delta L = -\dfrac{P}{j} \\
\Delta L = A_R \sigma
\end{cases}
\tag{6.4}
$$

式中，α_R 为热膨胀系数，℃$^{-1}$；σ 为一维杆压力，MPa；P 为轴向力，N；E_R 为弹性模量，N/m^2；j 为轴向刚度，N/m；A_R 为横截面积，mm^2。

式(6.4)可简化为

$$
\Delta L = \frac{\alpha_R L\Delta T}{1 + \dfrac{jL}{A_R E_R}}
\tag{6.5}
$$

根据对主轴热伸长规律的分析，当以中轴承内环右端面为零点时，轴伸长的方向以零点为界双向伸长。主轴的热伸长产生加工误差，主要原因是锥孔端盖中安装拉爪锁紧刀柄，主轴因温升出现热伸长的现象，拉爪定位面的前移导致刀柄定位面发生偏移。热伸长分析可针对前部伸长量进行局部分析。

建立一维坐标系，如图 6.3 所示，主轴伸长以中轴承内环右端面为零点 O_1，中轴承、轴承滑套、前轴承座也会因温升出现热伸长的现象，进而导致中轴承内环右端面与主轴刀柄的安装面反向伸长，因此需设定以主轴的前法兰安装面为零点 O_2，此面对于电主轴整体是固定的，主轴的热伸长为两部分伸长量的整合结果，如式(6.6)所示：

$$
\begin{cases}
\Delta x_1 = \dfrac{\Delta L_0}{2} + \Delta L_1 + \Delta L_2 + \Delta L_3 + \Delta L_4 \\
\Delta x_2 = \Delta L_5 + \Delta L_6 + \Delta L_7 + \Delta L_8 + \Delta L_9 \\
\Delta x = \Delta x_2 - \Delta x_1
\end{cases}
\tag{6.6}
$$

另新增一个以主轴前法兰安装面的背面热伸长量为参考(式(6.7))，新增此量是为了解决电主轴安装在机床上时，主轴的前法兰安装面不能准确地被测量的问题，需要设置与前法兰的安装面距离相近且便于测量的参考面。

$$
\Delta x_3 = \Delta x + \Delta L_{10}
\tag{6.7}
$$

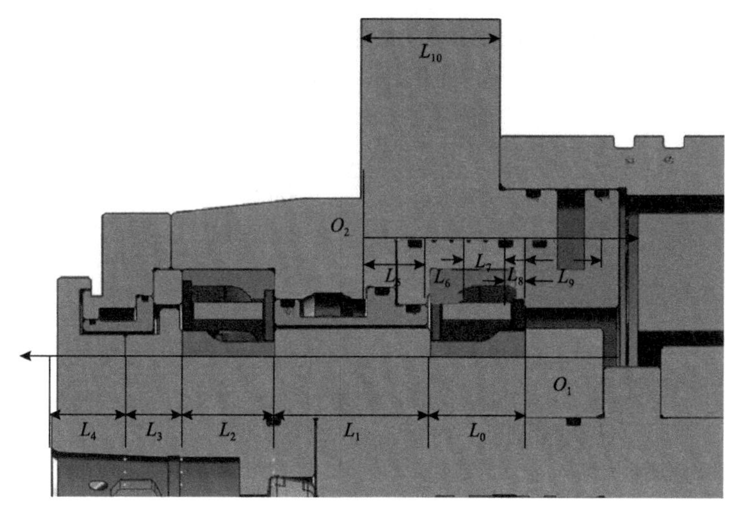

图 6.3　主轴热伸长键合图

2. 热网络法

热网络法(又称热阻热容法)是一种热电比拟的分析方法，其借用电学上的基尔霍夫定律(基尔霍夫电流定律(Kirchhoff current law，KCL)、基尔霍夫电压定律(Kirchhoff voltage law，KVL))易于得出各种复杂传热问题的热平衡方程式，然后利用计算机求解方程，得出复杂结构中各点的温度及其变化率。目前，热网络法已经应用于航空、航天、建筑、油田、电子器件及医学等多个领域。热网络法将应用到更多具体的领域、行业，以更好地解决传热及结构分析等问题。

热网络法的原理是将研究对象细分成单元节点，节点之间有热量传递，无论是以何种方式换热，节点之间都用热阻来代替，形成热网络。各个节点均看成具有参数的单元，对每个单元或回路利用 KCL、KVL 建立热平衡方程。引入热阻 R 及热容 C_n(单元 n 的热容)的概念，以温度为待求量可列出热平衡方程。

6.1.2　电主轴热误差实验建模方法

实验建模是根据统计学原理，对电主轴温度数据和热误差进行相关分析，不需要对电主轴生热和传热进行分析，因此更加简单快捷，具有更好的拟合效果，这种建模方法只需要确定相应的输入，不需要进行物理建模，是一种黑箱模型；与理论建模方法相比，实验建模流程更短，方式更简单，有更广的应用范围，是目前电主轴热误差建模的主要研究方法。实验建模根据实际测得的实验数据，考虑输入数据与输出数据间的数学关系，建立热误差预测模型，包括最小二乘法模型、回归分析模型、人工神经网络模型、灰色系统理论模型、神经网络模型以及支持向量机模型等，一般具有较高的预测精度。

1. 最小二乘法模型及回归分析模型

将电主轴测点温度数据代入式(6.8)，即可得到温度场方程组，应用理论分析得到a_0、b_j、C_{ij}，回代方程组得到只有温度作用的电主轴热误差模型。

$$E_T\left(T_1,T_2,\cdots,T_n\right)=a_0+\sum b_j\Delta T_i+\sum C_{ij}\Delta T_i\Delta T_j+\cdots \tag{6.8}$$

式中，T_i、T_j为电主轴测点温度；a_0为常数；b_j、C_{ij}为与温度测点有关的变量。

最小二乘法原理相对比较简单，由仿真分析得到电主轴温度场分布情况，即可确定实验数据的最佳拟合曲线，是热误差建模中应用最早的方法之一。最小二乘法模型简单有效，具有较高的运行速度，但最小二乘法仅适用于测点间没有线性关系的情况，实际中是不存在的。因此，以这种方法建模回归系数方差很大，稳定性较差。为了解决测点间线性相关问题，需要对电主轴温度测点进行分类和筛选，进而提升预测模型的精度及拟合效果。

利用最小二乘法建立的热误差模型预测效果较差，通常与其他方法配合使用。Tan 等[2]以某机床主轴为研究对象，采用最小二乘支持向量机(LSSVM)混合模型对主轴进行建模，对比传统的灰色模型(GM)和多元线性回归(MLR)模型，LSSVM 混合模型的预测精度比 GM 和 MLR 模型分别提高了 74.6%和 54.3%。

回归分析因本身的特性比最小二乘法更适用于复杂的电主轴系统热误差的建模。Han 等[3]对某机床主轴的温度变量和热误差变量进行了稳健回归分析，在验证实验中满足了补偿要求。兰州理工大学的雷春丽等[4]以热位移作为自变量，基于多元自回归模型对电主轴热误差建模与预测进行了研究，结果如图 6.4 所示，自回归模型的阶数在主轴运行初始阶段较小，因此在此阶段并未获得模型的预测值。

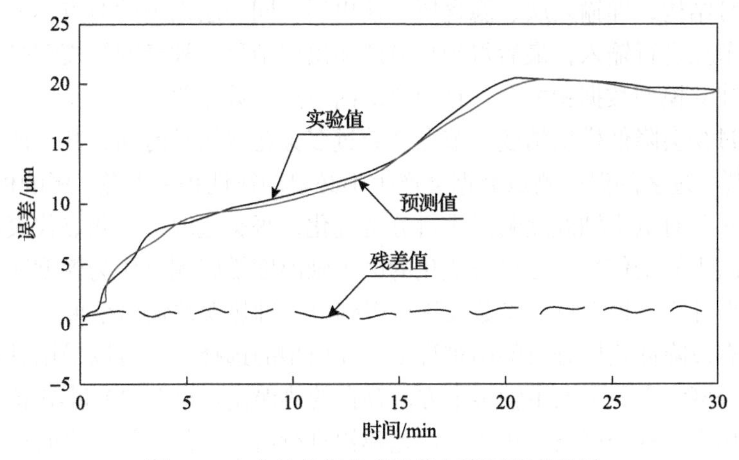

图 6.4　电主轴热误差实验值与预测值对比图

随着运行时间增长，与热位移有关的解释变量累计增多，预测值才能拟合成预测曲线，所以回归分析在电主轴早期热误差的预测中表现较差[5]。西安交通大学杜宏洋等从理论角度推导出一种主轴轴向热误差一阶自回归建模方法，克服了目前机床主轴热误差经验建模法普遍缺乏物理意义、建模精度和鲁棒性受热变形伪滞后效应影响较大等问题[6]。此方法将主轴简化为一维杆件，指出自回归模型系数与主轴物理特性、自回归时间间隔、热源条件的关系。通过有限元仿真，并在海德曼 T65 车床上进行实验验证，发现回归分析可以在特定转速下将主轴 Z 向热误差控制在 10μm 内，满足实际使用需求，证明了一阶自回归模型的有效性。

2. 灰色系统理论模型

1982 年，邓聚龙创立了灰色系统理论[7]，该理论可以通过生成、挖掘和提取有用的小样本信息，进而实现对处理信息不完整、数据不准确的复杂系统进行分析；Wang 等[8]的研究结果表明，利用灰色系统理论构建预测模型可以将主轴热误差残值降低到 10%左右；余文利等[9]利用混沌粒子群对灰色系统模型进行优化，且基于混沌粒子群的灰色系统模型表现出优于人工神经网络模型的数据处理能力，对机床主轴热位移预测问题的处理可以满足实际需求，为高速电主轴热误差建模提供了一种新的方法。

3. 神经网络模型

与回归模型和灰色系统理论原理不同，神经网络由多层结构组成，该模型是一种非线性处理模型，是目前电主轴热误差建模的主要方式。人工神经网络模型具有三部分结构，即输入层、隐含层、输出层。同一层面内的节点不连接，只对下一层内节点进行输入，最后得到相应的输出层结果。神经网络模型隐含层数量需要与所建立模型数据相配合，且隐含层内节点个数需要进行经验选取或试算，节点个数过少会降低模型精度，节点个数过多会花费较长时间，甚至产生过拟合问题。同样，过多的温度测点数据会产生不必要的线性相关误差，影响模型精度。因此，有必要对电主轴温度测点进行分类优化，每类选取一个测点代表这一类测点信息，减少冗余信息。已进行优化的电主轴温度敏感测点作为模型输入，通过隐含层映射计算，根据权值参数校正，得到电主轴热误差输出结果。

为了有效降低建模分析的困难程度，在模型的选择上，可以采用具有多个输出层的神经网络来处理电主轴多个方向存在的热误差。早在 20 世纪末，Chen[10]就尝试使用人工神经网络对机床热误差建模进行研究，但受限于当时计算机的计算能力，该模型的预测精度较低。BP 神经网络模型作为使用最为广泛的神经网络模型，虽然可以对主轴热误差进行映射和预测，但因其不易确定阈值及权值，收敛速度较慢，预测效果不是很理想。在神经元数目、阈值和权值三个变量中，当其中一个变量达到峰值时，其余两个变量通常不能都达到峰值，这就是 BP 神经网络模型的不足之处，RBF 神经网络的基本功能可以解决 BP 神经网络峰值不同步的问题[11]。上海交通大学的杜正春等[12]剖析了传统 BP 神经网络模型的缺陷，将理论与实践结合，利用 RBF 理论建立了基于 RBF 神经网络的数控机床热误差预测模型，通过对比 RBF 神经网络和最小二乘线性模型预测结果的评价指标发现，RBF 神经网络具有更好的拟合精度及补偿效果。天津大学的崔良玉[13]首先通过小波转换方法对电主轴温度数据和热位移数据进行降噪处理，降低实验数据的误差，并对多元回归分析方法、BP 神经网络方法和 RBF 神经网络方法建立的电主轴热误差模型进行对比分析，验证了 RBF 神经网络在电主轴热误差建模领域的优越性。

基于以上研究，戴野等[14]通过自适应神经模糊推理系统（ANFIS）进行了电主轴热误差建模，并将 9000r/min 转速下 ANFIS 与传统的人工神经网络模型预测精度进行对比，结果表明，ANFIS 作为一种新型混合智能系统模型，是预测高速电主轴热误差的良好模型选择。

4. 支持向量机模型

该模型对处理样本容量小、非线性数据有较好的效果，当输入的训练数据不具备线性关系时，通过核函数及软间隔最大技巧，完成支持向量机学习。在样本数据集较小的情况下，采用 SVR 进行回归预测，所得结果往往优于其他机器学习算法。

如图 6.5（a）所示，圆形与三角形代表两类数据，SVM 目标是在样本空间内寻找一个超平面 V，能够将两类数据正确分离。超平面 V 的法向称为正类，反方向称为负类。存在无穷超平面可以使图 6.5（a）中的两类数据分类，SVM 利用两类间隔 V_1 和 V_2 最大化求出最合适的超平面 V。

SVR 是 SVM 的重要衍生模型，其目的不再是寻找超平面 V 对数据进行分类，而是使所有数据离超平面总偏差最小。图 6.5（b）为 SVR 工作原理示意图。通过原始数据拟合建立新函数，在给定新的坐标点后，生成预测值，当实测值与预测值相差不大，小于设定的阈值时，认为预测正确。回归方程表达式为

$$\min f\left(\omega, b, \xi_i, \hat{\xi}_i\right) = \frac{1}{2}\|\omega\|^2 + c\sum_{i=1}^{n}\left(\xi_i + \hat{\xi}_i\right) \tag{6.9}$$

式中，c 为惩罚因子；ξ_1、ξ_2 为松弛因子，且满足条件：

$$
\begin{cases}
y_i - \omega\phi\left(x_i\right) - b \leqslant \varepsilon + \xi_i \\
-y_i + \omega\phi\left(x_i\right) + b \leqslant \varepsilon + \hat{\xi}_i \\
\xi_i, \hat{\xi}_i \geqslant 0, \quad i = 1, 2, \cdots, n
\end{cases}
\tag{6.10}
$$

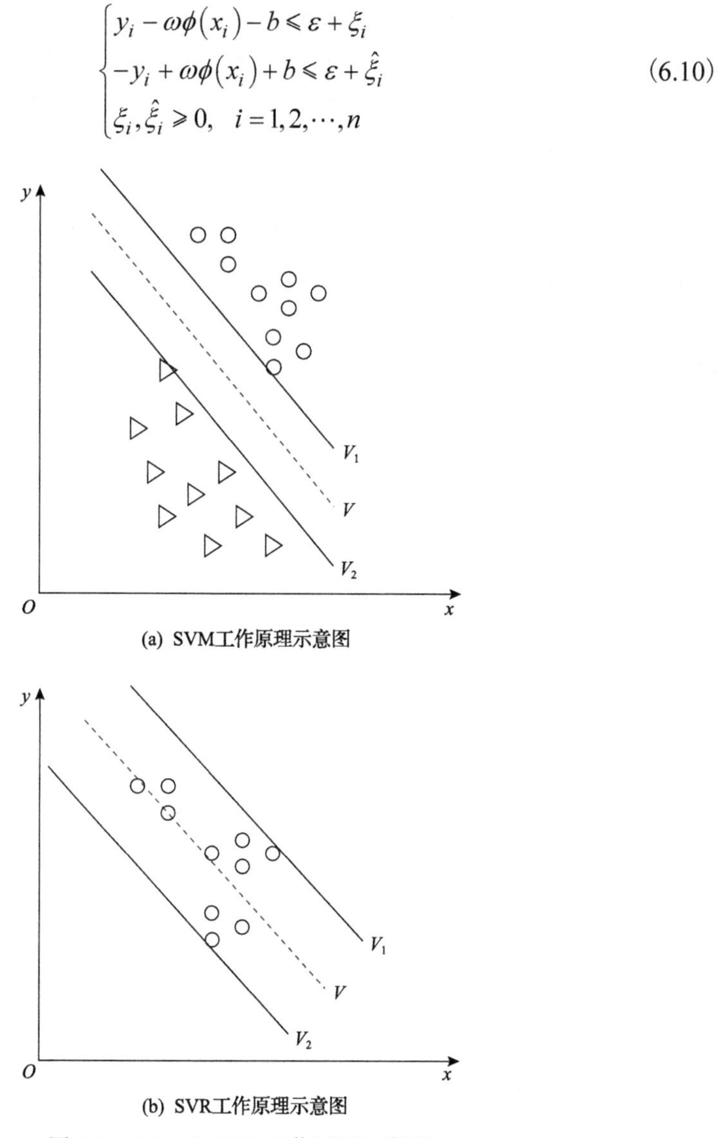

图 6.5　SVM 和 SVR 工作原理示意图

模型精度主要由以下因素决定。

(1)核函数选定。针对非线性问题，一般方法是将低维数据映射到高维，通过新的空间线性划分，最后映射回低维空间，完成分类或回归，不同的核函数对模型精度影响较大。

(2)惩罚因子。所建立的模型在训练和预测过程中，总会有数据离群，引入松弛变量 ξ 和惩罚因子 c。惩罚因子越大，精度越高，表明不希望较多误差存在，但容易出现过拟合现象；惩罚因子越小，精度越低，表明误差存在不予关注，但容易出现欠拟合现象。这两种情况都不能很好地表达模型的准确性，因此需要对上述参数进行寻优选择。

6.2　ANFIS 热误差模型

6.2.1　ANFIS 热误差模型的建立

在 MATLAB 中建立的 ANFIS 热误差模型(简称 ANFIS 模型)的网络结构，如图 6.6 所示。第 1 层为输入层，有 3 个输入神经元，对应所选的 3 个优化的温度测点；第 2 层为模糊化层，每个输入神经元连接各神经元(共 15 个神经元)，对应每个输入温度测点的 5 个高斯隶属函数；第 3 层为模糊规则层，包含 5 个神经元，相当于 5 个模糊 IF-THEN 规则；第 4 层为输出预测结果层，其由 5 个输出神经元组成；第 5 层为输出层，采用加权平均法去模糊化以获得最终的预测热位移[15]。

完成 ANFIS 模型的构造后，以优化后的温度测点 T2、T4 和 T9 作为模型的输入变量，以轴向热位移数据作为输出变量。以 7000r/min 转速采集到的温度与热位移数据作为训练数据集，以 5000r/min 和 9000r/min 转速采集到的温度与热位移数据作为验证数据集，训练 ANFIS 模型。

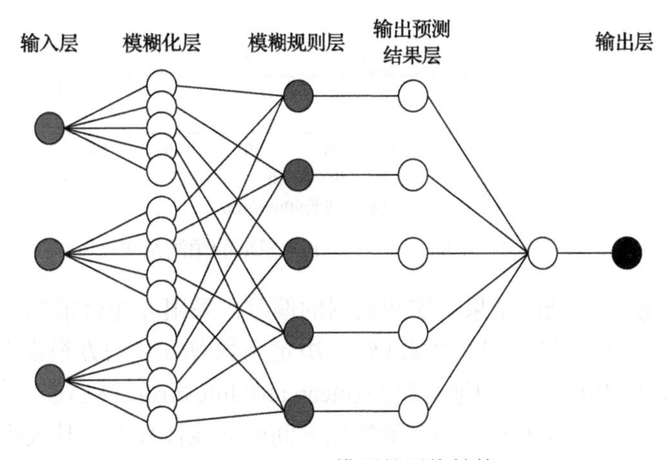

图 6.6　ANFIS 模型的网络结构

训练完成后，用验证数据集对模型的预测精度进行检验，ANFIS 模型的预测结果如图 6.7 所示。由图 6.7 中的残差柱状图可知，ANFIS 模型对 5000r/min 和 9000r/min 转速下的实际热位移曲线均表现出了良好的预测效果。

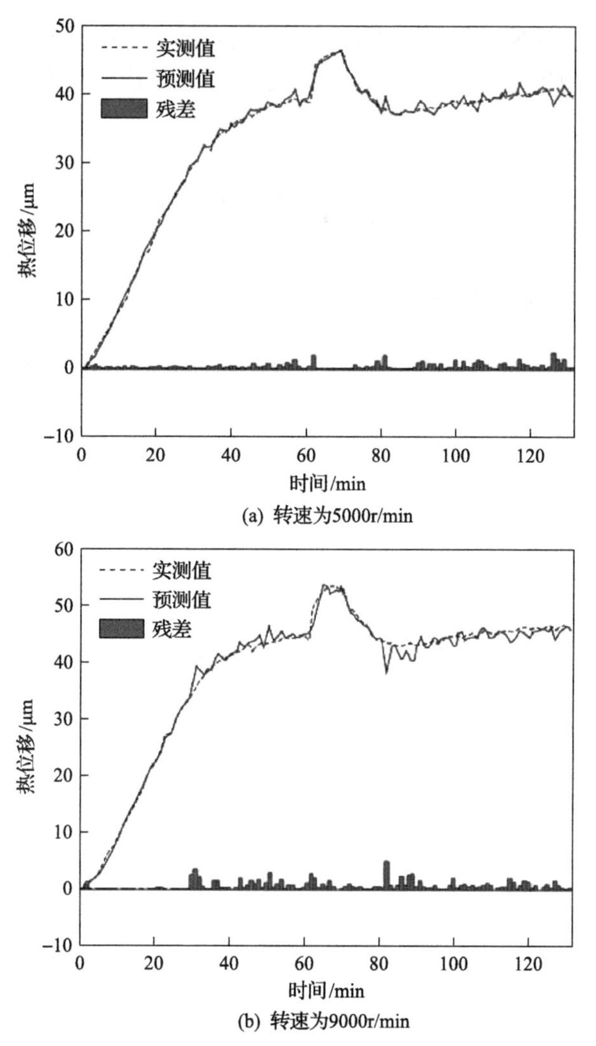

图 6.7　不同转速下 ANFIS 模型的预测结果

为了比较模型的预测结果与实测数据的偏差，采用 4 个性能指标计算模型的鲁棒性和预测精度，包括相关系数(R)、决定系数(R^2)、均方根误差(root mean squared error，RMSE)、平均绝对误差(mean absolute error，MAE)。

相关系数 R 描述预测数据与实测数据之间的共线性程度，其大小在(–1, 1)，是实测数据与预测数据之间线性关系程度的指标，具有良好相关性的系统的绝对值接近 1。

$$R(X,Y)=\frac{\operatorname{Cov}(X,Y)}{\sqrt{\operatorname{Var}(X)\operatorname{Var}(Y)}} \tag{6.11}$$

式中，Cov(X,Y)为 X、Y 的协方差；Var(X)、Var(Y)分别为 X、Y 的方差。

决定系数 R^2 表征预测值对实测值拟合的好坏，其大小在(0,1)，是拟合优度的统计指标，在预测实践中，往往采用 R^2 最高的模型。R^2 计算公式如式(6.12)所示：

$$R^2 = 1 - \frac{\sum_{i=1}^{n}(\hat{y}_i - y_i)^2}{\sum_{i=1}^{n}(y_i - \overline{y})^2} \tag{6.12}$$

式中，n 为样本量；$\hat{y}_i$ 为每个温度对应的热误差预测值；y_i 为真实热误差值；$\overline{y}$ 为总体热误差的平均值。

R 和 R^2 的具体数值可由 ANFIS 模型的散点拟合结果获得，如图 6.8 所示。

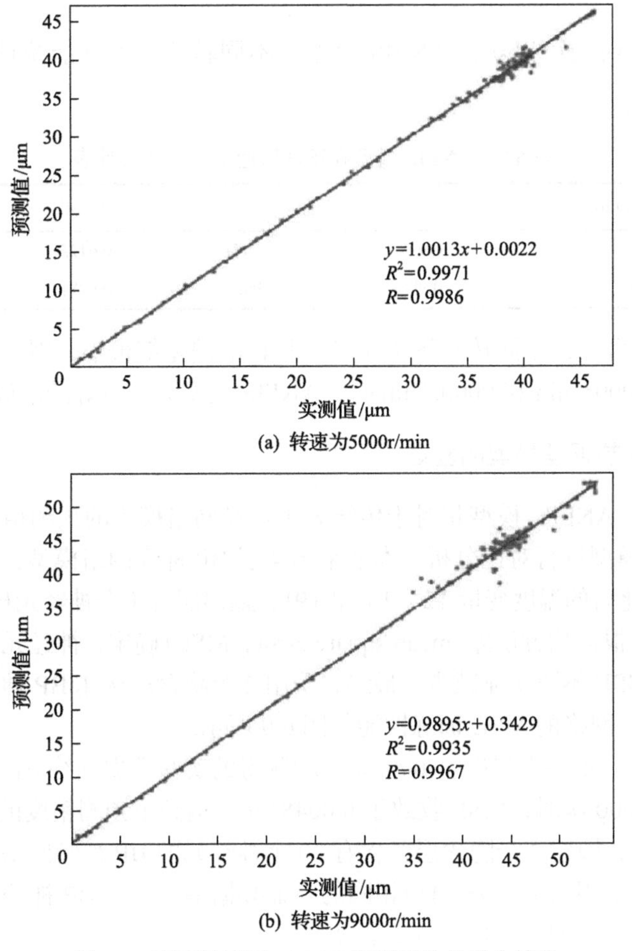

图 6.8　不同转速下 ANFIS 模型的散点拟合结果

RMSE 表示预测值和实测值之间差异(称为残差)的样本标准差。在进行非线性拟合时，RMSE 越小表明预测值与真实值间的波动越小。RMSE 计算公式为

$$\mathrm{RMSE}=\sqrt{\frac{1}{n}\sum_{i=1}^{n}(y_i-\hat{y}_i)^2},\quad i=1,2,\cdots,n \tag{6.13}$$

式中，n 为样本数；y_i 为热位移实测值；$\hat{y}_i$ 为模型预测值。

MAE 是绝对误差的平均值，它能更好地反映预测值误差的实际情况，其值表示预测值与真实值之间的平均距离，具有更好的解释性，便于理解。MAE 的计算公式为

$$\mathrm{MAE}=\frac{1}{n}\sum_{i=1}^{n}\left|y_i-\hat{y}_i\right|,\quad i=1,2,\cdots,n \tag{6.14}$$

基于以上讨论可以获得 ANFIS 模型在不同转速下的性能统计表，如表 6.2 所示。

表 6.2　ANFIS 模型在不同转速下的性能统计表

转速/(r/min)	R	R^2	RMSE	MAE
5000	0.9986	0.9971	0.6125	0.4213
9000	0.9967	0.9935	0.9081	0.7024

由表 6.2 可知，不同转速下 4 个性能指标的偏差都很小，因此可以判断当电主轴转速为 5000r/min 和 9000r/min 时，ANFIS 模型具有较好的准确性和鲁棒性。

6.2.2　ANFIS 热误差模型的验证

为了评价 ANFIS 模型相对于传统人工神经网络模型的预测精度，构建一个 BP 神经网络模型进行对比分析。本节采用 4 层 BP 神经网络模型，输入层有 3 个输入变量(优化后的温度变量 T2、T4 和 T9)，输出层有 1 个神经元(轴向热位移)，隐含层的数目根据均方误差(mean square error，MSE)确定，神经元节点由少逐渐增加，直至 MSE 不再明显减少。最终，采用 2 个隐含层构建 BP 神经网络的隐含结构，BP 神经网络的 MSE 训练性能如图 6.9 所示。

由图 6.9 可知，用转速为 7000r/min 时测得的实验数据训练 BP 神经网络，当迭代次数为 2000 次时，MSE 收敛于 0.0048156，达到了预测精度的要求。因此，基于以上讨论，构建 2 个隐含层各含有 10 个神经元的 BP 神经网络模型，预测轴向的热位移。采用与 ANFIS 模型相同的验证数据集，利用 BP 神经网络进行热误差预测，预测结果如图 6.10 所示，散点拟合结果如图 6.11 所示。

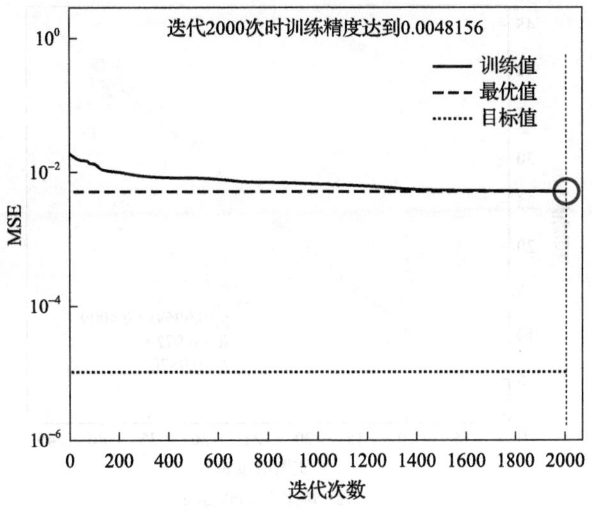

图 6.9　BP 神经网络的 MSE 训练性能

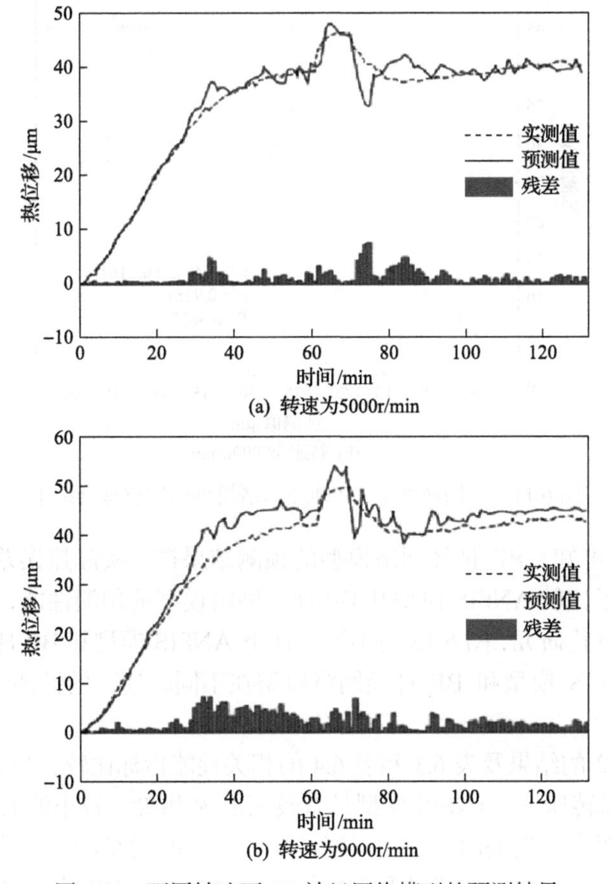

图 6.10　不同转速下 BP 神经网络模型的预测结果

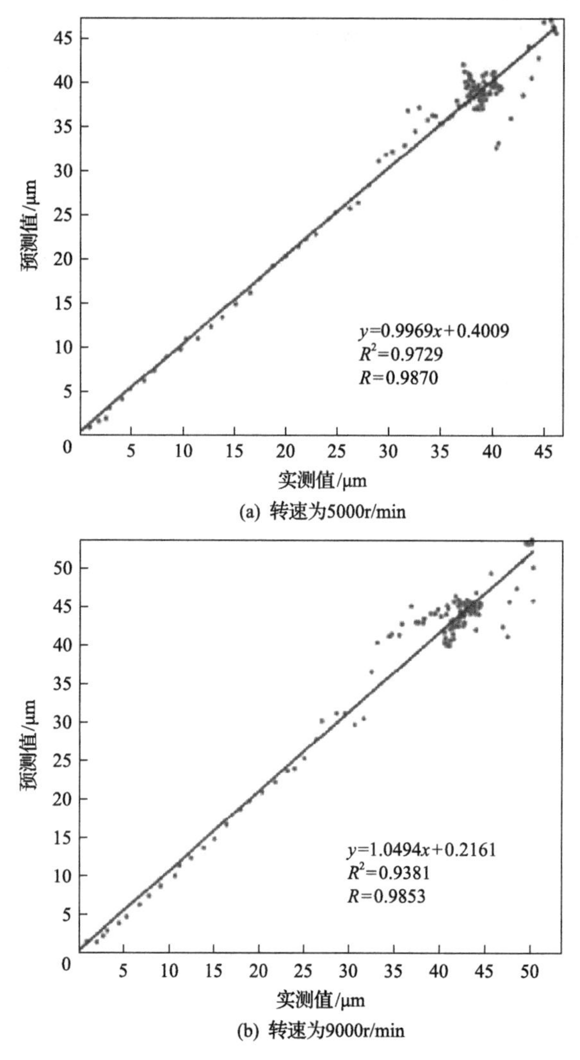

图 6.11　不同转速下 BP 神经网络模型的散点拟合结果

由图 6.11 可知，BP 神经网络模型的预测结果符合实际热误差曲线的拟合精度，但为了便于比较 ANFIS 模型和 BP 神经网络模型的预测性能，采用以下数据统计方法进行量化研究，图 6.12 为不同转速下 ANFIS 模型和 BP 神经网络模型的预测结果。ANFIS 模型和 BP 神经网络模型在不同转速下的性能统计，如表 6.3 和表 6.4 所示。

基于图 6.12 的结果及表 6.3 和表 6.4 的相关性能指标比较，与 BP 神经网络模型相比，在不同转速下，ANFIS 模型具有较高的 R 和 R^2、较小的 RMSE 和 MAE。与此同时，由图中的残差曲线波动程度可知，ANFIS 模型的残差曲线整体平稳，且预测曲线与实际热误差曲线具有较好的拟合效果，而 BP 神经网络模型在 60～

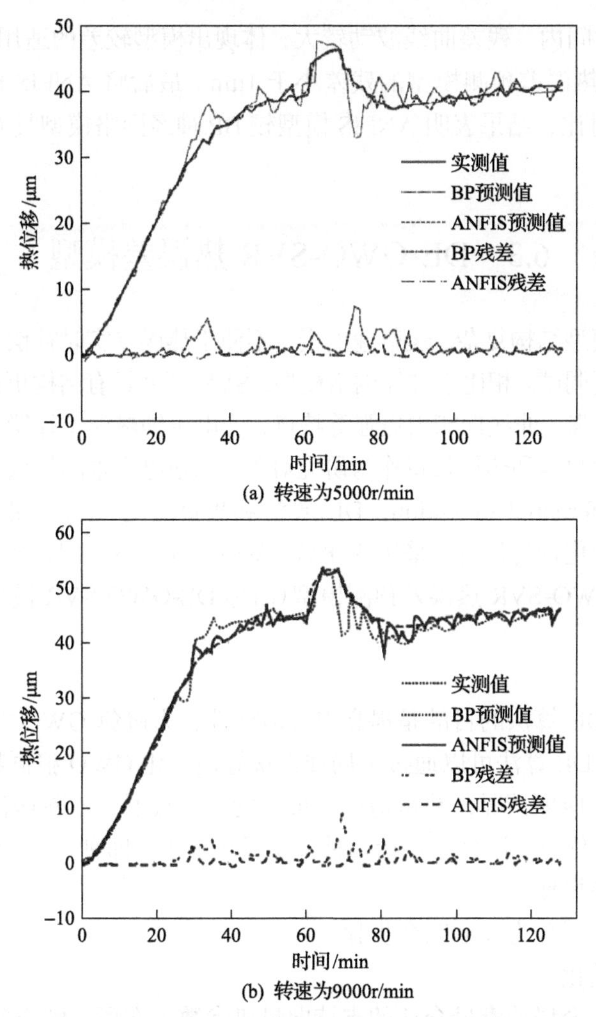

图 6.12　不同转速下 ANFIS 模型和 BP 神经网络模型的预测结果

表 6.3　ANFIS 模型和 BP 神经网络模型在 5000r/min 转速下的性能统计

模型	R	R^2	RMSE	MAE
ANFIS 模型	0.9986	0.9971	0.6125	0.4213
BP 神经网络模型	0.9870	0.9729	1.8835	1.2410

表 6.4　ANFIS 模型和 BP 神经网络模型在 9000r/min 转速下的性能统计

模型	R	R^2	RMSE	MAE
ANFIS 模型	0.9967	0.9935	0.9081	0.7024
BP 神经网络模型	0.9853	0.9381	3.0196	2.4307

70min 的停机时间内，残差曲线波动较大，体现出模型较差的适用性。结果表明，基于 ANFIS 的热误差预测模型的残差小于 1μm。最后将 ANFIS 模型与 BP 神经网络模型进行对比，结果表明 ANFIS 模型较 BP 神经网络模型具有更高的准确性和抗干扰能力。

6.3 DE-GWO-SVR 热误差模型

神经网络模型结构复杂、运行速度慢，不便于热误差实时补偿系统，同时隐含层控制需要不断调试。相比于神经网络模型，SVR 模型具有结构更简单、实时性更强、泛化能力更强、非线性能力更强等特点，为电主轴热误差补偿提供了可能。本节以电主轴温度数据和热伸长量作为研究对象，构建电主轴的热误差预测模型。基于差分进化(differential evolution，DE)算法和灰狼优化(grey wolf optimization，GWO)算法初始化种群位置，采用优化后 GWO 算法对 SVR 性能参数进行全局搜索，构建 DE-GWO-SVR 热误差预测模型(简称 DE-GWO-SVR 模型)[16]。

6.3.1 DE 算法

本节引用 DE 算法的目的是提高狼群多样性，为避免 GWO 算法过于频繁产生局部最优解。DE 算法可以通过全局搜索很好地进化 GWO 狼群特性，通过获取父代和子代自适应度情况，获得适应度最小的一代狼群，不断迭代，具有收敛性好、鲁棒性高等优点。该算法包括四种基本操作算子，即种群初始化、变异操作、交叉操作及选择操作。

算法流程主要分为以下四个步骤。

1)种群初始化

优化目标为全局搜索最合适的支持向量机参数，在所有解空间中随机生成狼群数量，每个狼群坐标由相应的 c(惩罚因子)值和 g(核函数)值确定。

2)变异操作

变异操作是通过在基础个体上添加一个随机的差分向量，如式(6.15)所示，差分向量为在狼群个体中随机选中的两个不同的个体坐标，进行向量差的缩放。

$$V_i(t+1)=X_{r_1}(t)+F_r\left[X_{r_2}(t)-X_{r_3}(t)\right] \tag{6.15}$$

式中，V_i 为变异后的灰狼个体，$i\in[0,N]$，N 为狼群数量；t 为狼群迭代次数；F_r 为缩放因子，$F_r\in[0,1]$；r_1、r_2、r_3、i 是相互不等的灰狼个体编号。

3)交叉操作

进行交叉操作的原因是，狼群个体可以进行变异，为保证种群多样化，不能每个灰狼的子代都进行变异，狼群是变异个体与非变异个体共存的。交叉操作就是对两个个体群若干个体进行交换，如式(6.16)所示：

$$U_i^d(t+1)=\begin{cases}X_i^d(t), & K<\text{rand}(0,1)\ \&\ d\neq \text{rand}(1,D)\\ V_i^d(t+1), & K\geqslant \text{rand}(0,1)\,\big|\,d=\text{rand}(0,1)\end{cases}\tag{6.16}$$

式中，D 表示变量维度，迭代后灰狼群个体中至少存在一个变异后的灰狼个体；K 为交叉概率，K 值越大，种群中变异个体留下的概率越大，因此选取合适的 K 值不仅可以加快 GWO 算法的收敛速度，还能提高狼群的多样性。

4) 选择操作

选择操作是将父代的适应度与变异个体的适应度进行对比，当子代灰狼变异个体的适应度优于父代灰狼时，选取子代灰狼变异个体作为下一次迭代，否则选择当前灰狼个体，如式(6.17)所示：

$$X_i(t+1)=\begin{cases}X_i(t+1), & f(U_i(t+1))\leqslant f(X_i(t))\\ X_i(t), & f(U_i(t+1))>f(X_i(t))\end{cases}\tag{6.17}$$

DE 算法的关键是使灰狼群个体获得变异的机会，由不同灰狼个体间差异得到差分向量。随着不断迭代更新，灰狼个体适应度不断提高，模型的性能越来越好。

6.3.2 GWO 算法

GWO 算法属于一种启发式算法，该算法模拟狼群发现、靠近、捕获猎物的过程。在灰狼群内部有严格的等级制度，如图 6.13 所示。狼 α 为狼群首领，调度控制狼群搜索、包围和捕获猎物；狼 β 协助狼 α 工作，同时管理其他等级的狼；底层狼服从高等级狼管理，跟随高等级狼完成猎物搜索、包围和捕获等工作。

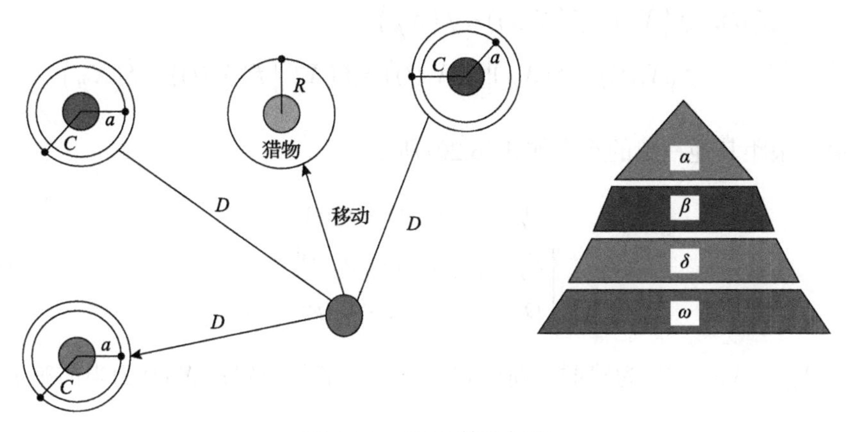

图 6.13　GWO 算法标注

GWO 算法首先假定狼α为最优解，由等级顺序排定其他顺次优解，由上到下各层灰狼的位置指导狼进行狩猎。GWO 算法流程包括定义种群数目、初始化参数、设定目标函数、搜索包围猎物和捕获猎物。初始认为狼α对猎物出现位置有更好的识别，保留目前 3 个最优解，狼α根据猎物位置更新自己的位置，步骤如下。

1）对猎物进行包围

灰狼群在找到猎物后，对它进行包围，D为灰狼和猎物的距离，如式(6.18)所示，灰狼位置不断迭代改变，靠近猎物。

$$\begin{cases} D = \left| CX_{\mathrm{P}}(t) - X(t) \right| \\ X(t+1) = X_{\mathrm{P}}(t) - AD \\ A = 2ar_1 - a \\ C = 2r_2 \end{cases} \tag{6.18}$$

式中，X_{P}为猎物当前最优位置；$X(t)$为当前灰狼位置；C 和 A 为系数向量。

随着迭代次数的增加，收敛因子 a 由 2 线性减小到 0，r_1 和 r_2 是[0,1]的随机数，由式(6.18)可知，整体狼群可以在任意位置出现。

2）对猎物进行追捕

追捕过程表达式如式(6.19)所示：

$$\begin{cases} X_\alpha = \begin{cases} X_i(t), & f\left(X_i(t)\right) > f\left(X_\alpha\right) \\ X_\alpha, & f\left(X_i(t)\right) \leqslant f\left(X_\alpha\right) \end{cases} \\ X_\beta = \begin{cases} X_i(t), & f\left(X_\beta\right) < f\left(X_i(t)\right) < f\left(X_\alpha\right) \\ X_\beta, & f\left(X_i(t)\right) < f\left(X_\beta\right) \middle| f\left(X_i(t)\right) = f\left(X_\alpha\right) \end{cases} \\ X_\delta = \begin{cases} X_i(t), & f\left(X_\delta\right) < f\left(X_i(t)\right) < f\left(X_\beta\right) \\ X_\delta, & f\left(X_i(t)\right) < f\left(X_\delta\right) \middle| f\left(X_i(t)\right) = f\left(X_\alpha\right) \middle| f\left(X_i(t)\right) = f\left(X_\beta\right) \end{cases} \end{cases} \tag{6.19}$$

底层狼距其他三狼的距离如式(6.20)所示：

$$\begin{cases} D_\alpha = \left| C_1 X_\alpha(t) - X_i(t) \right| \\ D_\beta = \left| C_2 X_\beta(t) - X_i(t) \right| \\ D_\delta = \left| C_3 X_\delta(t) - X_i(t) \right| \end{cases} \tag{6.20}$$

式中，X_α、X_β、X_δ为狼群更新中狼α、β、δ的位置；$X_i(t)$为当前第 i 个灰狼位置。

$$
\begin{cases}
X_{i,1}(t+1) = X_{\alpha} - A_1\left(D_{\alpha}\right) \\
X_{i,2}(t+1) = X_{\beta} - A_2\left(D_{\beta}\right) \\
X_{i,3}(t+1) = X_{\delta} - A_3\left(D_{\delta}\right) \\
X_i(t+1) = \dfrac{X_1 + X_2 + X_3}{3}
\end{cases}
\tag{6.21}
$$

式中，$X_{i,1}$、$X_{i,2}$、$X_{i,3}$分别为灰狼向狼α、β、δ第 t+1 次迭代后的坐标值；$X_i(t+1)$为当前灰狼坐标位置。

3) 对猎物进行捕捉

在灰狼群完成猎物追击，即计算收敛因子 a=2–2t/T 减小到 0 后，a 的值应在[–a,a]。当–1<A<1 时，灰狼群最终会找到猎物并完成捕获；反之，灰狼群不会找到猎物，捕获行动失败，无法得到全局最优解。

GWO 算法的优点为：可以避免算法陷入局部最优解，搜索系数向量 C 由[0,2]的随机值构成，C 为猎物提供随机权重，因此可展现出较高的随机搜索行为。GWO 算法凭借狼α、β、δ三个最优解适应度最大，来判断全局最优解位置，且使用随机变量 A 加以控制，提高了算法的全局搜索能力。

关于支持向量机的回归模型可参见 6.1.2 节。

6.3.3　DE-GWO-SVR 热误差模型的建立与验证

1. DE-GWO-SVR 热误差模型的建立

本节运用 MATLAB 实现 DE-GWO-SVR 模型的建立、训练和预测三个部分。

DE-GWO-SVR 模型建立的具体流程如下。

(1) 灰狼群种群初始化，具体包括设置灰狼群个体数量为 30，缩放因子的范围为[0,0.8]，交叉率为 0.65，迭代次数为 1000，限制惩罚因子 c 和核宽度 g 的范围，随机初始化狼α、β、δ的位置。

(2) 建立适应度函数，将模型预测值与电主轴实验数据进行对比，决定系数作为适应度函数，如式(6.12)所示，决定系数越大，表示预测结果越好。

(3) 计算狼群个体适应度，根据电主轴转速为 3000r/min、5000r/min、7000r/min、10000r/min 和 12000r/min 下温度与热误差数据，将个体适应度从高到低排序，定义狼α、β、δ。

(4) 确定惩罚因子 c 和核宽度 g，根据 GWO 算法，更新狼群位置，每次迭代后，计算灰狼个体适应度，与父代灰狼进行对比，选择适应度最高的作为新一代α狼，重复迭代直到达到最大迭代次数，得到支持向量回归的 c 和 g。

(5) 构建 SVR 模型，以步骤(3) 中 5000r/min 下的温度数据作为训练输入，热误差数据作为训练输出，以其他电主轴转速下的温度作为测试输入，预测电主轴热误差。通过统计方法指标，检验模型的准确性。

图 6.14 为 DE-GWO-SVR 热误差模型建立流程。表 6.5 为全局搜索后的最优 c 和 g 参数。

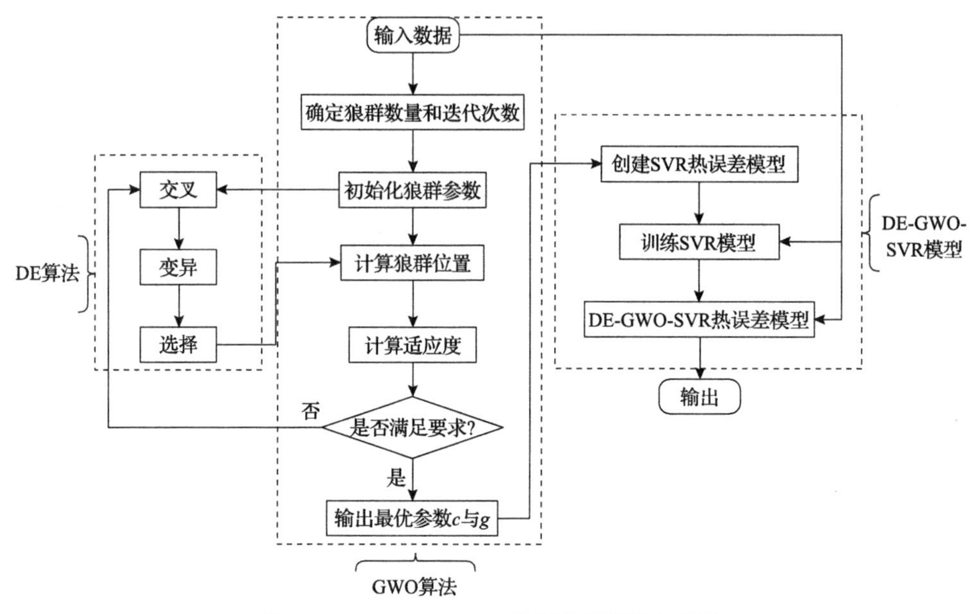

图 6.14　DE-GWO-SVR 热误差模型建立流程

表 6.5　不同转速下的预测模型 c 和 g 参数

转速/(r/min)	惩罚因子 c	核宽度 g
3000	0.87	0.033
7000	3.6	0.01
10000	3.95	0.01
12000	3.74	0.01

2. DE-GWO-SVR 热误差模型的验证

采用 BP 神经网络模型和 GWO-SVR 模型与所建立的 DE-GWO-SVR 模型进行对比分析，通过数理统计函数，包括决定系数 R^2、均方根误差 RMSE、平均绝对误差 MAE，对模型准确性进行评价。

以 5000r/min 作为训练的 DE-GWO-SVR 电主轴热误差预测曲线如图 6.15 所示。由图可知，电主轴升温阶段达到稳态前，预测值与真实值相差较大，这是因

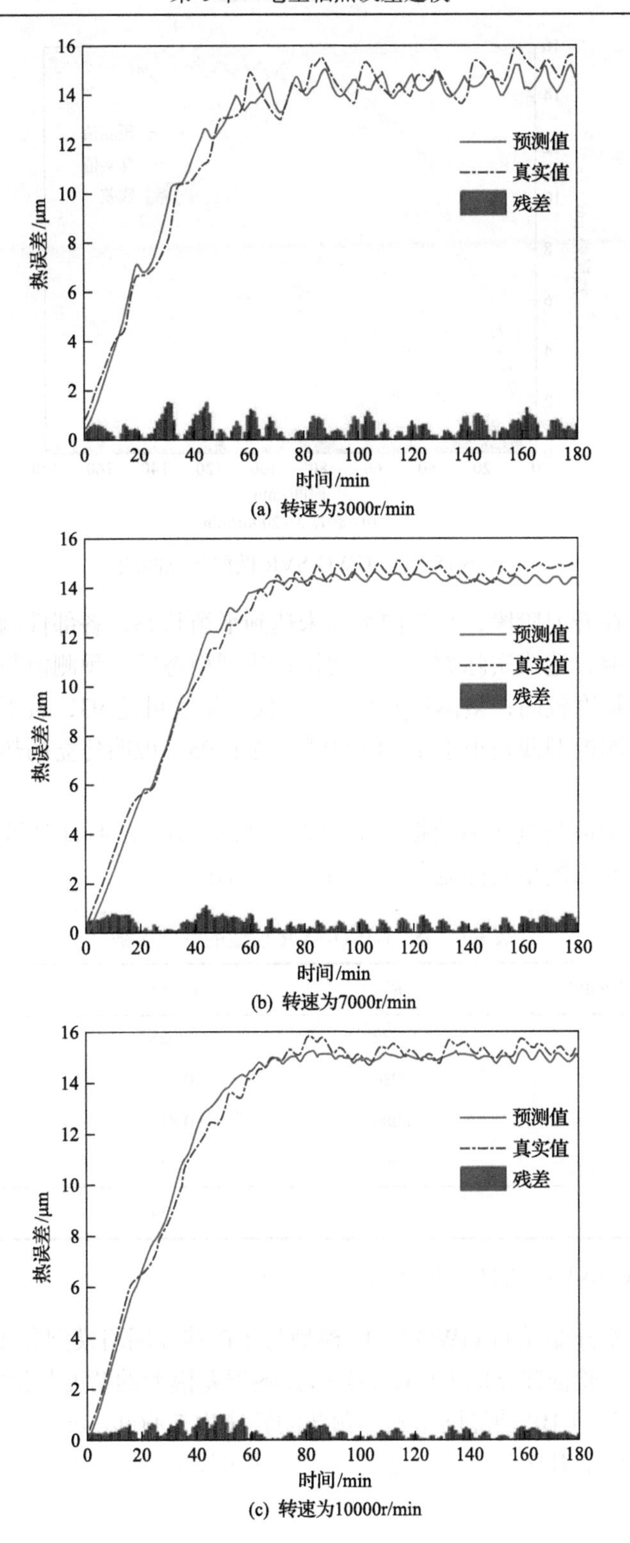

(a) 转速为3000r/min

(b) 转速为7000r/min

(c) 转速为10000r/min

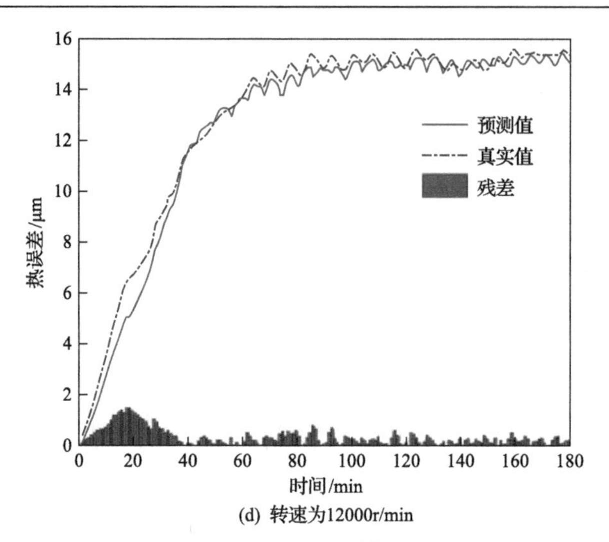

(d) 转速为12000r/min

图 6.15　DE-GWO-SVR 模型预测曲线

为电主轴系统在升温阶段，系统内部尚未达到平衡状态，各部件因连续温度改变和材料特性影响，造成实际数据缺少规律；达到稳态后，预测值与真实值残差较小，曲线平稳精度较高；整体残差小于 2，模型精度可达 93；若不考虑电主轴升温阶段，则预测模型残差小于 1，模型精度高于 95，说明建立的热误差模型具有较高的可靠性。

由预测模型值与真实值数据，根据式(6.12)～式(6.14)计算得到不同转速下电主轴热误差预测模型的性能参数，如表 6.6 所示。

表 6.6　DE-GWO-SVR 模型的性能参数

电主轴转速/(r/min)	R^2	RMSE	MAE
3000	0.972	0.628	0.526
7000	0.986	0.795	0.674
10000	0.989	0.814	0.684
12000	0.983	1.10	0.818
平均值	0.983	0.834	0.676

3. DE-GWO-SVR 热误差模型的性能评价

将不经过差分变异的 GWO-SVR 模型与 BP 神经网络模型和 DE-GWO-SVR 模型进行对比，验证建立的 DE-GWO-SVR 热误差模型的精度与稳定性。

图 6.16 为经过 BP 神经网络模型预测的转速为 10000r/min 下电主轴热误差曲线，相对于温度上升区间，达到稳态后模型预测效果更好；与 GWO-SVR 预测模

型相比，未经调试的 BP 神经网络模型精度较低，但是稳定性更好；经过 GWO 的 SVR 模型具有更好的预测效果，GWO-SVR 模型在电主轴系统稳定后有更平稳的残差曲线，残差小于 BP 神经网络模型的残差；但是由于缺少 DE 算法的优化，GWO-SVR 模型会更容易陷入局部最优，如图 6.17 所示，狼群数据随机生成导致种群信息不全，在迭代到一定区域后，差异性减小到符合设置阈值，造成拟合不当的情况。

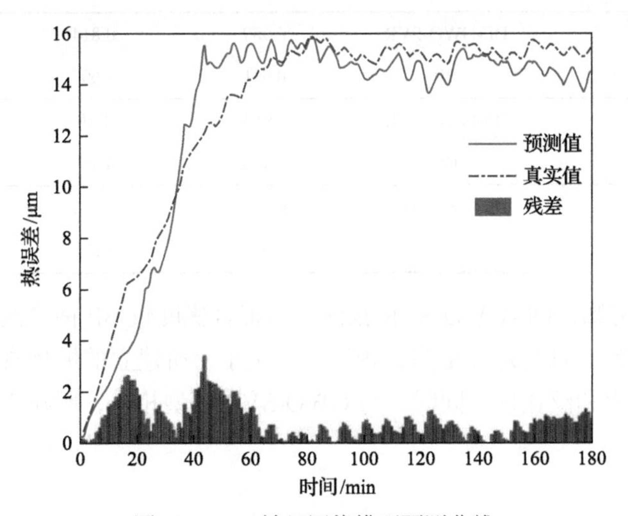

图 6.16　BP 神经网络模型预测曲线

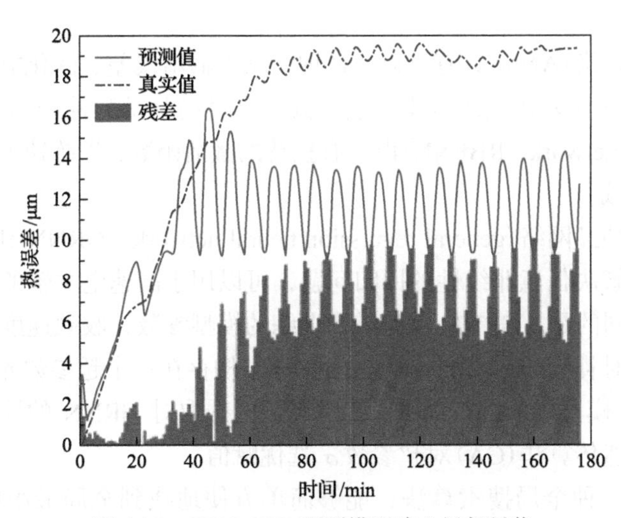

图 6.17　GWO-SVR 预测模型陷入局部最优

不同转速下 DE-GWO-SVR 和 BP 神经网络模型性能参数对比如表 6.7 所示。

表 6.7　不同转速下 DE-GWO-SVR 和 BP 神经网络模型性能参数对比

电主轴转速/(r/min)	模型	R^2	RMSE	MAE
3000	DE-GWO-SVR	0.972	0.628	0.526
	BP	0.962	1.652	1.343
7000	DE-GWO-SVR	0.986	0.795	0.674
	BP	0.954	2.486	1.972
10000	DE-GWO-SVR	0.989	0.814	0.684
	BP	0.931	1.602	1.306
12000	DE-GWO-SVR	0.983	1.10	0.818
	BP	0.976	3.356	2.916
平均值	DE-GWO-SVR	0.983	0.834	0.676
	BP	0.956	2.274	1.884

由表 6.7 可知，DE-GWO-SVR 预测模型拟合优度较 BP 神经网络模型更好，R^2 增加了 0.027，且稳定性更高，预测误差更小，所建立的模型具有更高的准确性、抗干扰能力和泛化性。同时，与 GWO-SVR 模型相比，所建立的模型不会陷入局部最优。

6.4　GA-GRNN 热误差模型

人工神经网络(ANN)具有可以通过训练减小输出误差、泛化能力强等特点，是高速电主轴热误差建模的常用方法。其中，径向基函数神经网络(radial basis function neural network，RBFNN)由于有独特的激活函数，训练速度快，广泛应用于函数逼近领域。

广义回归神经网络(general regression neural network，GRNN)继承了 RBFNN 的特点，能够解决任意非线性的回归问题，可以用于高速电主轴的热误差建模。与 RBFNN 不同的是，GRNN 没有需要训练的模型参数，收敛速度快，这对电主轴热误差的实时补偿非常有利，但是 GRNN 结构存在一个超参数光滑因子σ需要在建立 GRNN 模型之前进行确定。光滑因子的选取对 GRNN 的性能影响较大，因此本节采用遗传算法(GA)对超参数σ 选优赋值。

GA 作为一种全局搜索算法，能够简单方便地找到全局最小值，可以用于 GRNN 中光滑因子σ 的选取。本节结合遗传算法和 GRNN 两种算法的优点，建立高速电主轴的 GA-GRNN 热误差预测模型[17]。

6.4.1　RBF 神经网络

本节所采用的 GRNN 是基于 RBF 神经网络改进的，因此首先介绍 RBF 神经网络，以此引出 GRNN。

1. RBF 神经网络的原理

RBF 神经网络的主要特点是能够将低维空间中的问题转化到高维空间中求解，这决定了 RBF 神经网络有训练速度快、能够解决任意非线性问题的特点。RBF 神经网络结构如图 6.18 所示。

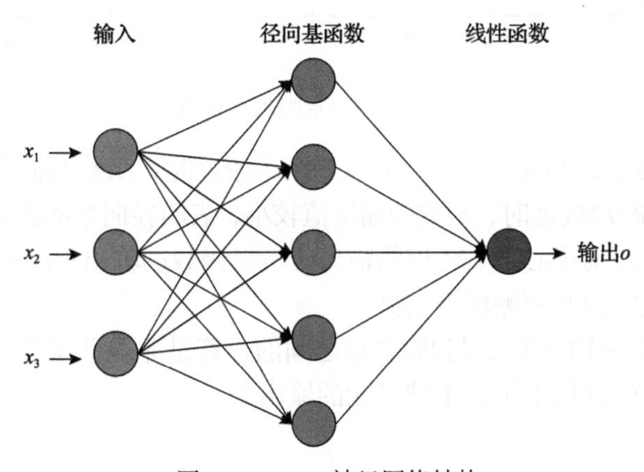

图 6.18　RBF 神经网络结构

径向基函数的自变量是一个表示距离的实数，其数学形式可以由式(6.22)表示为

$$\varphi(x,c)=\varphi\left(\|x-c\|\right) \tag{6.22}$$

径向基函数的三种形式如下：

(1)高斯函数为

$$\varphi(x)=\mathrm{e}^{-x^2/\delta^2} \tag{6.23}$$

(2)Reflected Sigmoid 函数为

$$\varphi(x)=\frac{1}{1+\mathrm{e}^{x^2/\delta^2}} \tag{6.24}$$

(3)逆 Multiquadric 函数为

$$\varphi(x)=\frac{1}{(x^2+\delta^2)^a},\quad a>0 \tag{6.25}$$

三种径向基函数曲线如图 6.19 所示。其中，高斯函数最为常用。

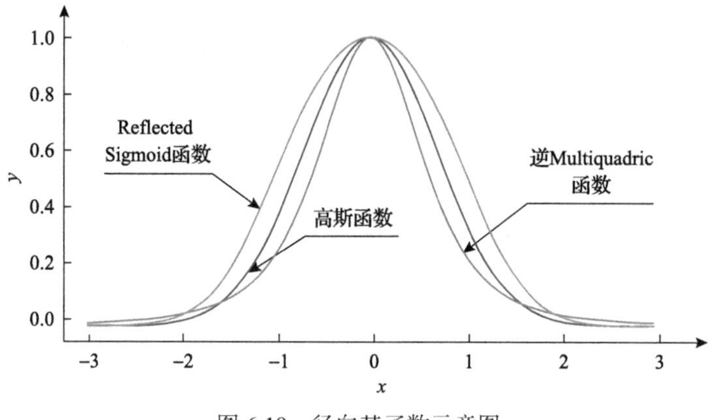

图 6.19　径向基函数示意图

由图 6.19 可知，当输入 x 与中心点 c 距离较近时，函数的输出值较大，当输入 x 与中心点 c 距离较远时，函数的输出值较小，表明径向基函数对输入变量有一个选择作用，即距离中心点 c 较近的输入变量对函数的输出贡献较大，因此 RBF 神经网络的泛化能力和预测精度较高。

RBF 神经网络中的输入层到隐含层之间的运算是非线性运算，激活函数通常为高斯核函数，隐含层中第 h 个神经元的输出为

$$\varphi(x,c_h)=\mathrm{e}^{-\frac{\|x-c_h\|^2}{\delta_h^2}},\quad h=1,2,\cdots,H \tag{6.26}$$

式中，δ_h 为高斯核函数的宽度参数；c_h 为第 h 个神经元高斯核函数的中心。

RBF 神经网络中的隐含层到输出层之间的运算是普通的加权求和运算，没有激活函数。输出层的输出为

$$o=\sum_{h=1}^{H}\omega_h\varphi(x,c_h) \tag{6.27}$$

2. RBF 神经网络算法流程

RBF 神经网络有三个参数需要学习，分别为径向基核函数的中心、宽度及隐含层到输出层的权值，本节使用梯度下降法优化这三个参数。

目标函数定义为

$$E=\frac{1}{2}\sum_{n=1}^{N}\left[\sum_{h=1}^{H}\omega_h\varphi(x_n,c_h)-y_n\right]^2 \tag{6.28}$$

1）确定径向基函数中心 c_h

基于式（6.29）计算 E 对于 c_h 的偏导数：

$$\frac{\partial E}{\partial c_h}=\omega_h\sum_{n=1}^{N}\frac{\partial\varphi(x_n,c_h)}{\partial c_h} \tag{6.29}$$

因此，第 n+1 次迭代相比于第 n 次迭代时，有

$$c_h(n+1)=c_h(n)+\alpha_1\frac{\partial E}{\partial c_h} \tag{6.30}$$

2）确定径向基函数的宽度 δ_h

基于式（6.30）计算 E 对于 δ_h 的偏导数：

$$\frac{\partial E}{\partial \delta_h}=\omega_h\sum_{n=1}^{N}\frac{\partial\varphi(x_n,c_h)}{\partial \delta_h} \tag{6.31}$$

因此，第 n+1 次迭代相比于第 n 次迭代时，有

$$\delta_h(n+1)=\delta_h(n)+\alpha_2\frac{\partial E}{\partial \delta_h} \tag{6.32}$$

3）确定隐含层到输出层的权值

基于式（6.31）计算 E 对于 ω_h 的偏导数：

$$\frac{\partial E}{\partial \omega_h}=\sum_{n=1}^{N}\varphi(x_n,c_h) \tag{6.33}$$

因此，第 n+1 次迭代相比于第 n 次迭代时，有

$$\omega_h(n+1)=\omega_h(n)+\alpha_3\frac{\partial E}{\partial \omega_h} \tag{6.34}$$

RBF 神经网络的学习过程如下：

（1）建立 RBF 神经网络模型，随机初始化隐含层中的径向基函数中心和宽度，随机初始化线性层中权值。

（2）提供训练样本$\{(x_i, y_i)|i=1,2,\cdots,N\}$，每个样本 x_i 所期望得到的输出为 y_i。

（3）计算 RBF 神经网络的目标函数。

（4）根据式（6.29）～式（6.34）更新径向基函数中心、宽度和隐含层到输出层权值。

（5）重复第（2）步～第（4）步，直至达到要求的精度或训练步数。

6.4.2 GRNN

1. GRNN 结构

GRNN 结构如图 6.20 所示，对应的输入为 $X=[x_1, x_2, \cdots, x_n]$，对应的输出为 $Y=[y_1, y_2, \cdots, y_k]$。

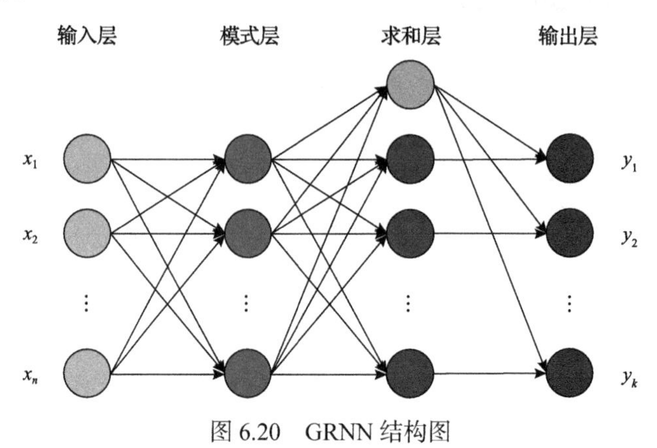

图 6.20 GRNN 结构图

1) 输入层

输入层直接输入学习样本。对于高速电主轴热误差建模，输入层直接输入温度矩阵，对温度矩阵不进行任何处理，直接传递给模式层。

2) 模式层

对于高速电主轴热误差建模，模式层中保存着训练集数据，主要对输入样本和训练集样本进行计算。模式层神经元的激活函数为

$$p_i = \mathrm{e}^{-\frac{(X-X_i)^{\mathrm{T}}(X-X_i)}{2\sigma^2}} \tag{6.35}$$

式中，X 为网络输入变量；X_i 为模式层的第 i 个神经元对应的训练样本；σ 为 GRNN 的光滑因子。

3) 求和层

求和层包含两种不同的神经元，第一种神经元的个数只有一个激活函数：

$$S_{\mathrm{D}} = \sum_{i=1}^{n} p_i \tag{6.36}$$

第二种神经元的激活函数为

$$S_{\mathrm{N}j} = \sum_{i=1}^{n} y_{ij} p_i, \quad j = 1, 2, \cdots, k \tag{6.37}$$

式中，y_{ij} 为训练集样本中第 i 个样本的第 j 个元素。

4) 输出层

输出层中第 j 个神经元的输出为

$$y_j = \frac{S_{\mathrm{N}j}}{S_{\mathrm{D}}},\quad j = 1,2,\cdots,k \tag{6.38}$$

2. GRNN 的理论基础

GRNN 在理论上基于条件均值的思想，目的就是根据输入变量 X 计算最大概率的输出值 $\hat{Y}$。首先通过训练数据集计算输入变量 x 和输出变量 y 之间的联合概率密度 $f(x,y)$。当输入为 X 时，GRNN 的预测输出为

$$\hat{Y} = E(y \mid X) = \frac{\int_{-\infty}^{+\infty} yf(X,y)\mathrm{d}y}{\int_{-\infty}^{+\infty} f(X,y)\mathrm{d}y} \tag{6.39}$$

式中，$\hat{Y}$ 是输入为 X 的条件下 y 的预测值。

可以采用核参数估计的方法对函数 $f(X,y)$ 进行估计，基于训练样本数据 $\{(X_i, Y_i) \mid i=1,2,\cdots,n\}$，$f(X,y)$ 的估计 $\hat{f}(X,y)$ 的计算公式如式(6.40)所示：

$$\hat{f}(X,y) = \frac{1}{n(2\pi)^{(p+1)/2}\sigma^{p+1}} \sum_{i=1}^{n} \mathrm{e}^{-\frac{(X-X_i)^{\mathrm{T}}(X-X_i)}{2\sigma^2}} \mathrm{e}^{-\frac{(y-Y_i)^2}{2\sigma^2}} \tag{6.40}$$

式中，n 为样本容量；p 为输出矩阵 X 的维数；σ 为高斯核函数的宽度系数，这里为光滑因子。

用 $\hat{f}(X,y)$ 代替 $f(x,y)$ 代入式(6.39)中，得到 GRNN 的预测输出为

$$\hat{Y}(X) = \frac{\sum_{i=1}^{n} Y_i \mathrm{e}^{-\frac{(X-X_i)^{\mathrm{T}}(X-X_i)}{2\sigma^2}}}{\sum_{i=2}^{n} \mathrm{e}^{-\frac{(X-X_i)^{\mathrm{T}}(X-X_i)}{2\sigma^2}}} \tag{6.41}$$

6.4.3　遗传算法

对于 GRNN，各个神经层之间没有需要训练的权值和阈值，但是有一个超参

数 σ 需要提前确定。由 GRNN 的输出公式可以看出，当 σ 特别大时，GRNN 的预测输出接近训练样本 Y 的平均值，此时预测效果较差；当 σ 特别小时，GRNN 的预测输出接近训练样本的值，此时预测精度高但是泛化能力差，所以选择一个合适的 σ 值对 GRNN 预测模型非常重要。遗传算法作为一种全局搜索算法，能够简单方便地找到全局最小值，可以用于 GRNN 中光滑因子 σ 的选取。

1) 遗传算法的概念

遗传算法是模拟达尔文生物进化论的自然选择和遗传学机理的生物进化过程的计算模型，是一种通过模拟自然进化过程搜索最优解的方法。遗传算法中涉及的几个概念如下。

(1) 基因型：性状染色体的内部表现。

(2) 表现型：染色体决定的性状外部表现。

(3) 编码：表现型到基因型的映射。

(4) 解码：基因型到表现型的映射。

(5) 适应度：度量某个物种对于生存环境的适应程度。

2) 进化环节

进化环节主要包括以下内容。

(1) 编码：编码方法影响交叉算子、变异算子等遗传算子的运算方法，很大程度上决定了遗传进化的效率。常用的编码方法包括二进制编码法、浮点编码法、符号编码法。

(2) 适应度函数：适应度函数也称为评价函数，是根据目标函数确定的用于判断群体中个体好坏的标准；适应度函数总是非负的，而目标函数可能有正有负，因此需要在目标函数与适应度函数之间进行变换。评价个体适应度的一般过程为：①对个体编码串进行解码处理，得到个体的表现型；②由个体的表现型计算出对应个体的目标函数值；③根据最优化问题的类型，由目标函数值按一定的转换规则求出个体的适应度。

(3) 选择函数：确定从父代群体中选取优秀个体的方法，选择操作用于确定重组或交叉个体，以及被选个体产生子代个体的数量；常用的选择算子包括轮盘赌选择算子、随机竞争选择算子、锦标赛选择算子。

(4) 交叉：将选择出来的两个染色体按某种方式相互交换其部分基因，形成两个新的个体；根据交叉点，进行交换。

(5) 变异：为了避免陷入局部最优，将个体染色体编码串中某些基因座上的基因值用该基因座上的其他等位基因替换。

(6) 复制：每次进化过程中，为了保留上一代优良的染色体，需要将上一代中适应度最高的几条染色体直接原封不动地复制给下一代。

3)遗传算法寻找最优光滑因子的计算步骤

遗传算法寻找最优光滑因子的计算步骤具体如下。

(1)随机初始化种群，确定基因尺寸d_n、种群规模p_n、交叉率p_c和变异率p_m；随机初始化个体基因，使用二进制编码，设GRNN的平滑因子σ取值范围为0～10的实数，个体基因可由式(6.42)表示：

$$\sigma=\frac{\mathrm{DNA}\cdot[2^{d_n-1},2^{d_n-2},\cdots,1]^{\mathrm{T}}}{2^{d_n}-1} \tag{6.42}$$

(2)选取适应度函数，并计算个体适应度，使建立的高速电主轴热误差预测模型的预测输出与实测值接近，采用GRNN预测模型的预测误差来构造适应度函数：

$$f(\sigma)=\frac{1}{1+E(\sigma)} \tag{6.43}$$

式中，$f(\sigma)$为适应度函数；$E(\sigma)$为GRNN预测模型的预测误差。

(3)在确定适应度函数后，需要对种群执行自然选择操作，对个体进行选择、交叉和变异操作使种群进化。

①选择：选择适应度高的个体构建新的种群。

②交叉：按照交叉率选择两个个体基因进行重组。

③变异：按照变异率改变个体基因某一位的取值，从0变为1或从1变为0。

(4)重复步骤(2)和(3)，直至满足精度或最大迭代次数。

GA-GRNN流程如图6.21所示。

6.4.4 GA-GRNN热误差模型的建立与验证

1. GA-GRNN热误差模型的建立

本节采用Python建立GA-GRNN模型,包括GA-GRNN模型构造和模型训练两部分。在模型构造部分，首先根据式(6.44)搭建GRNN框架；然后根据个体基因公式构建遗传算法的适应度函数，确定种群规模p_n=20，交叉率p_c=0.5，变异率p_m=0.003，采用随机初始化的方法初始化光滑因子σ。在模型训练部分，采用优化后的温度测点T5、T6和T10作为GA-GRNN模型的输入，采用热误差作为输出来训练模型，训练精度设置为0.001，本节采用转速为6000r/min的实验数据作为训练数据集，在种群进化200次之后达到训练精度，最终通过遗传算法选取的

最优光滑因子 σ 为 0.707，遗传算法迭代进化曲线如图 6.22 所示。

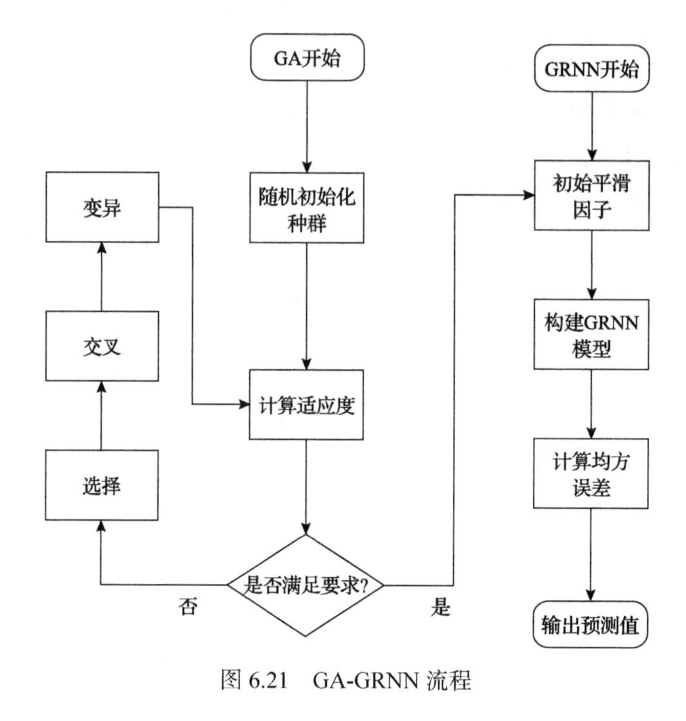

图 6.21　GA-GRNN 流程

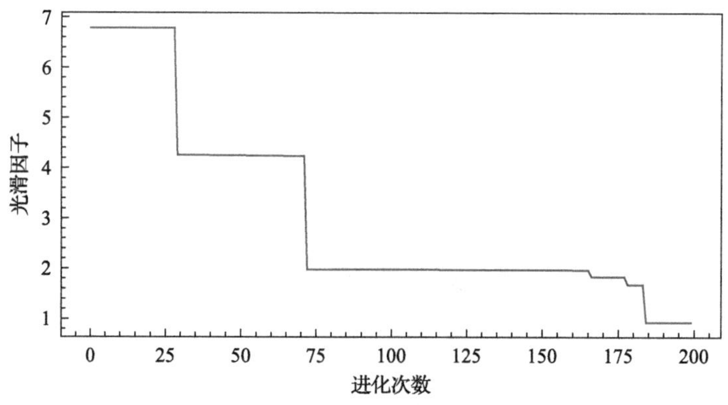

图 6.22　应用遗传算法选取光滑因子的训练曲线

本节采用转速为 2000r/min、4000r/min、8000r/min 和 10000r/min 的实验数据作为验证数据集验证 GA-GRNN 模型的泛化性，采用相关系数 R、决定系数 R^2、均方根误差 RMSE 进行评价，GA-GRNN 电主轴热误差预测模型的预测曲线如图 6.23 所示。

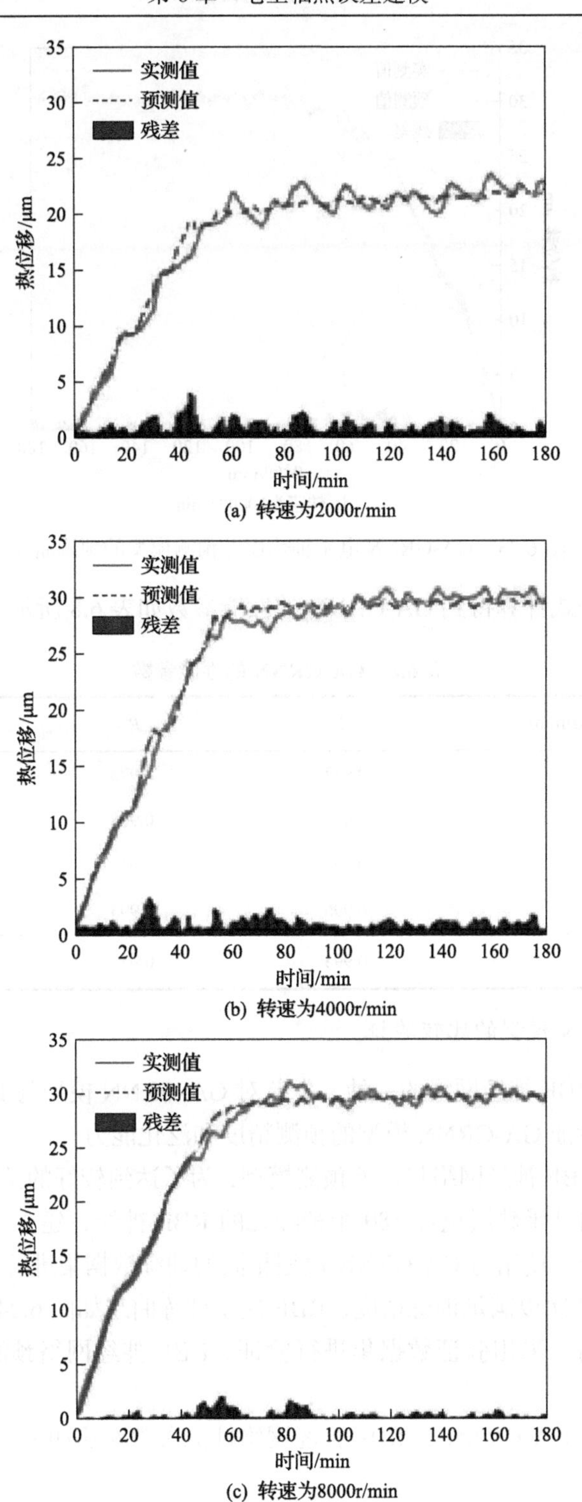

(a) 转速为2000r/min

(b) 转速为4000r/min

(c) 转速为8000r/min

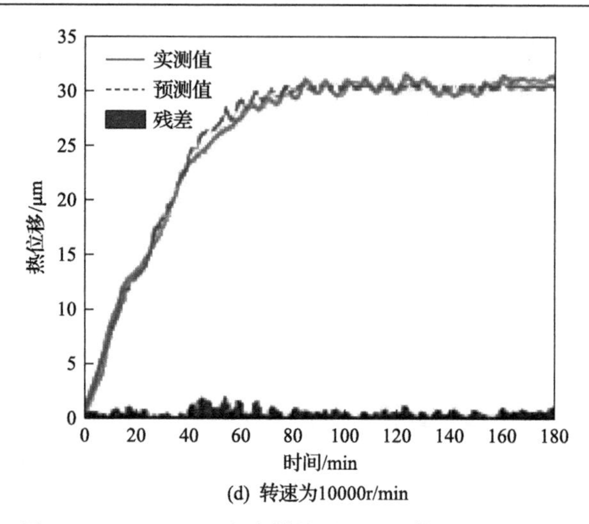

图 6.23 GA-GRNN 电主轴热误差预测模型的预测曲线

基于上述公式计算得到 GA-GRNN 的性能参数如表 6.8 所示。

表 6.8 GA-GRNN 的性能参数

电主轴转速/(r/min)	R	R^2	RMSE
2000	0.987	0.973	0.945
4000	0.994	0.988	0.994
8000	0.996	0.933	0.925
10000	0.996	0.993	1.028
平均值	0.993	0.972	0.973

2. GA-GRNN 模型的比较验证

GRNN 是 RBF 神经网络的一种，本节对 GA-GRNN 模型与 RBF 神经网络进行对比研究，验证 GA-GRNN 模型的预测精度和泛化能力。

首先建立 RBF 神经网络热误差预测模型，为了达到较好的预测效果，通过实验最终选用径向基函数层包含 180 个神经元的 RBF 神经，建立 A02 型电主轴的热误差预测模型。使用与 GA-GRNN 模型相同的训练数据集进行训练，学习率为 0.01，训练 2000 次以满足训练精度，RBF 模型训练曲线如图 6.24 所示。

训练完成后，采用验证数据集进行验证，RBF 神经网络预测曲线如图 6.25 所示。

不同转速下 GA-GRNN 和 RBF 神经网络性能参数对比如表 6.9 所示。

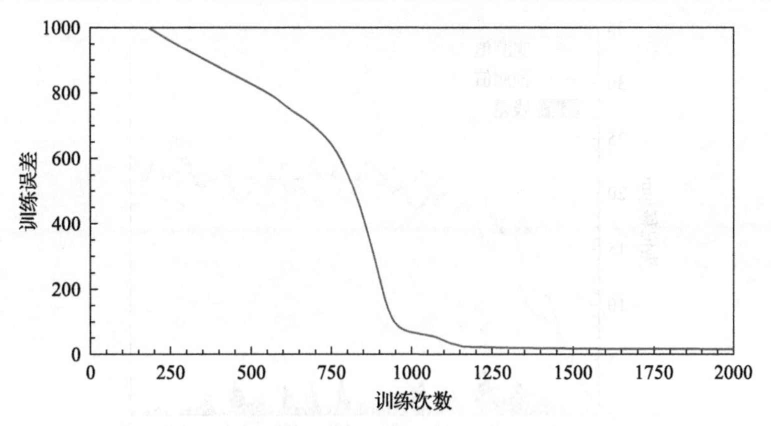

图 6.24　RBF 模型训练曲线

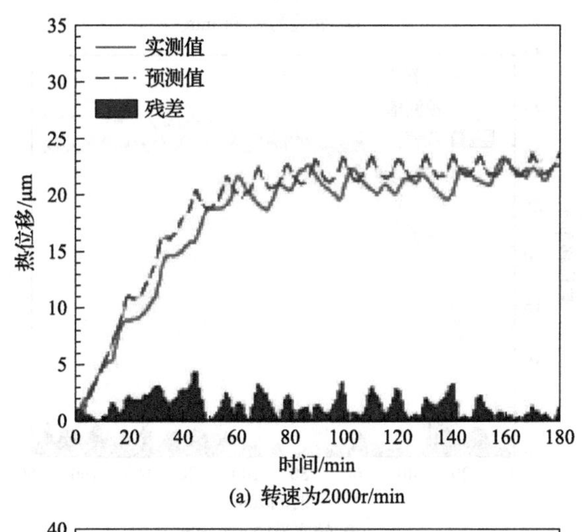

(a) 转速为2000r/min

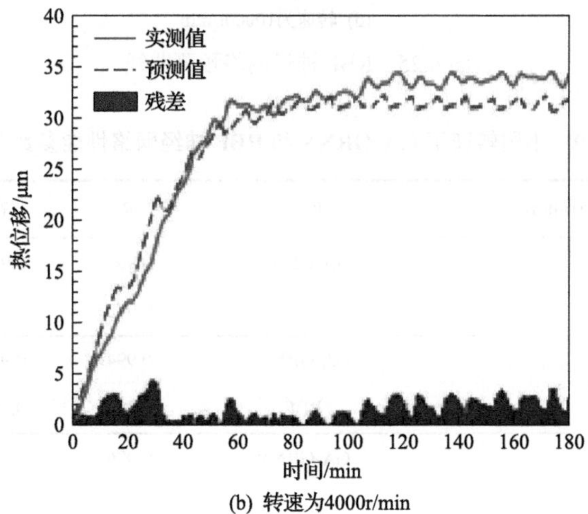

(b) 转速为4000r/min

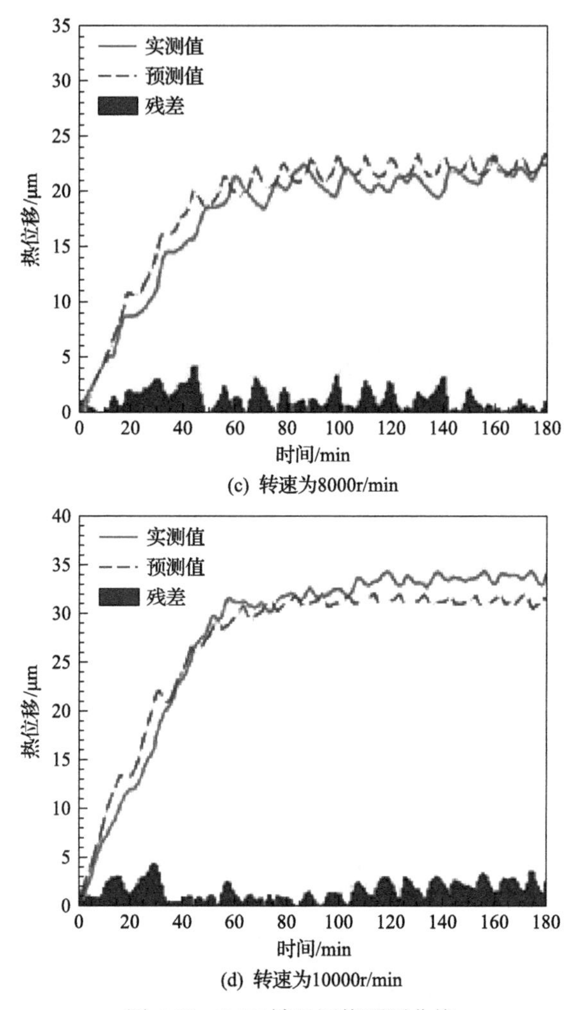

图 6.25　RBF 神经网络预测曲线

表 6.9　不同转速下 GA-GRNN 和 RBF 神经网络性能参数对比

电主轴转速/(r/min)	模型	R	R^2	RMSE
2000	GA-GRNN	0.987	0.973	0.945
	RBF	0.978	0.924	1.602
4000	GA-GRNN	0.994	0.988	0.994
	RBF	0.989	0.952	2.021
8000	GA-GRNN	0.996	0.993	0.925
	RBF	0.992	0.955	2.383

续表

电主轴转速/(r/min)	模型	R	R^2	RMSE
10000	GA-GRNN	0.996	0.993	1.028
	RBF	0.993	0.975	1.936
平均值	GA-GRNN	0.993	0.987	0.973
	RBF	0.988	0.952	1.986

由表 6.9 可知，GA-GRNN 模型具有较高的 R、R^2 及较小的 RMSE，表明 GA-GRNN 与 RBF 热误差预测模型相比具有较高的预测精度和泛化能力。

6.5　BP 神经网络热误差模型

人工神经网络可以从样本的大量数据中训练出发展规律和函数曲线，并且研究对象的函数曲线较复杂，人工神经网络相比于其他方法具有更高的预测质量。因此，人工神经网络在处理非线性分析预测问题上更具优势。BP 神经网络是人工神经网络应用最为广泛的一种算法，其具备比较完善的理论体系和学习机制，通过模拟人类大脑中的神经元连接以及各神经元，接收周围环境中刺激性信号的反应过程。另外，BP 神经网络是基于梯度下降法建立误差的逆向传播模型，经过多次迭代训练，达到预测精度要求。BP 神经网络的多层前馈网络结构主要由三层拓扑结构组成，即输入层、输出层和隐含层[18]。

6.5.1　BP 神经网络

1. *BP 神经网络算法原理*

BP 神经网络算法的基本原理是使用梯度搜索技术确定实际输出值与预期输出值之间的均方误差最小值。网络学习的过程是误差不断向后传播且权重系数不断修正的过程。

实际上，多层 BP 神经网络学习算法的运行包括正向传播和反向传播两个阶段。在正向传播过程中，输入信息可以从输入层到隐含层，再到输出层逐步处理。每层神经元的状态仅影响下一层的状态，若在输出层中无法获得预期的输出结果，则执行反向传播阶段，以沿着原始连接通道返回错误信号，然后修改每个神经元的权重系数，以最小化误差信号。

当节点输出从一层移动到另一层时，节点输出的效果可通过不断调整连接权重系数 w_{ij} 的大小，达到增强或减弱的目的。除输入层节点，其他节点的净输入隐含层和输出层为前一层节点的输出加权和。节点的输入信号、激活函数和偏值决定其激活程度，但是对于输入层，该层节点的输出等于其输入。

图 6.26 为具有隐含层的 BP 神经网络结构。图中，设有 M 个输入节点，L 个输出节点，BP 神经网络的隐含层共有 q 个神经元。其中，$x_1, x_2, \cdots, x_M$ 为 BP 神经网络的实际输入，$y_1, y_2, \cdots, y_L$ 为 BP 神经网络的实际输出，$t_k(k=1, 2, \cdots, L)$ 为 BP 神经网络的目标输出，$e_k(k=1, 2, \cdots, L)$ 为 BP 神经网络的输出误差。

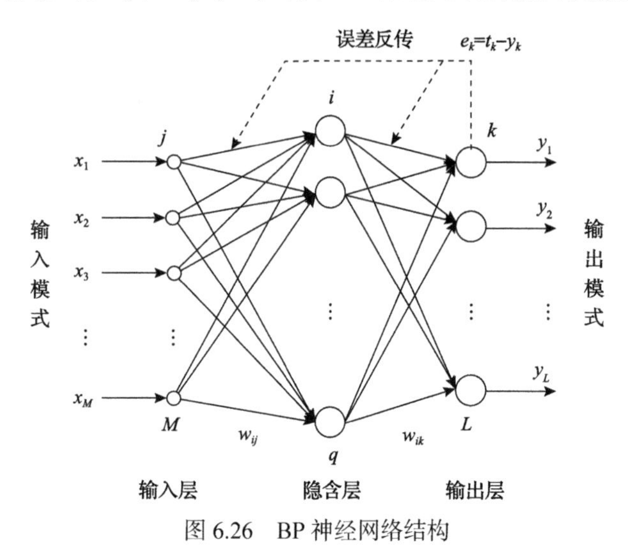

图 6.26 BP 神经网络结构

2. BP 神经网络算法流程

在训练 BP 神经网络的学习阶段，需要提供 N 个训练样本，首先假设使用一个样本 p 的输入/输出模式对$\{x^p\}$和$\{t^p\}$对 BP 神经网络进行训练,在样本 p 的作用下，第 i 个神经元在隐含层中的输入为

$$\text{net}_i^p = \sum_{j=1}^{M} w_{ij} o_j^p - \theta_i = \sum_{j=1}^{M} w_{ij} x_j^p - \theta_i, \quad i=1,2,\cdots,q \tag{6.44}$$

式中，x_j^p 和 o_j^p 分别为输入节点 j 在样本 p 的作用下的输入和输出；w_{ij} 为输入层神经元 j 与隐含层神经元 i 之间的连接权值；θ_i 为隐含层神经元 i 的阈值；M 为输入层的节点数，即输入的个数。

隐含层第 i 个神经元的输出为

$$o_i^p = g(\text{net}_i^p) \tag{6.45}$$

式中，$g(\cdot)$ 为隐含层的激活函数。

对于 Sigmoid 型激活函数为

$$g(x) = \frac{1}{1+\exp[-(x+\theta_1)/\theta_0]} \tag{6.46}$$

式中，参数 θ_1 表示偏值；参数 θ_0 用于调节 Sigmoid 型激活函数的形状。

隐含层激活函数 $g(\mathrm{net}_i^p)$ 的微分函数为

$$g'(\mathrm{net}_i^p)=g(\mathrm{net}_i^p)[1-g(\mathrm{net}_i^p)]=o_i^p(1-o_i^p),\quad i=1,2,\cdots,q \tag{6.47}$$

隐含层第 i 个神经元的输出 o_i^p 将通过权重系数向前传播到输出层第 k 个神经元，并作为它的输入之一，而输出层第 k 个神经元的总输入为

$$\mathrm{net}_k^p=\sum_{i=1}^{q}w_{ki}o_i^p-\theta_k,\quad k=1,2,\cdots,L \tag{6.48}$$

式中，w_{ki} 为隐含层神经元 i 与输出层神经元 k 之间的连接权值；θ_k 为输出层神经元 k 的阈值；q 为隐含层的节点数。

输出层的第 k 个神经元的实际输出为

$$o_k^p=g(\mathrm{net}_k^p),\quad k=1,2,\cdots,L \tag{6.49}$$

输出层激活函数 $g(\mathrm{net}_k^p)$ 的微分函数为

$$g'(\mathrm{net}_k^p)=g(\mathrm{net}_k^p)[1-g(\mathrm{net}_k^p)]=o_k^p(1-o_k^p),\quad k=1,2,\cdots,L \tag{6.50}$$

若输出的预期结果不符合给定模式对的输出 t_k^p，误差信号则从输出端传回输入端，同时权重系数在传播过程中不断修正，直至在输出层的神经元上获得期望的输出值 t_k^p。样本 p 的神经网络权重系数修正完成后，继续发送另一个样本模型进行相似的学习，直至完成 N 个样本的训练和学习。

对于每一样本 p 的输入模式对，其二次型误差函数为

$$J_p=\frac{1}{2}\sum_{k=1}^{L}(t_k^p-o_k^p)^2 \tag{6.51}$$

则系统对 N 个训练样本的总误差函数为

$$J=\sum_{p=1}^{N}J_p=\frac{1}{2}\sum_{p=1}^{N}\sum_{k=1}^{L}(t_k^p-o_k^p)^2 \tag{6.52}$$

式中，N 为训练样本对数；L 为网络输出节点数。

通常，基于 J_p 函数或 J 函数完成权重系数空间的梯度搜索会产生不同的结果。根据学习加权规则，将权重系数按误差函数 J 减小最快的方向进行修正，

直至获得满意的权重系数集。权重系数的修正过程为顺序操作，神经网络对依次输入的每个模式对逐一不断学习，这与生物神经网络处理信息的过程类似，但与实际权重系数空间的梯度搜索过程不同。系统最小误差的真实梯度搜索方法是基于式(6.52)的最小化方法。

应按 J_p 函数梯度变化的相反方向修正权重系数，以使神经网络逐渐收敛。根据梯度法，输出层中各神经元权重系数的修正公式为

$$\begin{aligned}\Delta w_{ki} &= -\eta\frac{\partial J_p}{\partial w_{ki}} = -\eta\frac{\partial J_p}{\partial \mathrm{net}_k^p}\cdot\frac{\partial \mathrm{net}_k^p}{\partial w_{ki}} \\ &= -\eta\frac{\partial J_p}{\partial \mathrm{net}_k^p}\cdot\frac{\partial \mathrm{net}_k^p}{\partial w_{ki}}\left(\sum_{i=1}^{q} w_{ki}o_i^p - \theta_k\right) \\ &= -\eta\frac{\partial J_p}{\partial \mathrm{net}_k^p}\cdot o_i^p\end{aligned} \tag{6.53}$$

式中，η 为学习速率，$\eta>0$。

δ_k^p 定义为

$$\begin{aligned}\delta_k^p &= -\frac{\partial J_p}{\partial \mathrm{net}_k^p} = -\frac{\partial J_p}{\partial o_k^p}\cdot\frac{\partial o_k^p}{\partial \mathrm{net}_k^p} \\ &=(t_k^p - o_k^p)\cdot g'(\mathrm{net}_k^p)=(t_k^p - o_k^p)o_k^p(1-o_k^p)\end{aligned} \tag{6.54}$$

所以，输出层中各神经元 k 的权重系数的修正公式为

$$\Delta w_{ki} = \eta\delta_k^p o_i^p = \eta o_k^p(1-o_k^p)(t_k^p - o_k^p)o_i^p \tag{6.55}$$

式中，o_k^p 为输出节点 k 在样本 p 作用时的输出；o_i^p 为隐含节点 i 在样本 p 作用时的输出；t_k^p 为在样本 p 输入/输出对作用时输出节点 k 的目标值。

根据梯度法，可得隐含层各神经元权重系数的修正公式为

$$\begin{aligned}\Delta w_{ki} &= -\eta\frac{\partial J_p}{\partial w_{ij}} = -\eta\frac{\partial J_p}{\partial \mathrm{net}_i^p}\cdot\frac{\partial \mathrm{net}_i^p}{\partial w_{ij}} \\ &= -\eta\frac{\partial J_p}{\partial \mathrm{net}_i^p}\cdot\frac{\partial}{\partial w_{ij}}\left(\sum_{j=1}^{M} w_{ij}o_i^p - \theta_i\right) \\ &= -\eta\frac{\partial J_p}{\partial \mathrm{net}_i^p}\cdot o_j^p\end{aligned} \tag{6.56}$$

式中，η为学习速率，$\eta>0$。

δ_i^p定义为

$$\begin{aligned}\delta_i^p &= -\frac{\partial J_p}{\partial \mathrm{net}_i^p} = -\frac{\partial J_p}{\partial o_i^p}\cdot\frac{\partial o_i^p}{\partial \mathrm{net}_i^p} = -\frac{\partial J_p}{\partial o_i^p}\cdot g'(\mathrm{net}_i^p) \\ &= -\frac{\partial J_p}{\partial o_i^p}\cdot o_i^p(1-o_i^p)\end{aligned} \tag{6.57}$$

隐含层神经元的输出发生变化，与该神经元相连接的所有输出层神经元的输入将会受到影响，其输入值可表示为

$$\delta_i^p = \left(\sum_{k=1}^{L}\delta_K^P\cdot w_{ki}\right)\cdot o_i^p(1-o_i^p) \tag{6.58}$$

因此，隐含层的任意神经元 i 的权重系数修正公式为

$$\Delta w_{ki} = \eta\delta_i^p o_j^p = \eta\left(\sum_{k=1}^{L}\delta_k^p\cdot w_{ki}\right)o_i^p(1-o_i^p)o_j^p \tag{6.59}$$

式中，o_i^p为隐含节点 i 在样本 p 作用时的输出；o_j^p为输入节点 j 在样本 p 作用时的输出，即输入节点 j 的输入。

输出层的任意神经元 k 在样本 p 作用时的权重系数增量公式为

$$w_{ki}(k+1)=w_{ki}(k)+\eta\delta_k^p o_i^p \tag{6.60}$$

隐含层的任意神经元 i 在样本 p 作用时的权重系数增量公式为

$$w_{ij}(k+1)=w_{ij}(k)+\eta\delta_i^p o_j^p \tag{6.61}$$

由式(6.60)和式(6.61)可知，对于给定的样本 p，网络的权重系数可根据误差要求不断修正以满足条件；同样，对于另一个给定的样本，网络权重系数可根据误差要求不断修正，直至所有的样本误差均符合要求，该计算过程称为在线学习。

若学习过程对权重系数按误差函数 J 减小最快的方向进行修正，则可以采用类似的推导过程来获得输出层和隐含层中任何神经元 k 和 i 的增量权重系数，其公式为

$$w_{ki}(k+1)=w_{ki}(k)+\eta\sum_{p=1}^{M}\delta_k^p o_i^p \tag{6.62}$$

$$w_{ij}(k+1)=w_{ij}(k)+\eta\sum_{p=1}^{M}\delta_i^p o_j^p \tag{6.63}$$

在输入所有样本后计算总误差，再根据式(6.62)和式(6.63)对获得的权重系数进行校正，该计算过程称为离线学习。离线学习可以确保总误差函数 J 沿着减少的方向变化，当有更多样本时，其收敛速度比在线学习更快。

BP 神经网络算法的计算步骤如下。

(1)进行初始化操作，将所有权重系数设置为最小的随机数。

(2)提供训练样本，给出顺序赋值的输入向量 $x^{(1)}, x^{(2)},\cdots, x^{N}$ 预期的输出向量 $t^{(1)}, t^{(2)},\cdots, t^{N}$。

(3)计算实际输出值，根据式(6.44)～式(6.50)计算隐含层和输出层各神经元的输出。

(4)根据式(6.51)和式(6.52)计算期望值与实际输出的误差。

(5)根据式(6.60)和式(6.62)调整输出层的权重系数 w_{ki}。

(6)根据式(6.61)和式(6.63)调整隐含层的权重系数 w_{ij}。

(7)返回计算步骤(3)，直至误差满足要求。

6.5.2 BP 神经网络模型的建立与验证

BP 神经网络能学习和存储大量的输入-输出模式映射关系，BP 神经网络预测模型的本质为非线性参数拟合的过程，是基于输入集和期望模式而训练的一种非线性映射关系，通过反向传播来不断调整网络的权值和阈值，使网络的误差平方和最小[19,20]。BP 神经网络热位移预测建模以电主轴的轴承温度为基础，结合自然降速实验所测的零部件温度数据和主轴的热位移数据进行建模，可提升电主轴在实际加工过程中的加工精度。

电主轴内部结构紧凑复杂，存在热辐射、热对流等问题，进而影响主轴热位移。因此，采用 BP 神经网络能够排除干扰因素，根据电主轴热位移变化规律，通过构建 BP 神经网络模型，分析轴承温升导致主轴鼻端产生热位移的影响规律，选择轴承的温度和时间作为输入层数据集，电主轴热位移作为输出层预测集。因此，BP 神经网络的输入和输出可表示为

$$\begin{cases} P_i=[t,T] \\ Y_i=\Delta x_i \end{cases} \tag{6.64}$$

式中，P_i 为输入数据；Y_i 为输出数据；t 为时间；T 为电机温度；Δx_i 为热位移。以时间和轴承温度作为训练集，另一组主轴热位移和时间作为预测集，最终确定 BP 神经网络模型输入层的节点数为 3，输出层的节点数为 1。如果隐含层节点足够多，

就能以任意精度逼近一个非线性函数，根据经验公式计算隐含层节点数为 7，因此采用 7 个隐含层节点的多输入单输出的预测模型。预测模型的具体实现步骤如下。

(1)数据选择和归一化处理。选择电主轴转速在 1000～5000r/min 的数据作为网络训练数据，转速在 0～1000r/min 的数据作为网络预测对比数据，并利用 mapminmax 函数将训练数据进行归一化处理。

(2)神经网络训练。利用 newff 函数构建 BP 神经网络，隐含层神经元数初设为 7。设定网络参数，网络迭代次数 epochs 设定为 1000 次，期望误差 goal 设定为 10^{-8}，学习速率 lr 设定为 0.01。参数设定完成后，利用 train 函数训练网络。

(3)神经网络预测。利用 sim 函数实现已训练好的 BP 神经网络预测输出值，并通过 BP 神经网络的期望值和预测值来分析网络的预测误差。

以 1400N 预紧力和转速为 5000r/min 的数据作为训练数据集，在模型验证部分，采用预紧力为 1450N、1550N 和 1700N 的数据作为验证数据集，以验证 BP 神经网络预测模型的泛化性。图 6.27 为不同预紧力下电主轴自然降速过程中轴承温升导致主轴鼻端产生热位移的预测曲线。由图可见，电主轴加压后降速的前 60s 内，由于轴承倾角的改变，电主轴从 5000r/min 的转速下降时，轴承的摩擦力变大导致温差增大，主轴热位移增长的速度相对较快。随着电主轴转速下降加快，主轴热位移的增长趋势将逐渐变缓，当轴承温差较小时，主轴热位移保持相对稳定状态，此时电主轴停止运行。同时，由预测曲线可以看出，此预测模型具有较好的预测能力。如表 6.10 所示，该模型 MAE 在所设置的预紧力下最大为 0.0817，MSE 最大为 0.016，RMSE 最大为 0.126，R^2 最大为 0.973、最小为 0.991。由此表明 BP 神经网络预测模型是可行的，并具有较高的精度，满足实际工程应用的要求。

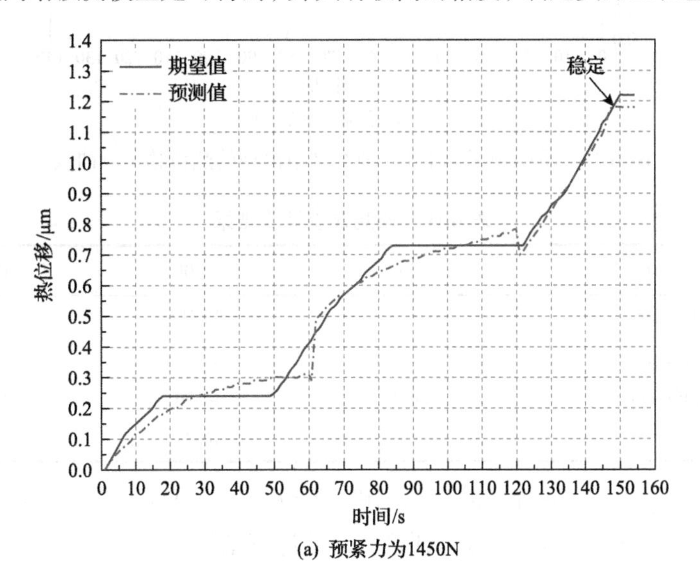

(a) 预紧力为1450N

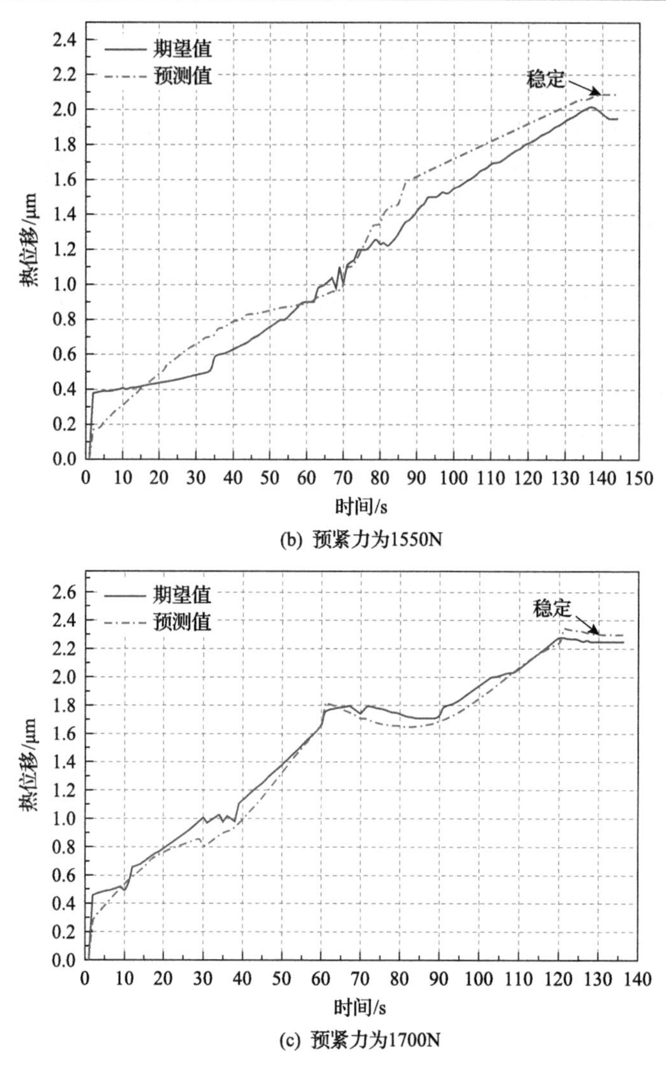

(b) 预紧力为1550N

(c) 预紧力为1700N

图 6.27　不同预紧力下 BP 神经网络模型的热位移预测曲线

表 6.10　预测误差计算结果

评价指标	1450N	1550N	1700N
MAE/μm	0.0309	0.0817	0.0464
MSE/μm	0.002	0.016	0.005
RMSE/μm	0.041	0.126	0.075
R^2	0.991	0.973	0.987

以不同预紧力下 BP 神经网络预测模型的 MAE 和 MSE 作为两种预测模型的评定依据，采用 RMSE 和 R^2 进行评价，误差计算结果如图 6.28 所示。结果表明，

BP 神经网络预测模型的精度较高，具有拟合优度好、稳定性高和预测误差小等特点，且模型具有良好的准确性、抗干扰能力和泛化性。

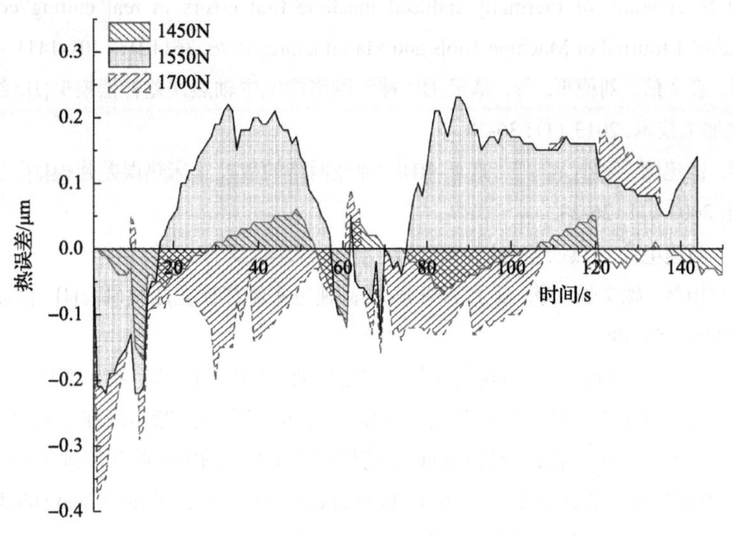

图 6.28　BP 神经网络预测模型的预测误差

参 考 文 献

[1] 战士强. 变压预紧高速电主轴设计与系统热误差建模研究[D]. 哈尔滨: 哈尔滨理工大学, 2021.

[2] Tan F, Yin M, Wang L, et al. Spindle thermal error robust modeling using LASSO and LS-SVM[J]. International Journal of Advanced Manufacturing Technology, 2018, 94(5-8): 2861-2874.

[3] Han J, Wang L, Cheng N, et al. Thermal error modeling of machine tool based on fuzzy c-means cluster analysis[J]. The International Journal of Advanced Manufacturing Technology, 2012, 60(5-8): 463-472.

[4] 雷春丽, 芮执元. 基于多元自回归模型的电主轴热误差建模与预测[J]. 机械科学与技术, 2012, 31(9): 1526-1529.

[5] 李媛, 曲航, 戴野, 等. 电主轴热误差补偿技术的研究进展[J]. 航空制造技术, 2022, 65(11): 87-97, 103.

[6] 杜宏洋, 陶涛, 侯瑞生, 等. 机床主轴轴向热误差一阶自回归建模方法[J]. 哈尔滨工业大学学报, 2021, 53(7): 60-67.

[7] 邓聚龙. 灰色系统基本方法[M]. 武汉: 华中理工大学出版社, 1987.

[8] Wang Y D, Zhang G X, Moon K S, et al. Compensation for the thermal error of a multi-axis machining center[J]. Journal of Materials Processing Technology, 1998, 75(1-3): 45-53.

[9] 余文利, 姚鑫骅. 改进混沌粒子群优化的灰色系统模型在机床热误差建模中的应用[J]. 现代制造工程, 2018,(6): 101-107, 22.

[10] Chen J S. A study of thermally induced machine tool errors in real cutting conditions[J]. International Journal of Machine Tools and Manufacture, 1996, 36(12): 1401-1411.

[11] 苏宇锋, 袁文信, 刘德平, 等. 基于 BP 神经网络的电主轴热误差补偿模型[J]. 组合机床与自动化加工技术, 2013,(1): 36-38.

[12] 杜正春, 杨建国, 窦小龙, 等. 基于 RBF 神经网络的数控车床热误差建模[J]. 上海交通大学学报, 2003,(1): 26-29.

[13] 崔良玉. 高速电主轴热误差测试与建模方法[D]. 天津: 天津大学, 2010.

[14] 戴野, 尹相茗, 魏文强, 等. 基于 ANFIS 的高速电主轴热误差建模研究[J]. 仪器仪表学报, 2020, 41(6): 50-58.

[15] 魏文强. 高速电主轴温度测点优化及热误差建模研究[D]. 哈尔滨: 哈尔滨理工大学, 2020.

[16] 宣立宇. 高速电主轴热特性分析及轴芯冷却研究[D]. 哈尔滨: 哈尔滨理工大学, 2022.

[17] 尹相茗. 高速电主轴热特性分析及热误差建模研究[D]. 哈尔滨: 哈尔滨理工大学, 2021.

[18] Li Z L, Zhu B, Dai Y, et al. Research on thermal error modeling of motorized spindle based on BP neural network optimized by beetle antennae search algorithm[J]. Machines, 2021, 9(11): 286.

[19] 谢杰, 黄筱调, 方成刚, 等. MEA 优化 BP 神经网络的电主轴热误差分析研究[J]. 组合机床与自动化加工技, 2017,(6): 1-4.

[20] 尹晓珊, 钟建琳, 问梦飞, 等. 基于 SSA-BP 的电主轴热误差优化建模[J]. 机床与液压, 2023, 51(12): 19-23, 38.

第7章　其他电主轴热误差模型

人工神经网络在机器学习和深度学习领域中具有显著优势。首先，它具备学习能力，能从数据中自动识别模式，无须事先编程。其次，神经网络适应性强，适用于图像、语音、文本等多种数据类型，其并行处理能力提高了计算效率。此外，它能够处理复杂的非线性关系，自适应调整以适应数据变化，且具有良好的泛化能力，能在新数据上表现稳定，还能处理大规模数据，自动提取特征，尤其擅长处理图像识别、语音识别等复杂任务。最后，它的结构与参数可调，赋予了神经网络极高的灵活性。总的来说，人工神经网络是热误差建模的强大工具[1]。

7.1　SSA-Elman 热误差模型

7.1.1　麻雀搜索算法

麻雀搜索算法是一种新型群体智能算法，其构思和原理是模拟自然界中麻雀种群觅食和逃避捕食者的行为，在收敛速度、精度和稳定性方面具有显著的优势。麻雀的种群群体分为发现者、加入者和预警者。其中，发现者为整个种群提供觅食的区域和方向。加入者根据发现者提供的线索觅食的同时，为了获得更多的食物会抢夺资源，以获取更高的能量。处在外围的个体具有非常高的警觉性，有危险时会发出预警信号，种群意识到危险做出反捕食行为。麻雀搜索算法具体流程如下。

(1)建立麻雀种群。矩阵(7.1)中，n 为种群个数，d 为优化问题的维数。待优化的变量是神经网络的初始权值和阈值。

$$X=\begin{bmatrix} x_{11} & x_{12} & \cdots & x_{1d} \\ x_{21} & x_{22} & \cdots & x_{2d} \\ \vdots & \vdots & & \vdots \\ x_{n1} & x_{n2} & \cdots & x_{nd} \end{bmatrix} \tag{7.1}$$

对应的每一只麻雀的发现食物的能力大小用适应度表示，适应度函数 f 根据实际情况选取，表示为

$$F_X = \begin{bmatrix} f\left(\begin{bmatrix} x_{11} & x_{12} & \cdots & x_{1d} \end{bmatrix}\right) \\ f\left(\begin{bmatrix} x_{21} & x_{22} & \cdots & x_{2d} \end{bmatrix}\right) \\ \vdots \\ f\left(\begin{bmatrix} x_{n1} & x_{n2} & \cdots & x_{nd} \end{bmatrix}\right) \end{bmatrix} \tag{7.2}$$

(2)发现者位置更新。相对于加入者，发现者具有较高的能源储备，可为追随者提供安全觅食的区域和方向。其位置更新为

$$X_{ij}^{t+1} = \begin{cases} X_{ij}^{t} \times \exp\left(\dfrac{-i}{\alpha \times \text{iter}_{\max}}\right), & R_2 < \text{ST} \\ X_{ij}^{t} + QL, & R_2 \geqslant \text{ST} \end{cases} \tag{7.3}$$

式中，t 为当前的迭代次数；$\text{iter}_{\max}$ 为迭代的最大次数；j 为维数；X_{ij} 为第 i 只麻雀在第 j 维中的位置信息；R_2 和 ST 分别为警戒阈值和安全值；Q 为服从正态分布的随机数；L 为 $1\times d$ 的矩阵。当 $R_2<\text{ST}$ 时，代表觅食区域没有捕食者，发现者可以在周边搜索；当 $R_2\geqslant\text{ST}$ 时，代表觅食区域有捕食者，发现者发出警报信息，种群所有成员需要转移至安全区域觅食。

(3)加入者位置更新，加入者可以随时调整自己的位置。在迭代过程中加入者位置更新为

$$X_{ij}^{t+1} = \begin{cases} Q \times \exp\left(\dfrac{X_{\text{worst}}^{t} - X_{ij}^{t}}{\alpha \times \text{iter}_{\max}}\right), & i > n/2 \\ X_P^{t+1} + \left|X_{ij}^{t} - X_P^{t+1}\right| \times A^{+} \times L, & i \leqslant n/2 \end{cases} \tag{7.4}$$

式中，X_P 和 X_{worst} 分别为食物发现者的最好位置和最差位置；A 为一个 $1\times d$ 的矩阵，$A^{+}=A^{\mathrm{T}}(AA^{\mathrm{T}})^{-1}$。当 $i>n/2$ 时，表明第 i 个加入者没有获得食物，能力供应不足，需要到其他地方探索，以获取食物，提高自身适应度。

(4)预警者位置更新。预警者占麻雀种群的10%～20%，当危险靠近时，它们会放弃当前的食物移动到一个新的位置，位置更新公式为

$$X_{ij}^{t+1} = \begin{cases} X_{\text{best}}^{t} + \beta \times \left|X_{ij}^{t} - X_{\text{best}}^{t}\right|, & f_{\text{i}} > f_{\text{g}} \\ X_{ij}^{t} + K \times \left[\dfrac{X_{ij}^{t} - X_{\text{best}}^{t}}{(f_{\text{i}} - f_{\text{w}}) + \varepsilon}\right], & f_{\text{i}} = f_{\text{g}} \end{cases} \tag{7.5}$$

式中，X_{best} 为当前全局最优位置；β 为步长控制参数；K 为 [−1,1] 的均匀随机数；f_i 为当前麻雀个体的适应度；f_g 和 f_w 分别为当前全局最佳和最差的适应度；ε 为常数。当 $f_i>f_g$ 时，该麻雀处于种群边缘，容易被捕食；当 $f_i=f_g$ 时，表示种群中心的麻雀发现危险，需要接近其他麻雀，以降低被捕食的概率。

7.1.2　Elman 神经网络

Elman 神经网络是一种典型的动态递归神经网络，它是在 BP 神经网络基本结构的基础上，在隐含层增加一个承接层，作为一步延时算子，达到记忆的目的，从而使系统具有适应时变特性的能力，增强网络的全局稳定性。Elman 神经网络比前馈神经网络具有更强的计算能力，还可以用来解决快速寻优问题。

Elman 神经网络是应用较为广泛的一种典型的反馈神经网络，一般分为四层，即输入层、隐含层、连接层和输出层。输入层、隐含层和输出层的连接类似于前馈神经网络；输入层的单元仅起到信号传输的作用，输出层单元起到加权作用；隐含层单元有线性和非线性两类激励函数，通常激励函数取 Sigmoid 非线性函数；连接层用来记忆隐含层单元前一时刻的输出值，可以认为是一个有一步迟延的延时算子；隐含层的输出通过承接层的延迟与存储自联到隐含层的输入，这种自联方式使它对历史数据具有敏感性，内部反馈网络的加入增加了网络本身处理动态信息的能力，从而达到动态建模的目的，其结构如图 7.1 所示。

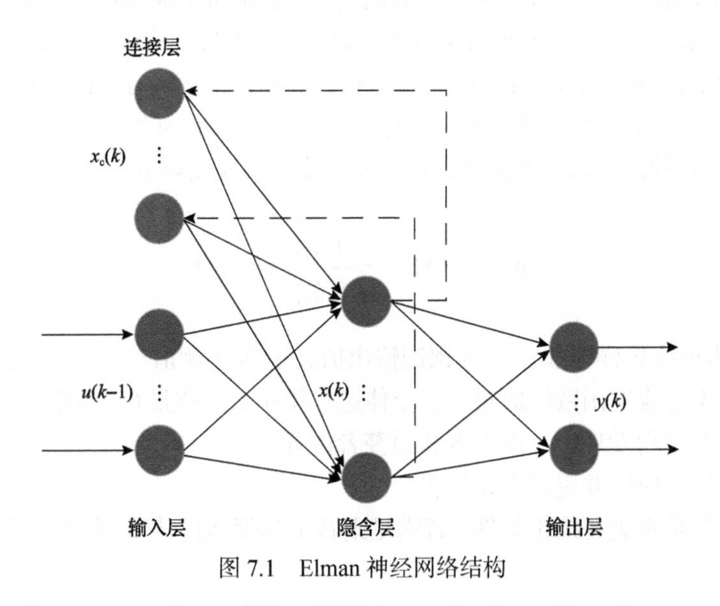

图 7.1　Elman 神经网络结构

Elman 神经网络的数学模型表达式为

$$
\begin{cases}
y(k)=g(\omega_3 x(k)) \\
x(k)=f\left(\omega_1 x_{\mathrm{c}}(k)+\omega_2\left(u(k-1)\right)\right) \\
x_{\mathrm{c}}(k)=x(k-1)
\end{cases}
\tag{7.6}
$$

式中，y 为 m 维输出节点向量；x 为 n 维中间层节点单元向量；u 为 r 维输入向量；x_{c} 为 n 维反馈状态向量；ω_1 为承接层到隐含层连接的权值；ω_2 为输入层到隐含层连接权值；ω_3 为隐含层到输出层连接权值；$g(x)$ 为输出神经元的传递函数；$f(x)$ 为中间层神经元的传递函数。

7.1.3 SSA-Elman 热误差模型的建立与验证

1. SSA-Elman 热误差模型的建立

针对 Elman 神经网络的不足，本节选用 SSA 来优化 Elman 神经网络的初始权值和阈值，以提高其性能。采用 SSA-Elman 神经网络对高速电主轴热误差进行预测，建模步骤如下。

(1) 初始化麻雀种群和相关参数。确定种群个数，以及种群中麻雀的发现者、加入者和预警者比例等。

(2) 确定 Elman 神经网络结构。输入层 3 个节点均为热敏感点，输出层 1 个节点为电主轴的轴向热误差，隐含层一般通过经验公式 $h=(m+n)^{1/2}+a$ 来确定。其中，m 为输入层节点个数，n 为输出层节点个数，a 一般取 1～10 的整数。

(3) 确定适应度函数。种群中每一个麻雀都包含网络所需的权值和阈值，根据网络结构确定问题维数，神经网络的输出可以通过求解函数的映射和线性输出关系来确定，将预测结果与实测值的均方误差作为适应度函数。

$$
\text{fitness}=\text{MSE}=\frac{1}{N}\sum_{i=1}^{N}\left(\overline{y}_i-y_i\right)^2 \tag{7.7}
$$

式中，N 为训练集样本数；$\overline{y}_i$ 为预测输出值；y_i 为实测值。

(4) 根据适应度函数的值对麻雀个体进行排序，生成最初的种群个体位置。

(5) 更新食物发现者、加入者和预警者位置。

(6) 计算适应度并更新麻雀位置。

(7) 判断是否满足终止条件，若满足则转至步骤 (8)，若不满足则返回步骤 (5) 继续迭代。

(8) 满足终止条件后，将得到的最优权值和阈值赋值给 Elman 神经网络，用于训练和预测。SSA-Elman 热误差模型建模流程如图 7.2 所示。

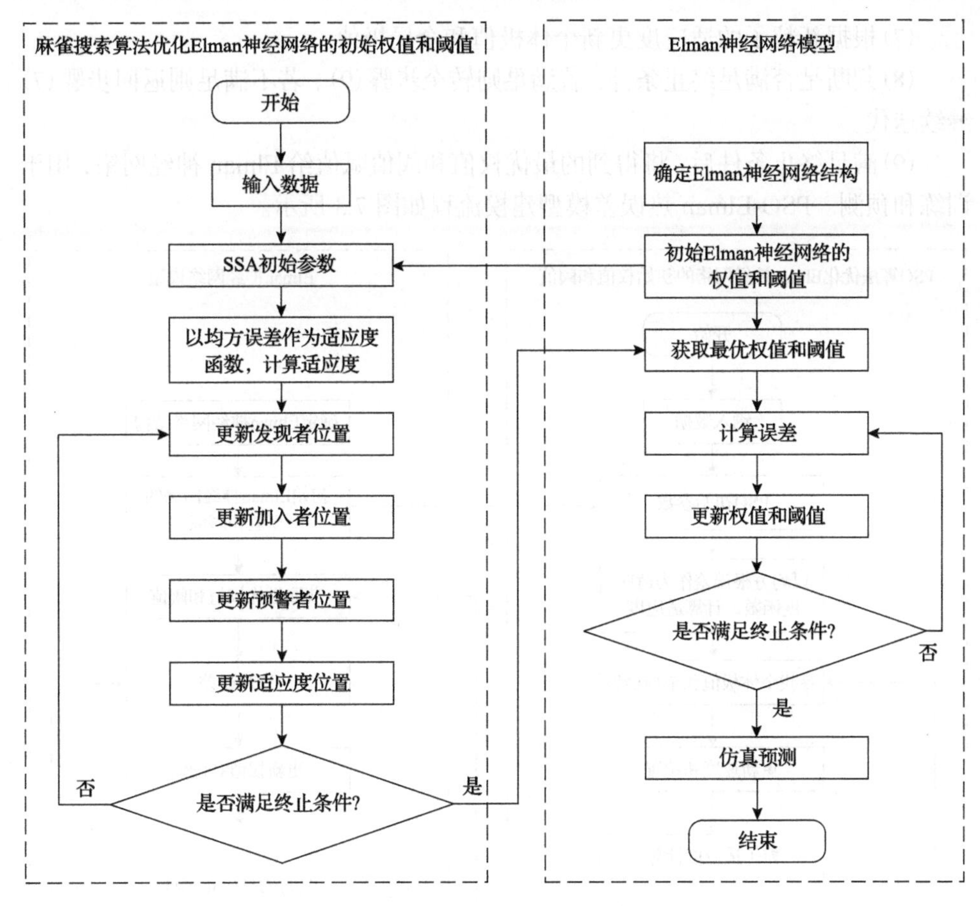

图 7.2　SSA-Elman 热误差模型建模流程

2. PSO-Elman 热误差模型的建立

为了验证 SSA-Elman 热误差模型的预测精度和性能，将它与 PSO-Elman 热误差模型进行对比[2]。PSO-Elman 热误差模型的建模步骤如下。

(1) 初始化粒子群和相关参数。

(2) 确定 Elman 神经网络。

(3) 对粒子群中粒子信息进行编码，建立粒子群与 BP 神经网络中权值和阈值的对应关系。

(4) 确定粒子适应度函数，对粒子群中的粒子信息进行编码，建立粒子群与 Elman 神经网络中权值和阈值的对应关系，以 Elman 神经网络预测输出和实测值的均方根误差作为粒子群算法的适应度函数。

(5) 根据初始粒子适应度来寻找个体极值和全局极值。

(6) 更新粒子的速度和位置。

(7) 根据新粒子的适应度更新个体极值和全局极值。

(8) 判断是否满足终止条件，若满足则转至步骤(9)，若不满足则返回步骤(7)继续迭代。

(9) 满足终止条件后，将得到的最优权值和阈值赋值给 Elman 神经网络，用于训练和预测。PSO-Elman 热误差模型建模流程如图 7.3 所示。

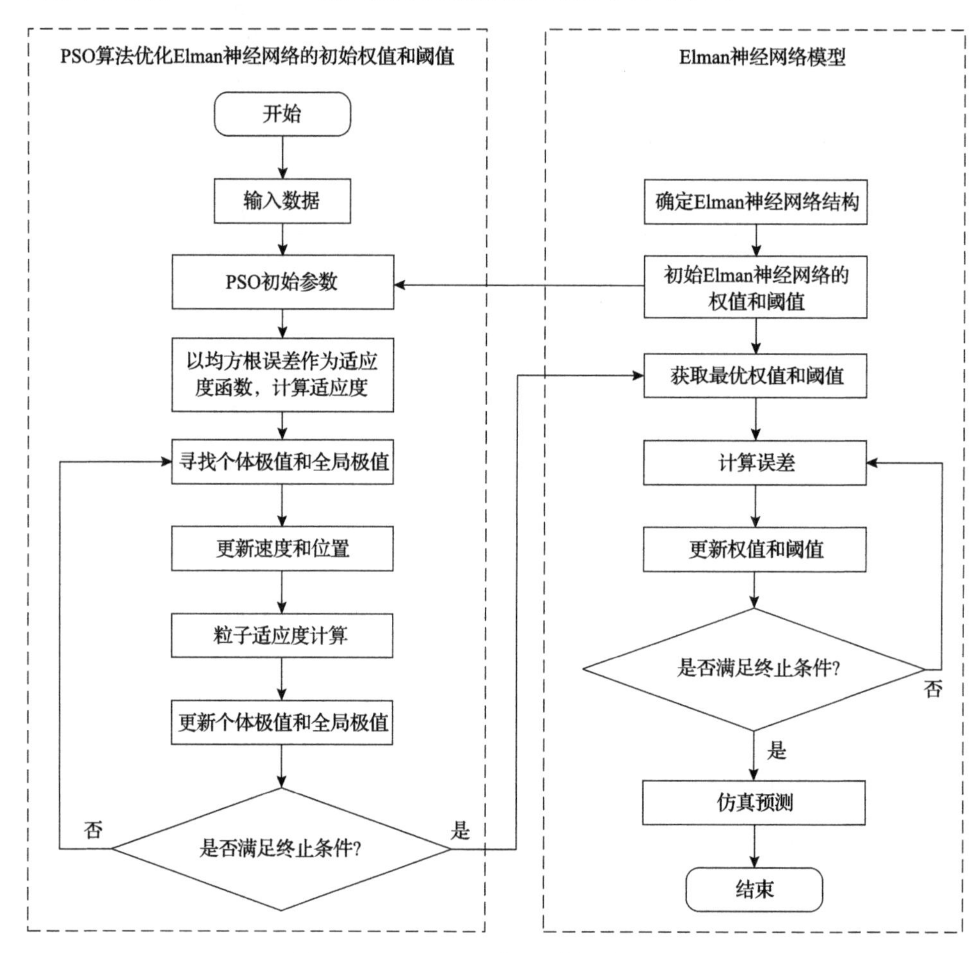

图 7.3　PSO-Elman 热误差模型建模流程

3. SSA-Elman 热误差模型的验证

不同转速下各模型的预测曲线如图 7.4～图 7.8 所示。

图 7.8 中，R^2 为决定系数，是模型对样本拟合程度的指标，理论上取值范围为(0,1]。R^2 越接近 1，表明模型对数据的拟合程度越高；R^2 越接近 0，表明模型对数据的拟合程度越差。MAE 和 RMSE 分别为模型的平均绝对误差和均方根误

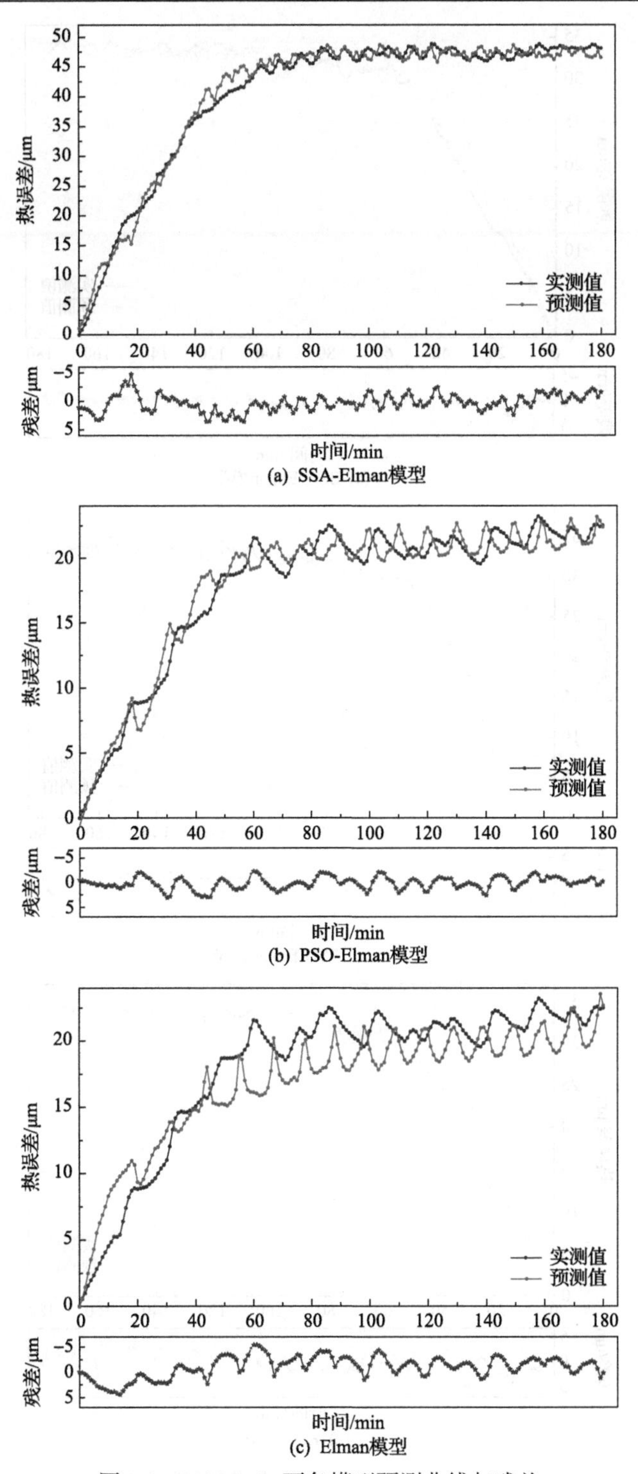

图 7.4　2000r/min 下各模型预测曲线与残差

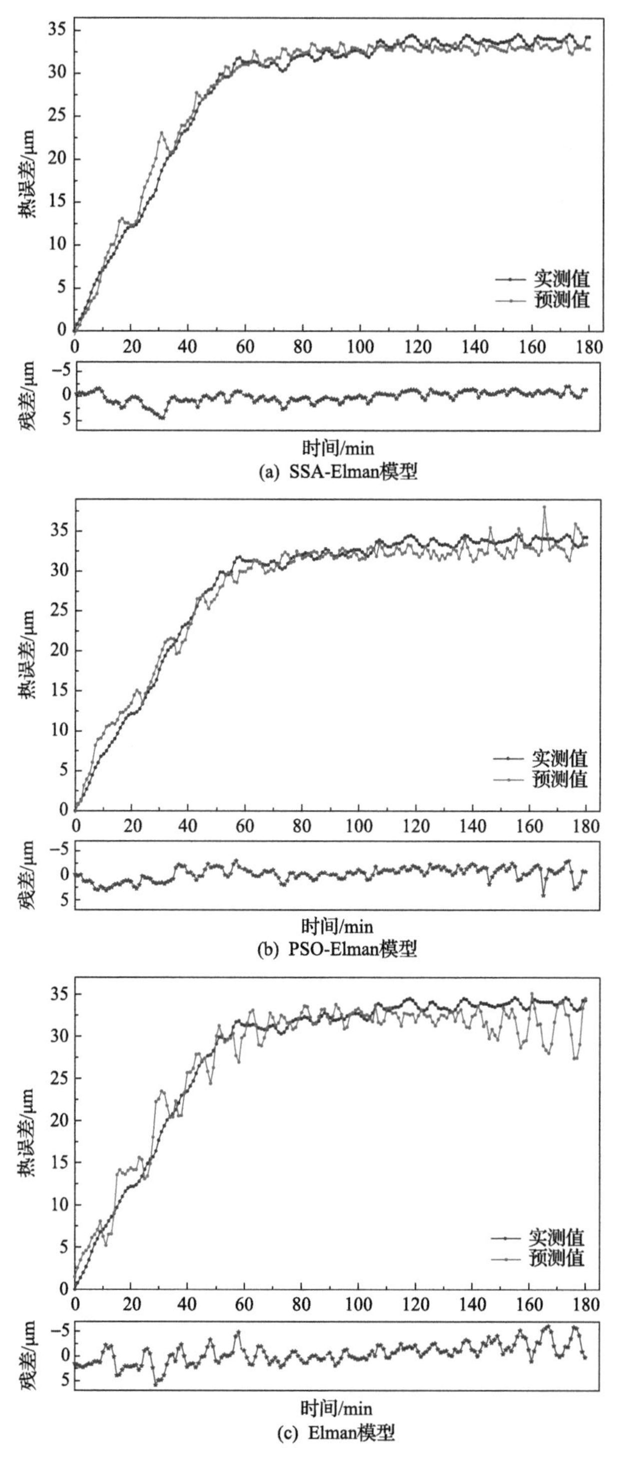

图 7.5　4000r/min 下各模型预测曲线与残差

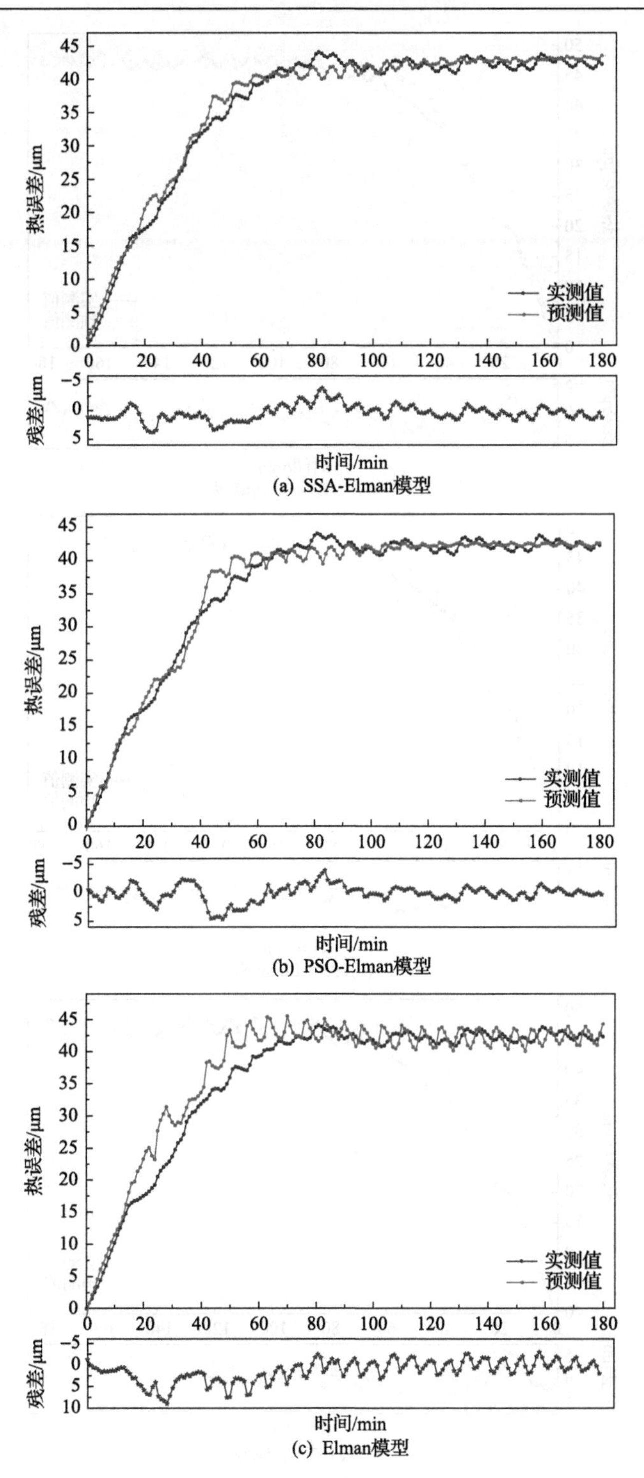

图 7.6　8000r/min 下各模型预测曲线与残差

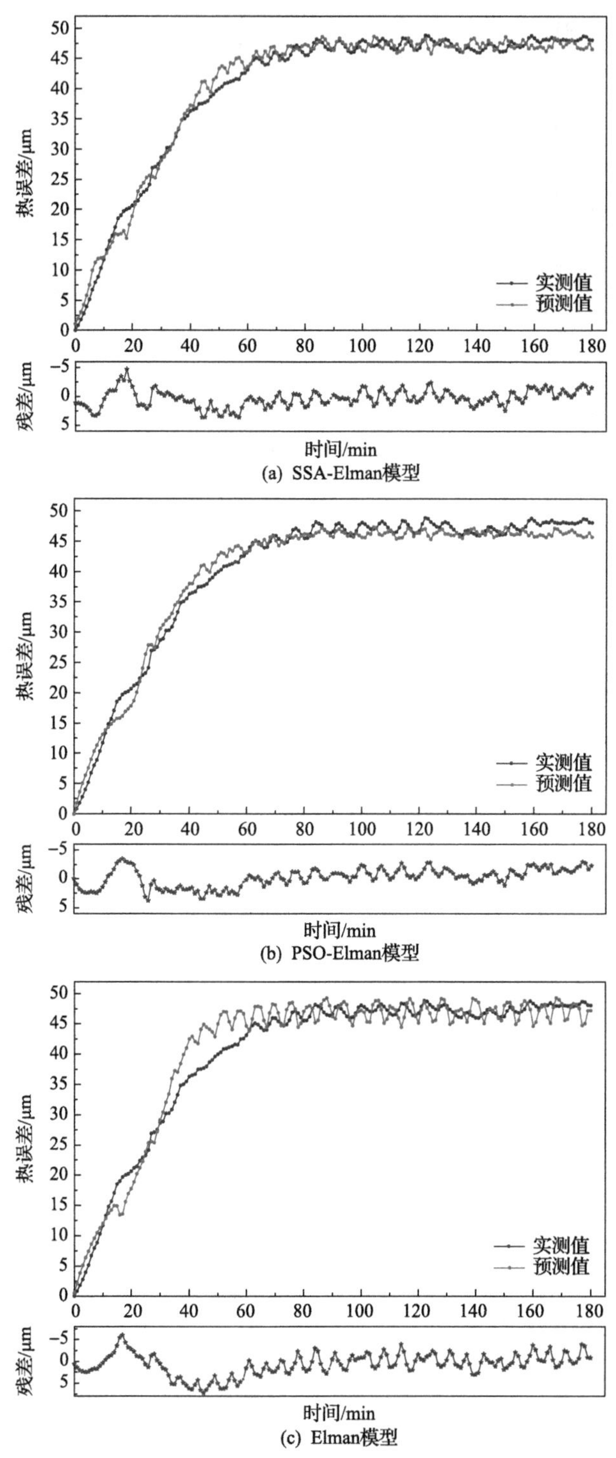

图 7.7　10000r/min 下各模型预测曲线与残差

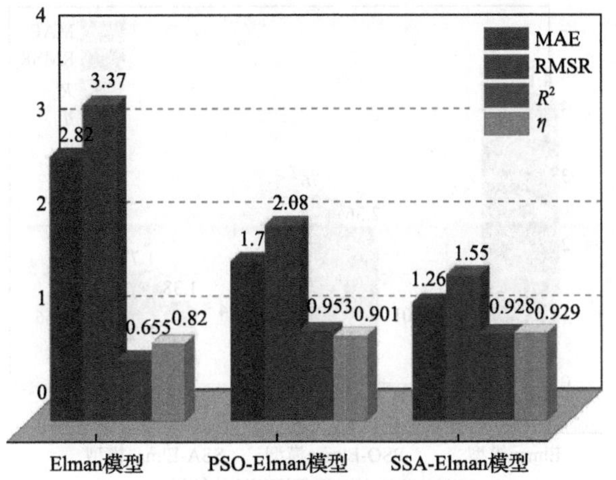

(a) 2000r/min下各模型评价结果

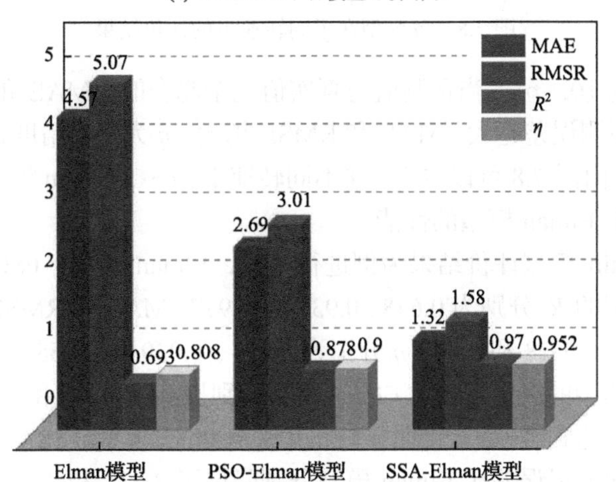

(b) 4000r/min下各模型评价结果

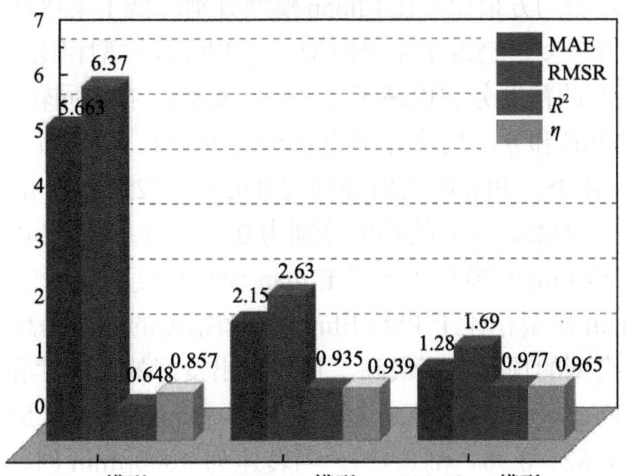

(c) 8000r/min下各模型评价结果

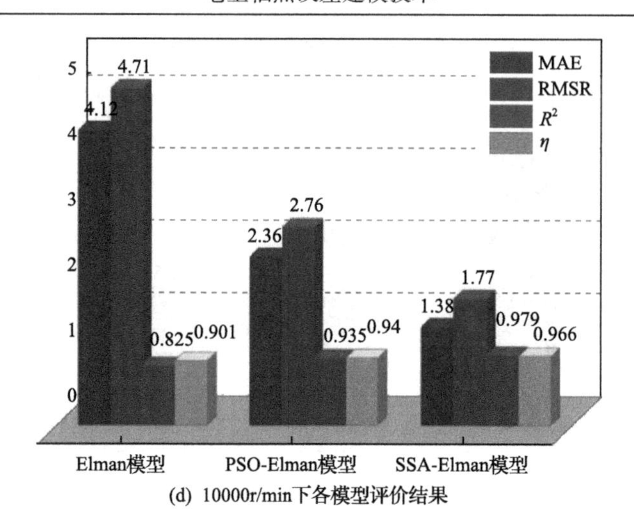

(d) 10000r/min下各模型评价结果

图 7.8　各模型在不同转速下的评价结果

差，取值范围为 [0,+∞)。当预测值与真实值完全吻合时，MAE 和 RMSE 等于 0，即完美模型；预测误差越大，MAE 和 RMSE 越大。η 为建模精度，其值越接近 1，模型精度越高。由图 7.8 可以看出，在不同转速下，PSO-Elman 模型和 SSA-Elman 模型均显著高于 Elman 模型的性能。

以 8000r/min 模型评价结果为例进行分析，Elman 模型、PSO-Elman 模型和 SSA-Elman 模型的 R^2 分别为 0.648、0.935 和 0.977，MAE 和 RMSE 分别为 5.663、6.37、2.15、2.63、1.28 和 1.69，η 分别为 0.857、0.939 和 0.965。PSO-Elman 模型和SSA-Elman模型的决定系数比Elman模型分别提高了 0.287 和 0.329。SSA-Elman 模型的拟合程度达到了 0.977，明显高于 PSO-Elman 模型。SSA-Elman 模型的平均绝对误差和均方根误差比 Elman 模型分别降低了 3.518 和 3.74，SSA-Elman 模型的平均绝对误差和均方根误差比 Elman 模型分别降低了 4.38 和 4.68，SSA-Elman 模型将误差降低得最多，趋近于完美模型；与 Elman 模型相比，PSO-Elman 模型与 SSA-Elman 模型的精度分别提高了 8.2%和 10.8%。在不同转速下，Elman 模型的 R^2、MAE、RMSE 和 η 的均值分别为 0.705、0.453、4.88 和 0.846；PSO-Elman 模型的 R^2、MAE、RMSE 和 η 的均值分别为 0.925、2.225、2.62 和 0.92；SSA-Elman 模型的 R^2、MAE、RMSE 和 η 的均值分别为 0.964、1.31、1.648 和 0.953。其中，SSA-Elman 和 PSO-Elman 模型相比于 Elman 模型精度的均值分别提高了 7.4%和 10.7%。SSA-Elman 模型相比于 PSO-Elman 模型精度的均值提高了 3.3%。可以看出，SSA-Elman 模型的预测精度最高，且表现出良好的稳定性和泛化能力。

当转速为 2000r/min 时，Elman 模型、PSO-Elman 模型和 SSA-Elman 模型的建模精度分别为 0.82、0.901 和 0.929；当转速为 4000r/min 时，三种模型的建模精度分别为 0.808、0.9 和 0.952；当转速为 8000r/min 时，三种模型的建模精度分别为 0.857、0.939 和 0.965；当转速为 10000r/min 时，三种模型的建模精度分别为 0.901、0.94 和 0.966。可以看出，在低转速 2000r/min 和 4000r/min 时，各模型的预测精度均低于高转速 8000r/min 和 10000r/min 的各模型。在低转速下，各模型的预测精度和鲁棒性还需要进一步提高，为获得更高的预测精度，需要以低转速作为训练集、高转速作为预测集进行预测。

由上述结果可得，SSA-Elman 模型和 PSO-Elman 模型均可以显著提高 Elman 模型的性能，且 SSA-Elman 模型优于 PSO-Elman 模型。因此，SSA-Elman 模型更适用于电主轴热误差的预测。

7.2　BAS-BP 热误差模型

关于 BP 神经网络的概念、原理及模型建立，前面已做详细描述，这里不再赘述，可参见 6.5 节 BP 神经网络热误差模型的建立与验证。

7.2.1　天牛须搜索算法

天牛须搜索(beetle antennae search, BAS)算法适用于多目标函数优化。利用嗅觉获取食物的气味强度，是天牛觅食的生物学原理，即天牛会飞向左右须中食物气味高的一侧。天牛须搜索算法的优势在于，天牛须查找无须了解函数的特定形式，也无须了解有效梯度的信息，即可进行函数优化。此外，该算法只需要一只天牛来搜索，这大大减少了运算量，寻优速度显著提高。该算法的流程介绍如下。

(1)创建天牛须朝向的随机向量且进行归一化处理：

$$b = \frac{\text{rand}(k,1)}{\left\|\text{rand}(k,1)\right\|} \tag{7.8}$$

式中，rand(·)为随机函数；k 为空间维度。

(2)创建天牛左右须空间坐标：

$$\begin{cases} x_{rt} = x_t + d_0 \times b / 2 \\ x_{lt} = x_t - d_0 \times b / 2 \end{cases} \tag{7.9}$$

式中，x_{rt} 和 x_{lt} 分别为天牛右须和左须在第 t 次迭代时的位置坐标；x_t 为天牛在第 t 次迭代时的质心坐标；d_0 为两须之间的距离。

(3)根据适应度函数判断左右须气味强度，即 $f(x_l)$ 和 $f(x_r)$ 的强度，f 为适应度函数。

(4)迭代更新天牛的位置：

$$x_{t+1} = x_t - \delta_t \times b \times \mathrm{sign}\left(f\left(x_{rt}\right) - f\left(x_{lt}\right)\right) \tag{7.10}$$

式中，δ_t 为在第 t 次迭代时的步长因子；$\mathrm{sign}(\cdot)$ 为符号函数。

7.2.2　BAS-BP 热误差模型的建立

BP 神经网络的训练过程完全依赖于误差函数对初始权值和阈值的调整，且初始权值和阈值一般通过随机初始化的方式取得，选择不当将会对训练结果产生极大的影响。采用天牛须搜索算法对 BP 神经网络的初始权值和阈值进行优化，再对网络进行训练可以在很大程度上提升网络的性能，极大地避免随机初始化导致网络陷入局部最优的问题。建立 BAS-BP 热误差模型的步骤如下。

(1) 确定 BP 神经网络结构。本节采用的 BAS-BP 热误差模型中，输入层 4 个节点为热敏感点 T1、T7、T9、T10，输出层 1 个节点为电主轴轴向热误差，隐含层节点个数通常采用经验公式 $H=(m+n)/2+a$ 来确定，其中 m 为输入层节点个数，n 为输出层节点个数，a 为常数，一般取 1～10 的整数。根据经验公式范围内的隐含层节点数，通过对训练集进行训练，选择最小训练误差对应的隐含层节点作为最佳隐含层节点数。BP 神经网络每次训练时的初始权值和阈值都是随机的，因此每次训练时的最佳隐含层节点个数并不是固定不变的。

(2) 初始化天牛参数。天牛左右须的位置 X_l 和 X_r，天牛初始步长 δ_0=25，迭代次数 T=100。

(3) 确定适应度函数。天牛对网络结构分配权值和阈值，利用 BP 神经网络对训练集进行训练，以训练数据的均方误差 MSE 作为适应度评价函数：

$$\text{fitness} = \text{MSE} = \frac{1}{N}\sum_{i=1}^{N}(\tilde{y}_i - y_i)^2 \tag{7.11}$$

式中，N 为训练集样本数；$\tilde{y}_i$ 和 y_i 分别为 BAS-BP 神经网络输出神经元的预测输出和实际输出。

(4) 初始化天牛位置。计算它的适应度函数，并存储于 best X(最佳天牛起始位置) 和 best Y(起始位置的最优适应度函数值) 中。

(5) 更新天牛须的空间坐标。计算两者之间的适应度函数值并进行比较，若此时的适应度函数值优于 best Y，则更新 best Y 和 best X；对天牛位置的更新即调整 BP 神经网络的权值和阈值。

(6) 判断适应度函数值是否达到设定的精度或达到最大迭代次数，若满足条件，则返回步骤 (7)；若不满足条件，返回步骤 (5) 继续迭代。

(7) 生成最优解。算法停止迭代时，best X 中的解为训练的最优解，即 BP 神经网络的最优权值和阈值。

将上述的最优解代入 BAS-BP 神经网络中进行训练，最终形成电主轴热误差预测模型。综合以上论述，BAS-BP 回归预测模型的具体流程如图 7.9 所示。

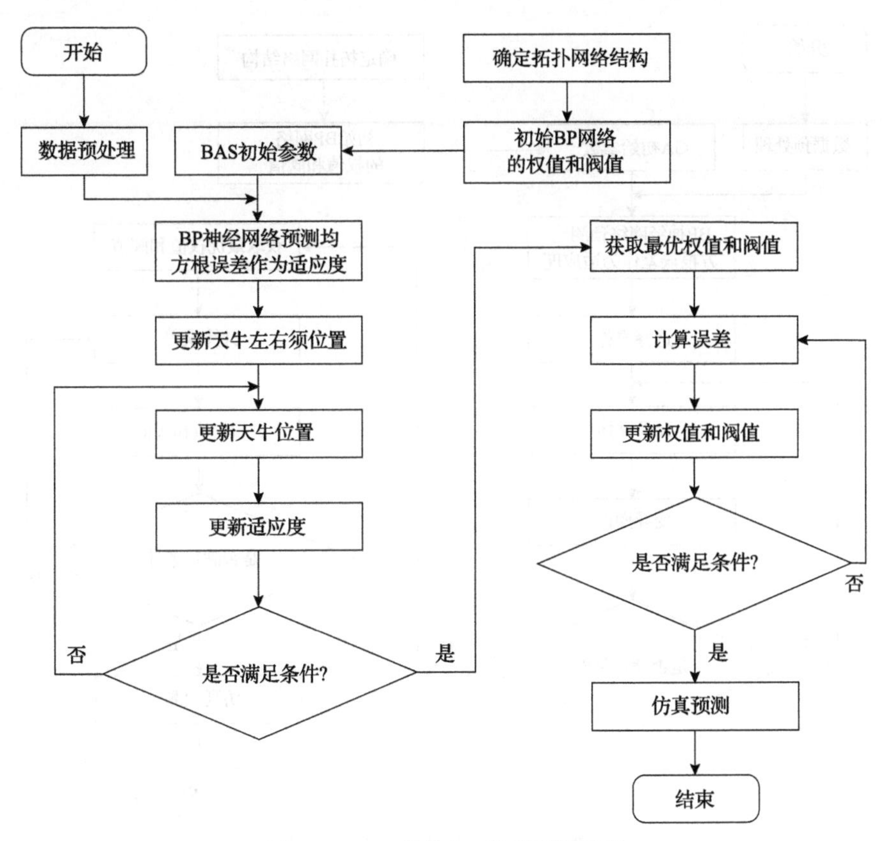

图 7.9　BAS 优化 BP 神经网络流程

7.2.3　GA-BP 热误差模型的建立

为了验证 BAS-BP 模型的性能[3]，将它与 GA-BP 模型进行比较。遗传算法(GA)具有全局优化和自动获取搜索空间的优点，利用遗传算法的特点对 BP 神经网络的拓扑、权值和阈值进行优化，提高 BP 神经网络的收敛速度和精度；GA-BP 热误差建模流程如图 7.10 所示，采用传统的试错法寻找模型性能指标的最佳值，通过最佳性能指标确定模型参数。

7.2.4　BAS-BP 热误差模型的验证

本节以 6000r/min 下的实验数据作为训练数据集，以 4000r/min 和 8000r/min 下的实验数据作为验证数据集，采用热敏感点 T1、T7、T9 和 T10 作为预测模型的输入，轴向热误差作为输出，建立 BAS-BP 模型，并与 BP 和 GA-BP 模型进行对比。各模型的预测值与实测值对比如图 7.11 和图 7.12 所示。

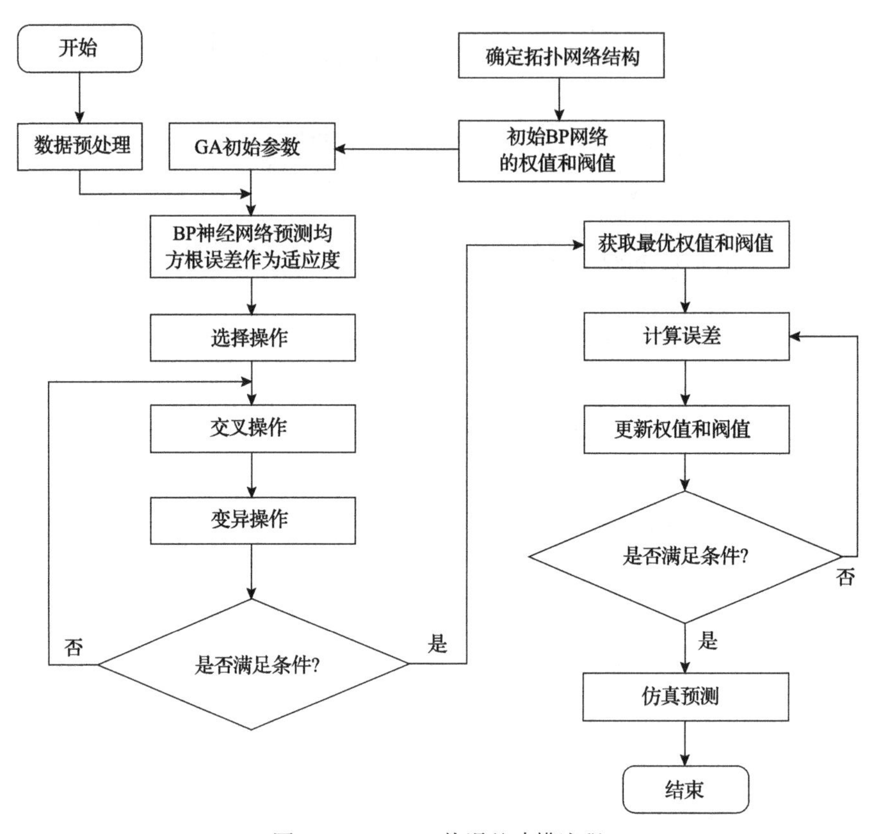

图 7.10　GA-BP 热误差建模流程

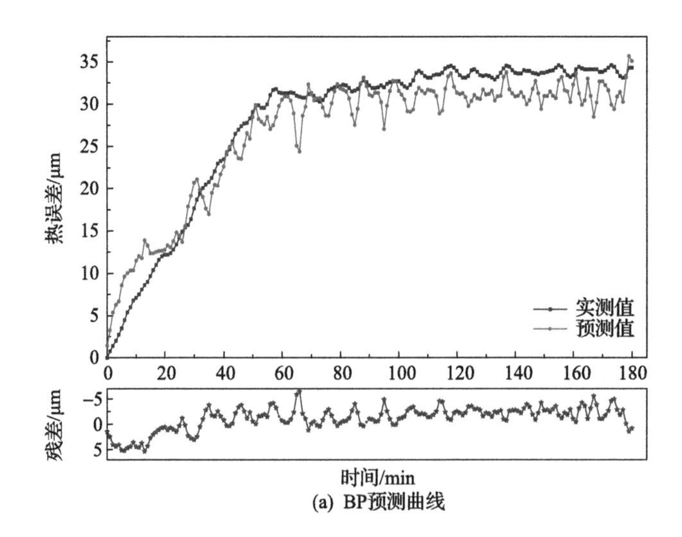

(a) BP预测曲线

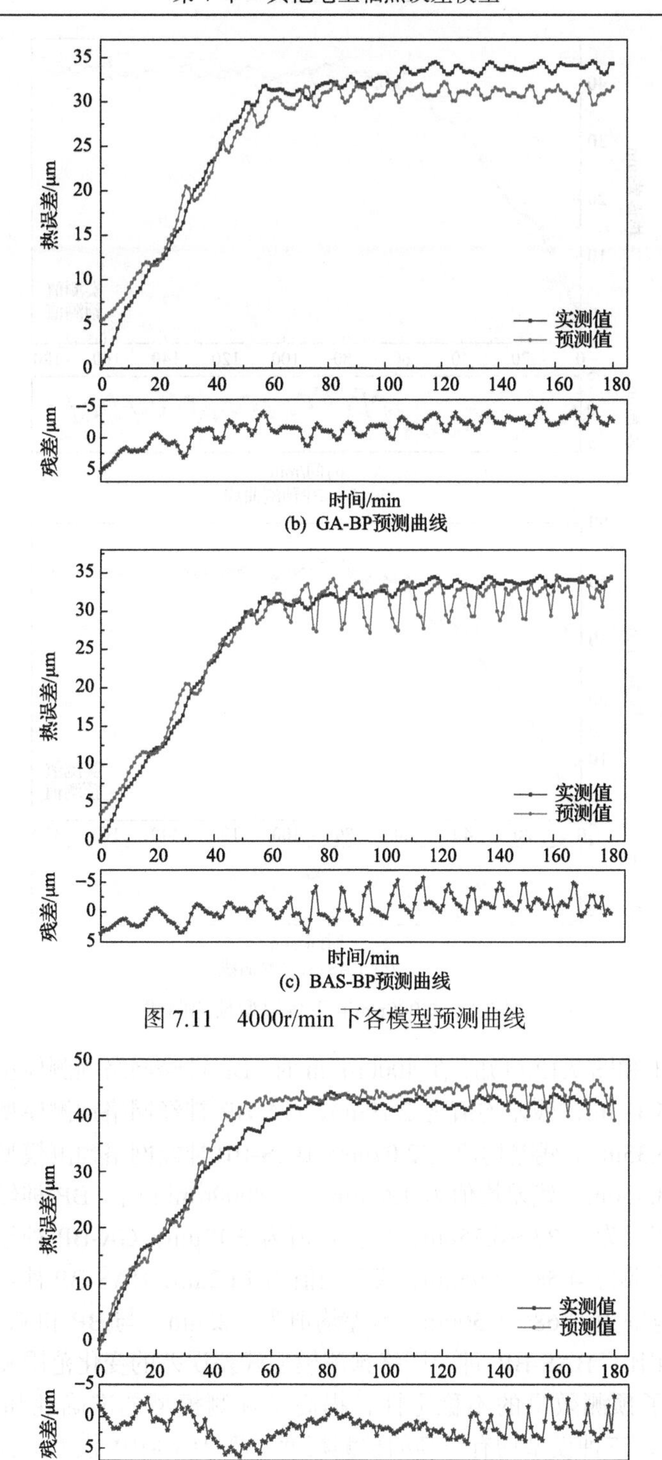

(b) GA-BP预测曲线

(c) BAS-BP预测曲线

图 7.11 4000r/min 下各模型预测曲线

(a) BP预测曲线

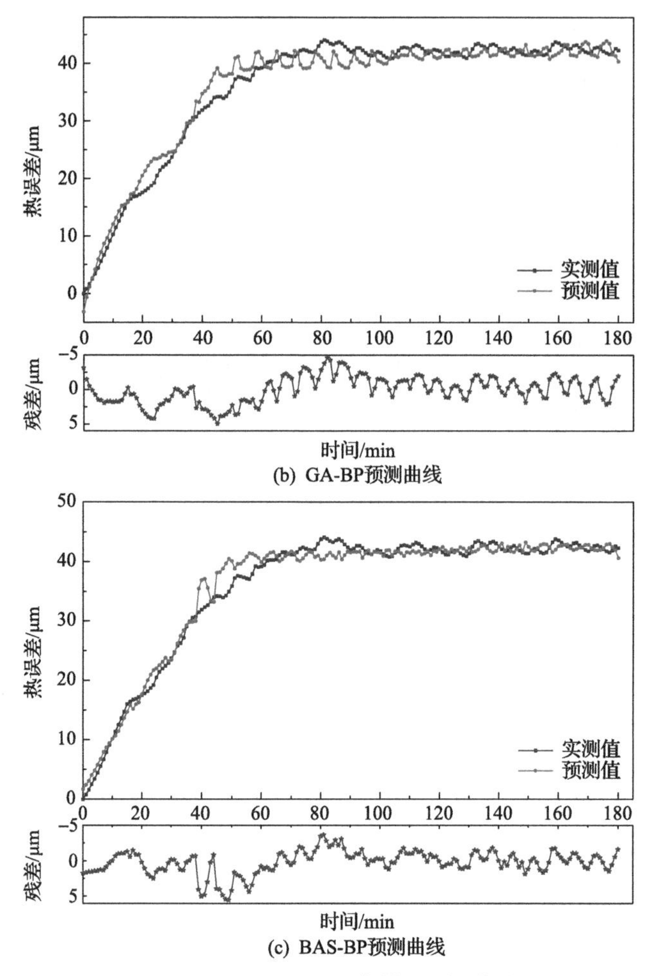

(b) GA-BP预测曲线

(c) BAS-BP预测曲线

图 7.12　8000r/min 下各模型预测曲线

由图 7.11 和图 7.12 可知，在 4000r/min 时，BP 神经网络预测模型残差变化范围为–6.48～5.31μm，残差均值为 2.19μm；GA-BP 神经网络预测模型残差变化范围为–4.91～5.35μm，残差均值为 2.07μm；BAS-BP 神经网络预测模型残差变化范围为–5.73～3.55μm，残差均值为 1.60μm。在 8000r/min 时，BP 神经网络预测模型残差变化范围为–3.27～6.35μm，残差均值为 2.12μm；GA-BP 神经网络预测模型残差变化范围为–4.58～4.95μm，残差均值为 1.62μm；BAS-BP 神经网络预测模型残差变化范围为–3.68～5.50μm，残差均值为 1.25μm。与 BP 和 GA-BP 神经网络预测模型相比，BAS-BP 神经网络预测模型残差误差的变化范围和残差均值均减小，降低了预测效果的不稳定性，提高了预测模型的准确性和鲁棒性。在 8000r/min 时，三种模型均有较高的预测精度，且 BAS-BP 模型的预测精度高于 GA-BP 模型。三种模型在 4000r/min 时都具有较高的预测准确性，但与 8000r/min

对应的热误差模型相比仍有轻微差距，所以模型在 4000r/min 时的鲁棒性还需要进一步提高。

为了对热误差预测模型进行评价，采用决定系数(R^2)、均方根误差(RMSE)、平均绝对误差(MAE)和建模精度(η)作为评价指标进行评价，结果如图 7.13 和图 7.14 所示。

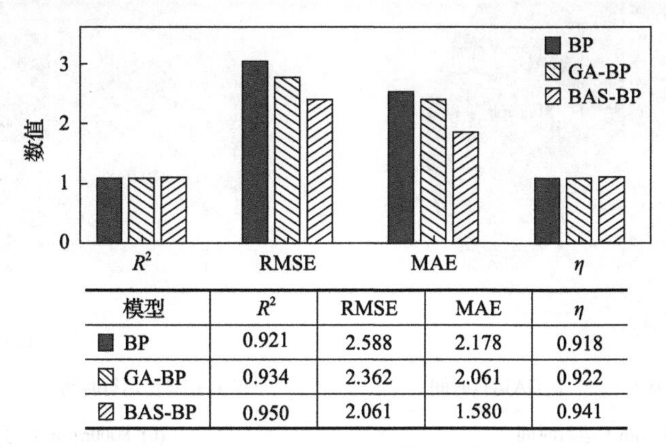

模型	R^2	RMSE	MAE	η
BP	0.921	2.588	2.178	0.918
GA-BP	0.934	2.362	2.061	0.922
BAS-BP	0.950	2.061	1.580	0.941

图 7.13　4000r/min 下各模型评价结果

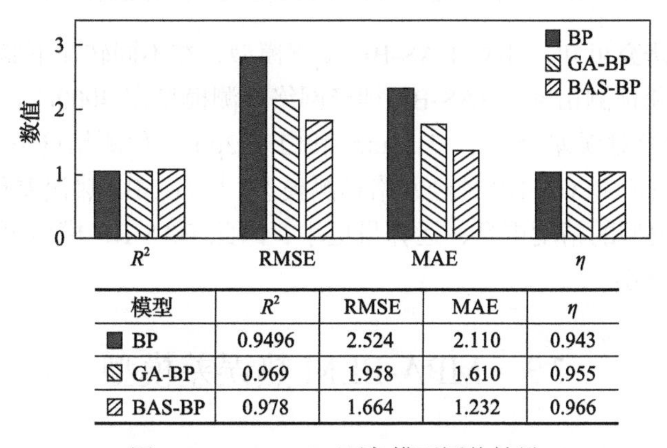

模型	R^2	RMSE	MAE	η
BP	0.9496	2.524	2.110	0.943
GA-BP	0.969	1.958	1.610	0.955
BAS-BP	0.978	1.664	1.232	0.966

图 7.14　8000r/min 下各模型评价结果

在不同转速下，BAS-BP 模型均表现出最优的性能。与 BP 模型相比，BAS-BP 模型和 GA-BP 模型在 4000r/min 和 8000r/min 下轴向热误差的 RMSE 分别降低了 20.36%、8.73%和 34.07%、22.42%；预测精度提高了 2.5%、0.4%和 2.4%、1.3%。在 R^2 和 MAE 的指标中，BAS-BP 模型也优于 BP 和 GA-BP 模型。因此，BAS-BP 模型可以提高 BP 模型的预测精度，且优于 GA-BP 模型。

BAS 算法和遗传算法的运行时间如图 7.15 所示。由图可以看出，在不同转速下，BAS 算法的运行时间均少于遗传算法。与遗传算法相比，BAS 算法具有更高的搜索速度和更优的搜索性能。这是因为 BAS 算法没有交叉、变异等遗传操作，计算复杂度比遗传算法低，无须提供梯度信息就能实现优化的目的。迭代期间仅需单个天牛，这大大减少了运算量，效率更高。因此，BAS-BP 模型不仅具有较高的预测精度，还具有运算量小的优点。

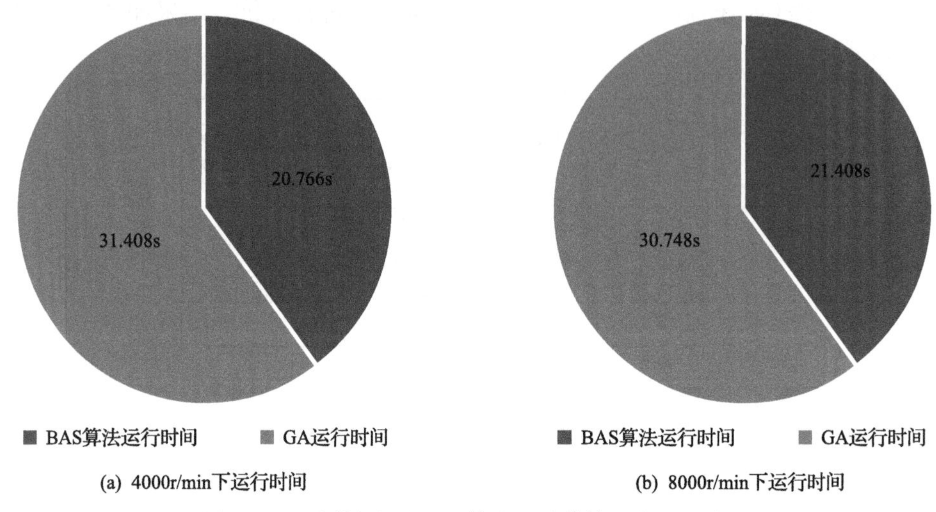

图 7.15　不同转速下 BAS 算法和遗传算法的运行时间

综合上述研究可知，建立 BAS-BP 预测模型，在不同转速下验证了 BAS-BP 模型的鲁棒性和预测精度。BAS-BP 神经网络预测模型在 4000r/min 和 8000r/min 下的轴向平均绝对误差分别为 1.58μm 和 1.232μm，预测精度分别为 94.1%和 96.6%，均优于 BP 和 GA-BP 神经网络预测模型。与 GA-BP 热误差预测模型相比，BAS-BP 预测模型的精度更高，运算量更小，因此 BAS-BP 模型更适用于主轴热误差的预测和补偿。

7.3　MPA-ELM 热误差模型

7.3.1　极限学习机算法

极限学习机(extreme learning machine，ELM)算法主要基于单隐层前馈神经网络(single hidden layer feedforward neural network，SLFN)的学习理论，ELM 只包含一个隐含层，其中所有层参数、权重和偏差都是随机定义的，可以使用反向操作将隐含层连接到输出层的输出权重，ELM 模型结构如图 7.16 所示。

7.3.2　海洋捕食者算法

海洋捕食者算法(marine preclators algorithm, MPA)认为顶级捕食者具有最大的搜索本领，顶级捕食者构成精英矩阵(一个顶级捕食者即问题的一个解)；MPA

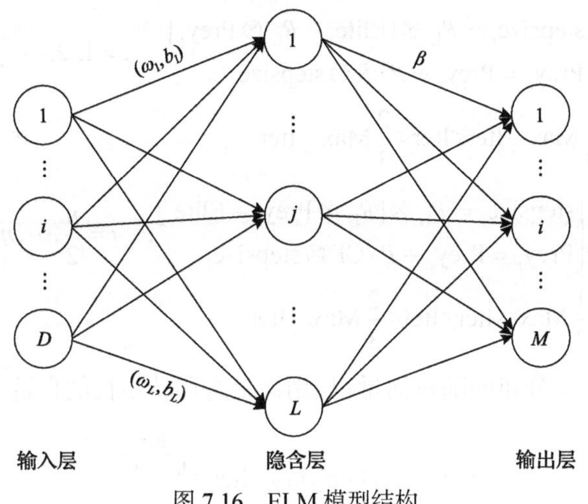

图 7.16　ELM 模型结构

是一种新型元启发式优化算法，其过程如下。

1）初始化阶段

与大多数元启发式算法类似，MPA 随机在搜索空间范围内初始化猎物位置来启动优化过程，数学描述如下：

$$x_0 = x_{\min} + \text{rand}(X_{\max} - X_{\min}) \tag{7.12}$$

式中，$X_{\max}$、$X_{\min}$ 为搜索空间范围；rand(·)为 [0,1] 的随机数。

2）MPA 优化阶段

捕食者运动速度大于猎物速度（$V \geqslant 10$）时为迭代初期，此时捕食者处于勘探策略基本不动，数学模型如下：

$$\begin{cases} \text{stepsize}_i = R_\text{B} \otimes [\text{Elite}_i - R_\text{B} \otimes \text{Prey}_i] \\ \text{Prey}_i = \text{Prey}_i + P \cdot R \otimes \text{stepsize}_i \end{cases}, \quad i = 1, 2, \cdots, n$$
$$\text{Iter} < \frac{1}{3}\text{Max\_Iter} \tag{7.13}$$

式中，stepsize_i 为移动步长；R_B 为呈正态分布的布朗游走随机向量；Elite_i 为由顶级捕食者构造的精英矩阵；Prey_i 为与精英矩阵具有相同维数的猎物矩阵；⊗ 为逐项乘法运算符；P 为常数，取值 0.5；R 为[0,1]的均匀随机向量；n 为种群规模；Iter 和 Max_Iter 分别为当前迭代次数和最大迭代次数。

在迭代中期，当捕食者与猎物速度相同时，猎物基于 Lévy 游走策略负责开发；捕食者基于布朗游走策略负责勘探，并逐渐由勘探策略转向开发策略。开发和勘探的数学描述为

$$\begin{cases} \text{stepsize}_i = R_L \otimes [\text{Elite}_i - R_L \otimes \text{Prey}_i] \\ \text{Prey}_i = \text{Prey}_i + P \cdot R \otimes \text{stepsize}_i \end{cases}, \quad i = 1, 2, \cdots, \frac{n}{2}$$
$$\frac{1}{3}\text{Max\_Iter} < \text{Iter} < \frac{2}{3}\text{Max\_Iter} \tag{7.14}$$

$$\begin{cases} \text{stepsize}_i = R_B \otimes [R_B \otimes \text{Prey}_i - \text{Elite}_i] \\ \text{Prey}_i = \text{Prey}_i + P \cdot \text{CF} \otimes \text{stepsize}_i \end{cases}, \quad i = \frac{n}{2}, \cdots, n$$
$$\frac{1}{3}\text{Max\_Iter} < \text{Iter} < \frac{2}{3}\text{Max\_Iter} \tag{7.15}$$

式中，R_L 为呈 Lévy 分布的随机向量；控制捕食者移动步长的自适应参数 CF 如下：

$$\text{CF} = (1 - \text{Iter}/\text{Max\_Iter})^{\frac{2\text{Iter}}{\text{Max\_Iter}}} \tag{7.16}$$

3）鱼类聚集装置（fish aggregating device, FAD）效应或涡流

此方法通常改变海洋捕食者觅食行为，这一策略能使 MPA 在寻优过程中克服早熟收敛的问题，逃离局部极值。其数学描述为

$$\begin{cases} \text{Prey}_i = \text{Prey}_i + \text{CF}[X_{\min} + R_L \otimes (X_{\max} - X_{\min})] \otimes Ur \leqslant \text{FADs} \\ \text{Prey}_i + [\text{FADs}(1-r) + r](\text{Prey}_{r_1} - \text{Prey}_{r_2})r > \text{FADs} \end{cases} \tag{7.17}$$

式中，FADs 为影响概率，取 0.2；U 为二进制向量；r 为[0,1]的随机数；下标 r_1、r_2 为猎物矩阵的随机索引。

7.3.3 MPA-ELM 热误差模型的建立与验证

1. MPA-ELM 热误差模型的建立

输入层与隐含层的权值和阈值是随机产生的，传统的极限学习机可能会使隐含层节点过多，训练过程中容易产生过拟合现象。该方法运用海洋捕食者算法对极限学习机的输入层与隐含层的权值与阈值进行优化，从而提高模型的稳定性和预测精度[4]。

基于 MPA 优化 ELM 的电主轴热误差预测的具体步骤如下。

（1）确定 ELM 的拓扑结构，即输入层神经元的个数、隐含层神经元的个数以及输出层神经元的个数。

（2）对 ELM 中输入层到隐含层的权值以及阈值进行编码，得到初始种群。

（3）解码得到权值和阈值，将权值和阈值代入 ELM 的训练网络中，使用训练样本进行训练。

（4）训练完成后，使用测试样本进行测试，将测试样本的期望值和预测值的误差平方和作为适应度函数。

(5) 对种群进行选择、交叉、变异，得到新的种群，若满足条件，则得出误差平方和最小的网络权值和阈值，若不满足条件，则返回步骤(2)。

(6) 将优化后的权值和阈值代入训练网络中，计算隐含层输出矩阵 H，并求解矩阵 H 的 Moore-Penrose 广义逆矩阵 H^{+}。

(7) 计算输出层权值 $\beta=H^{+}T$，T 为样本标签。

(8) 将测试样本代入模型中进行预测。

MPA-ELM 网络流程如图 7.17 所示。

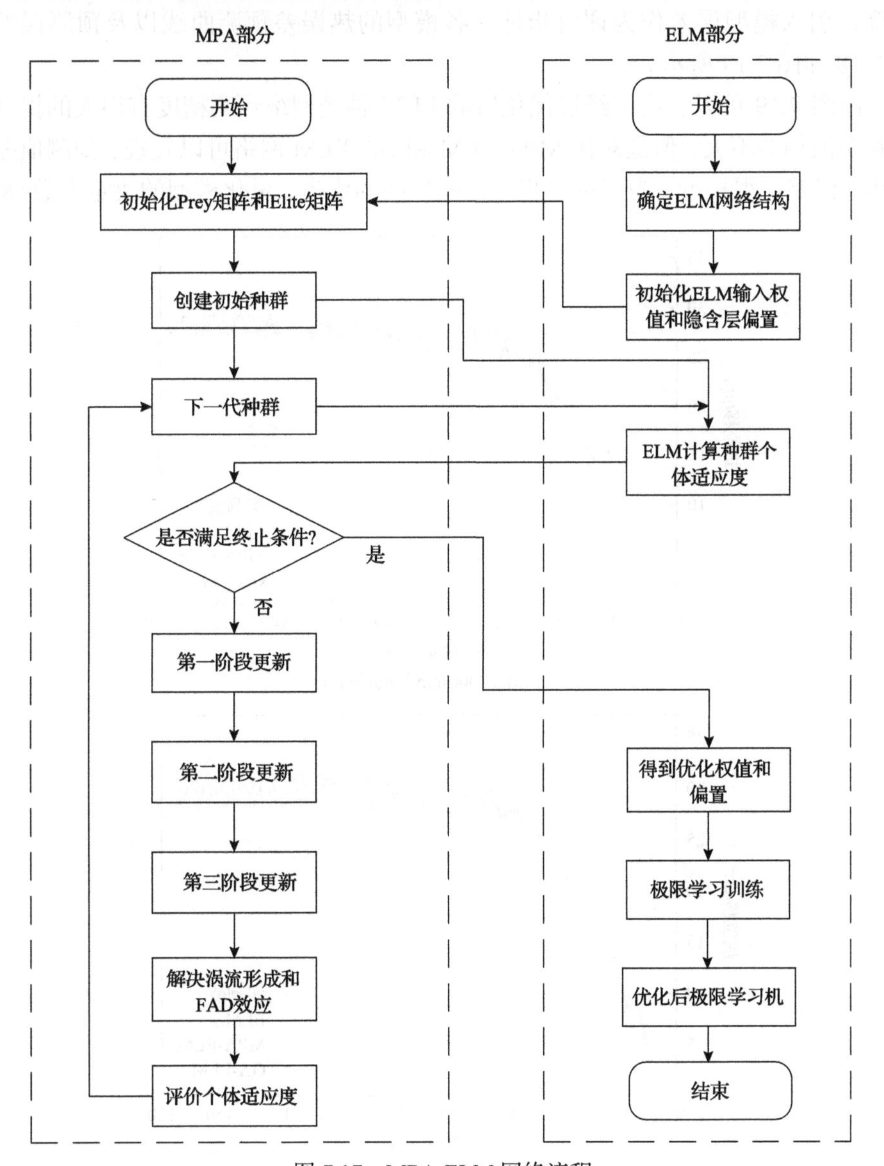

图 7.17　MPA-ELM 网络流程

2. MPA-ELM 模型的验证

通过 MATLAB 分别对 ELM 网络、MPA-ELM 网络以及 GA-ELM 网络建模，以 6000r/min 下的数据作为训练数据集训练网络，其余转速下的数据作为验证集。ELM 网络中，隐含层为 8 层，传递函数为 Sigmoid 函数；MPA-ELM 网络中，种群数量为 20，最大迭代次数为 150；GA-ELM 网络中，个体数量为 20，最大遗传代数为 150，交叉概率和变异概率分别设置为 0.7 和 0.01。为了能够区别模型的精确度，引入模型误差作为评价指标。各模型的热误差预测曲线以及预测误差如图 7.18 和图 7.19 所示。

由图 7.19 可以看出，经过优化后的 ELM 神经网络预测精度有很大的提高，与真实值相差不大，但是对比 MPA-ELM 和 GA-ELM 网络可以发现，预测值差别极小，误差也很相近，为了进一步评价模型间的优劣，量化模型的决定系数(R^2)、

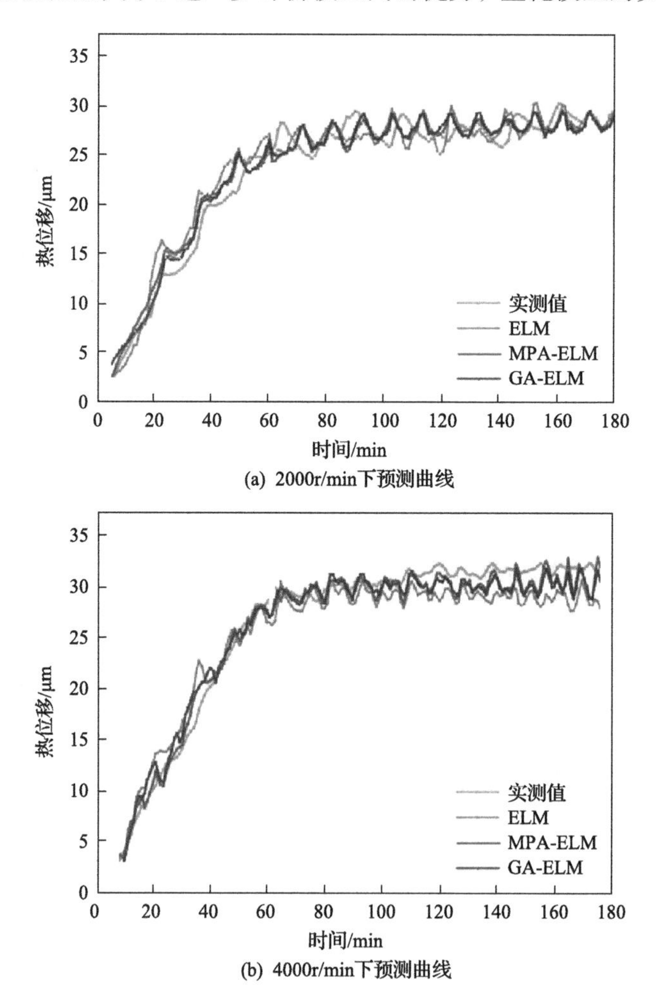

(a) 2000r/min下预测曲线

(b) 4000r/min下预测曲线

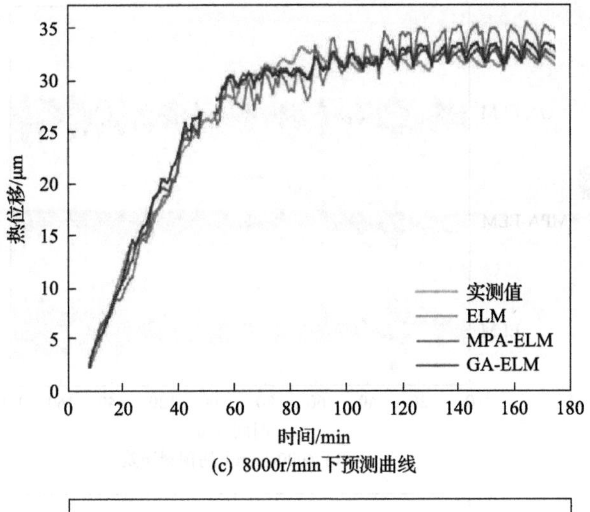

(c) 8000r/min下预测曲线

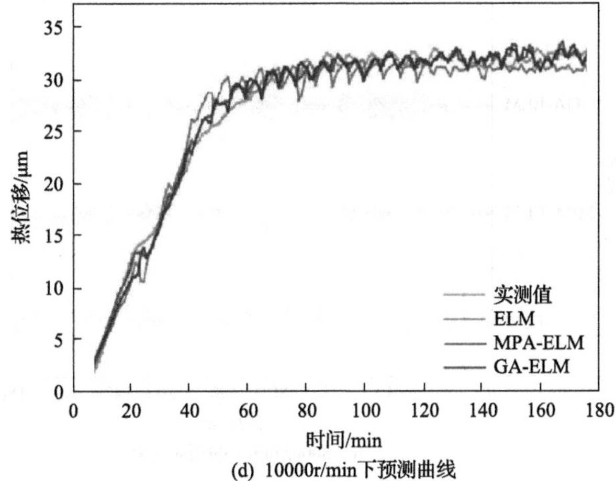

(d) 10000r/min下预测曲线

图 7.18　不同转速下电主轴的热误差预测曲线

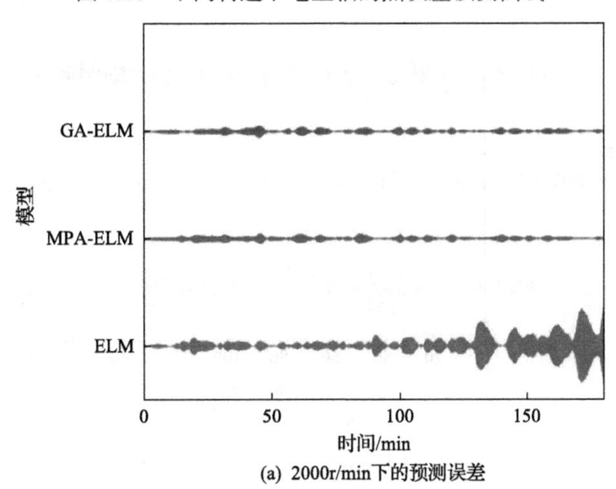

(a) 2000r/min下的预测误差

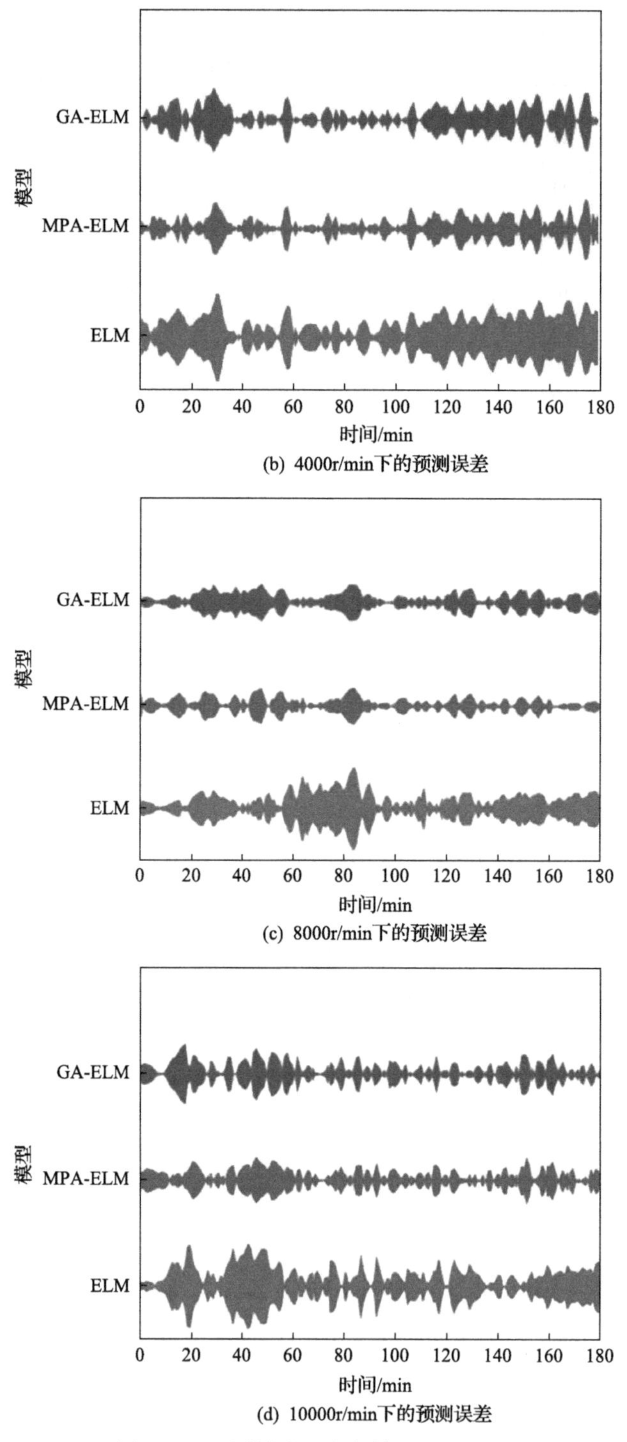

图 7.19　不同转速下电主轴的预测误差

均方根误差(RMSE)、平均绝对误差(MAE)和建模精度(η)作为评价指标进行评价，结果如图 7.20 所示。

R^2 可理解为模型中的因变量能被自变量的解释度，代表模型拟合的好坏，R^2 越趋近于 1，拟合效果越好。RMSE 反映预测值与真实值间的误差，RMSE 越小，说明模型的预测精度越高。MAE 代表预测值与真实值误差的绝对值的平均值，与 RMSE 规律相同，该值越趋近于 0，说明模型精度越高。η 表示模型精度，η 越趋近于 1，拟合效果越好，精度也就越高。

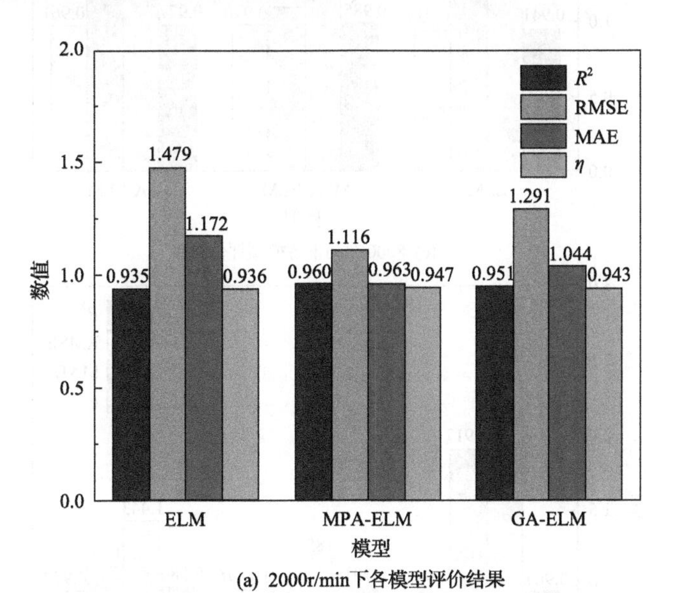

(a) 2000r/min下各模型评价结果

(b) 4000r/min下各模型评价结果

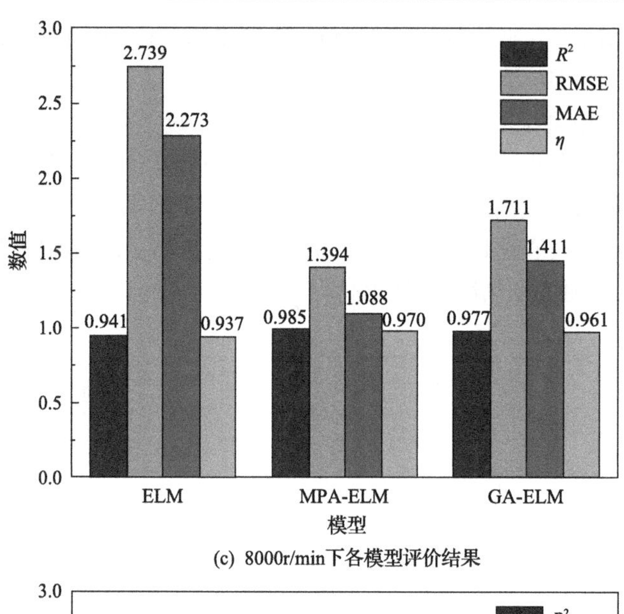

(c) 8000r/min下各模型评价结果

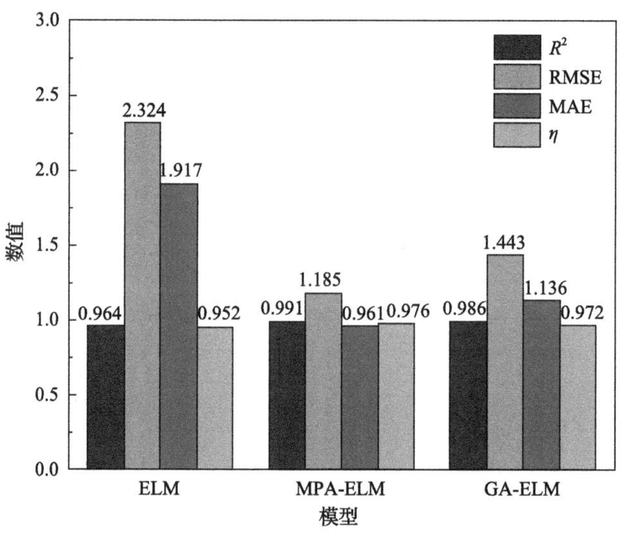

(d) 10000r/min下各模型评价结果

图 7.20　各模型在不同转速的评价结果

7.4　AO-LSSVM 热误差模型

7.4.1　最小二乘支持向量机

最小二乘支持向量机(LSSVM)是解决数据预测问题的优质算法，具有较高的准确性。LSSVM 算法主要解决模型未知的预测问题，其中训练阶段通过对输入数据和输出数据进行训练，从而得到训练模型，测试阶段将测试输入数据传入训练模型，得到测试结果，然后与实际输出结果进行对比，判断训练模型是否准确。LSSVM 算法对内部工作完全未知，需要利用历史数据训练出预测模型。因此，当只有数据信息、没有具体的数学模型时，可以用 LSSVM 算法进行预测[5]。

LSSVM 的具体形式为

$$f(x) = w^{\mathrm{T}} \Phi(x) + b \tag{7.18}$$

式中，$\Phi(x)$ 为映射函数；w 为权值系数；b 为回归函数。

这一问题可以依据结构风险最小化原则，综合考虑函数复杂度和拟合误差，表示为一个等式约束的优化问题，其目标函数为

$$\begin{cases} \min J(w,e) = \dfrac{1}{2} w^{\mathrm{T}} w + C \dfrac{1}{2} \sum\limits_{i=1}^{m} e_i^2 \\ \text{s.t. } y_i = w\Phi(x_i) + b + e_i \end{cases}, \quad i = 1,2,\cdots,m \tag{7.19}$$

式中，e_i 为误差系数。

为求解上述优化问题，构建预测模型，利用拉格朗日恒等式，将约束优化问题转变为无约束优化问题，从而转化为其对偶问题：

$$L(w,e,\alpha,b) = J(w,e) - \sum_{i=1}^{m} \alpha_i \left\{ w^{\mathrm{T}} \Phi(x_i) + b + e_i - y_i \right\} \tag{7.20}$$

式中，α_i 为拉格朗日乘子。

利用 KKT（Karush-Kuhn-Tucker）条件等方法对式（7.21）求偏导得

$$\begin{cases} \dfrac{\partial L}{\partial w} = 0 \to w = \sum\limits_{i=1}^{m} \alpha_i \Phi(x_i) \\ \dfrac{\partial L}{\partial b} = 0 \to \sum\limits_{i=1}^{m} \alpha_i = 0 \\ \dfrac{\partial L}{\partial e_i} = 0 \to \alpha_i = Ce_i \\ \dfrac{\partial L}{\partial \alpha_i} = 0 \to w^{\mathrm{T}} \Phi(x_i) + b + e_i - y_i = 0 \end{cases} \tag{7.21}$$

求解式（7.21），得到 LSSVM 预测模型为

$$f(x) = \sum_{i=1}^{m} \alpha_i K(x, x_i) + b \tag{7.22}$$

式中，$K(x,x_i)$为径向基核函数；b 为偏置常数；α_i 为拉格朗日乘子。本节选取的函数为高斯核函数。

7.4.2 天鹰优化器

天鹰优化(aquila optimizer, AO)器可以模拟天鹰对不同猎物的不同捕猎方式。天鹰对快速移动猎物的狩猎方式反映了算法的全局探索能力，对慢速移动猎物的狩猎方式反映了算法的局部开发能力。AO 算法具有较强的全局探索能力、较高的搜索效率和较快的收敛速度，但其局部开发能力不足，容易陷入局部最优。AO 算法模拟了天鹰在狩猎期间的行为，其优化过程可用四种方法表示：①通过垂直弯腰的高翱翔选择搜索空间(X_1)；②通过短滑翔攻击的等高飞行在搜索空间内探索(X_2)；③通过慢速下降攻击的低空飞行在收敛搜索空间内探索(X_3)；④通过行走和抓取猎物进行俯冲(X_4)[6]。

在第一种方法(X_1)中，天鹰识别猎物区域并通过垂直弯腰的高翱翔来选择最佳狩猎区域。此时，天鹰通过在高空翱翔来确定搜索空间的区域，即搜索猎物的位置。

$$\begin{cases} X_1(t+1) = X_{\text{best}}(t) \times \left(1 - \dfrac{t}{T}\right) + [X_M(t) - X_{\text{best}}(t) \times \text{rand}] \\ X_{\text{M}}(t) = \dfrac{1}{N}\sum\limits_{i=1}^{N} X_i(t), \quad \forall j = 1, 2, \cdots, \text{Dim} \end{cases} \tag{7.23}$$

式中，$X_1(t+1)$为由搜索方法 X_1 生成的第$(t+1)$代的解；$X_{\text{best}}(t)$为第 t 次迭代的最佳解，表示目标猎物的最近位置；t 和 T 分别为当前迭代次数和最大迭代次数；$X_{\text{M}}(t)$表示在第 t 次迭代时当前解的位置均值；rand 为 0～1 的随机值；Dim 表示问题的维度大小。

在第二种方法(X_2)中，当天鹰从高空找到猎物区域时，会在目标猎物上方盘旋，准备好发动攻击，这种方法称为短滑翔攻击的等高飞行。此时，天鹰优化器狭窄地探索目标猎物的选定区域，为攻击做准备。

$$\begin{cases} X_2(t+1) = X_{\text{best}}(t) \times L(D) + X_{\text{R}}(t) + (y - x) \times \text{rand} \\ L(D) = s \times \dfrac{\mu \times \sigma}{|\nu|^{1/\beta}} \end{cases} \tag{7.24}$$

式中，$X_{\text{R}}(t)$为 $[1,N]$的随机解；D 为维度空间；$L(D)$为捕猎飞行分布函数。

在第三种方法(X_3)中，当天鹰锁定捕食区域时，天鹰准备好着陆和攻击，随后垂直下降并进行初步攻击来试探猎物反应，这种行为称为低空飞行和慢速下降攻击。

$$X_3(t+1) = [X_{\text{best}}(t) - X_{\text{M}}(T)] \times \alpha - \text{rand} + [(U_{\text{b}} - L_{\text{b}}) \times \text{rand} + L_{\text{b}}] \times \delta \tag{7.25}$$

式中，α、δ为调整参数，由于本节热误差数据偏小，固定为较小值 0.1；U_b 和 L_b 分别为给定问题的上界和下界。

在第四种方法(X_4)中，当天鹰接近猎物时，它会根据猎物的随机移动攻击猎物，这种方法称为“行走并抓住猎物”。

$$\begin{cases} X_4(t+1)=Q_F\times X_{best}(t)-[G_1\times X(t)\times \text{rand}]d_0-G_2\times L(D)+\text{rand}\times G_1 \\ Q_F(t)=\dfrac{2\text{rand}-1}{t^{(1-T)^2}} \\ G_1=2\text{rand}-1 \\ G_2=2\left(1-\dfrac{t}{T}\right) \end{cases} \tag{7.26}$$

式中，Q_F 为用于均衡搜索策略的质量函数；G_1 为在追捕猎物中天鹰的各种运动；G_2 为天鹰在捕猎过程中的飞行斜率；$X(t)$ 为第 t 次迭代的当前解。

AO 算法的流程如图 7.21 所示。

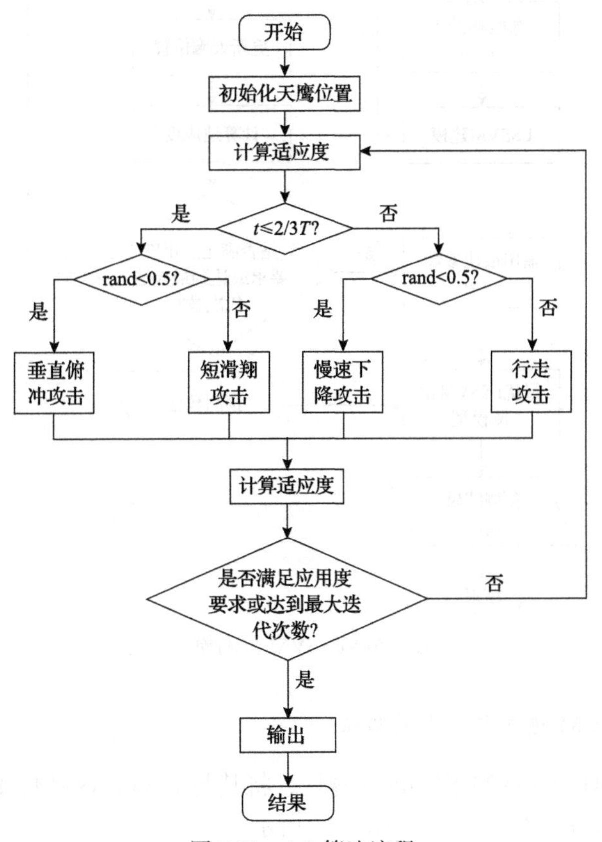

图 7.21　AO 算法流程

7.4.3　AO-LSSVM 热误差模型的建立与验证

1. AO-LSSVM 热误差模型的建立

利用 AO 算法迭代寻优 LSSVM 模型的正则化参数γ和核函数宽度系数σ，以提高模型的预测精度和收敛速度。AO 算法中每组天鹰的位置(x_i)都可能是 LSSVM 的最优正则化参数γ和核函数宽度系数σ，通过适应度函数来计算并找到天鹰的最佳位置，解码后可得到 LSSVM 的最优γ和σ。天鹰的位置(x_i)会随着 AO 算法的运行不停地迭代更新，直至满足算法结束条件(满足适应度要求或者达到最大迭代次数)，AO-LSSVM 预测模型流程如图 7.22 所示。

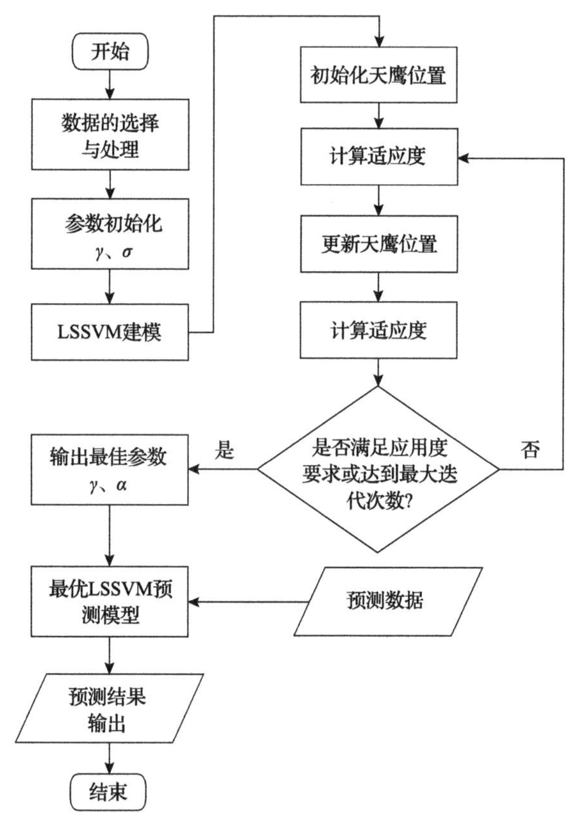

图 7.22　AO-LSSVM 预测模型流程

2. AO-LSSVM 热误差模型的验证

为了验证 AO-LSSVM 模型的优越性，将其与 PSO-LSSVM、LSSVM 模型进行对比。各参数比较如图 7.23 和图 7.24 所示。

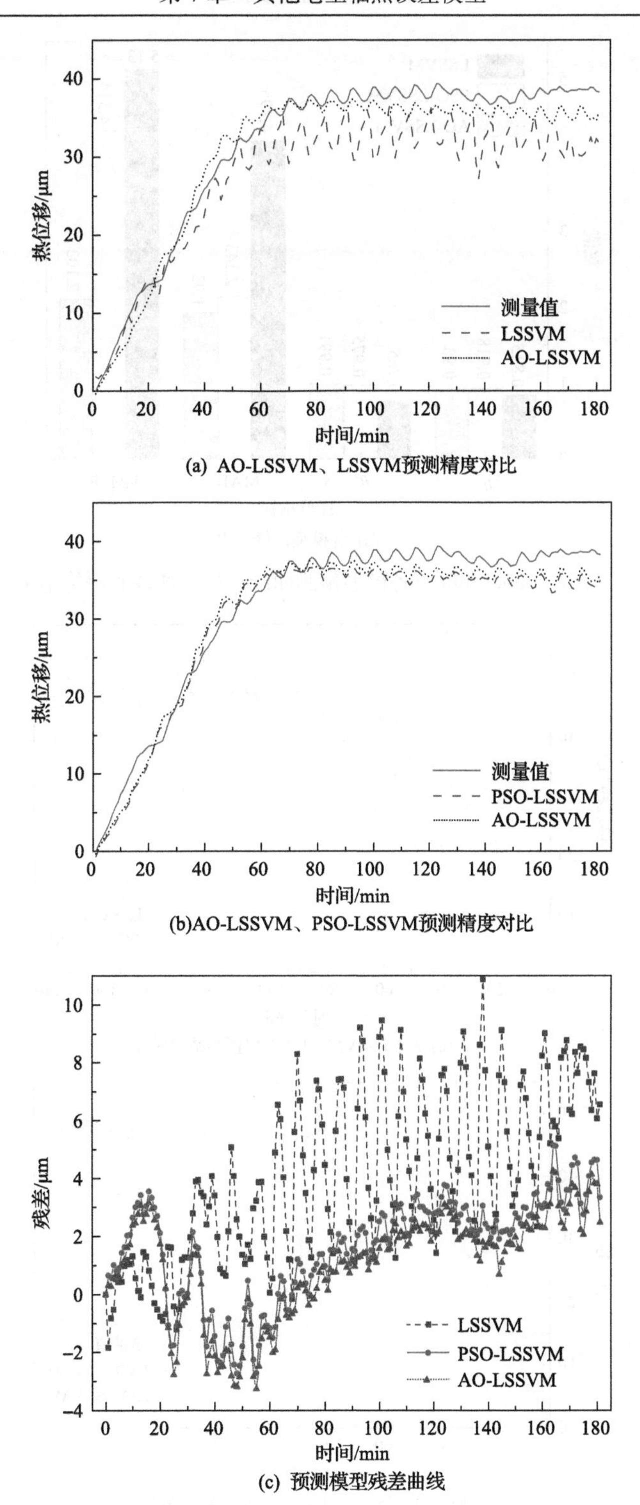

(a) AO-LSSVM、LSSVM预测精度对比

(b)AO-LSSVM、PSO-LSSVM预测精度对比

(c) 预测模型残差曲线

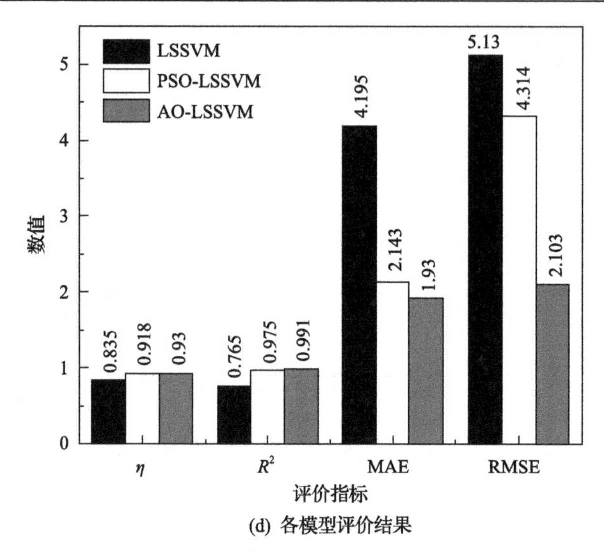

(d) 各模型评价结果

图 7.23　6000r/min 下各模型预测曲线、残差曲线和评价结果

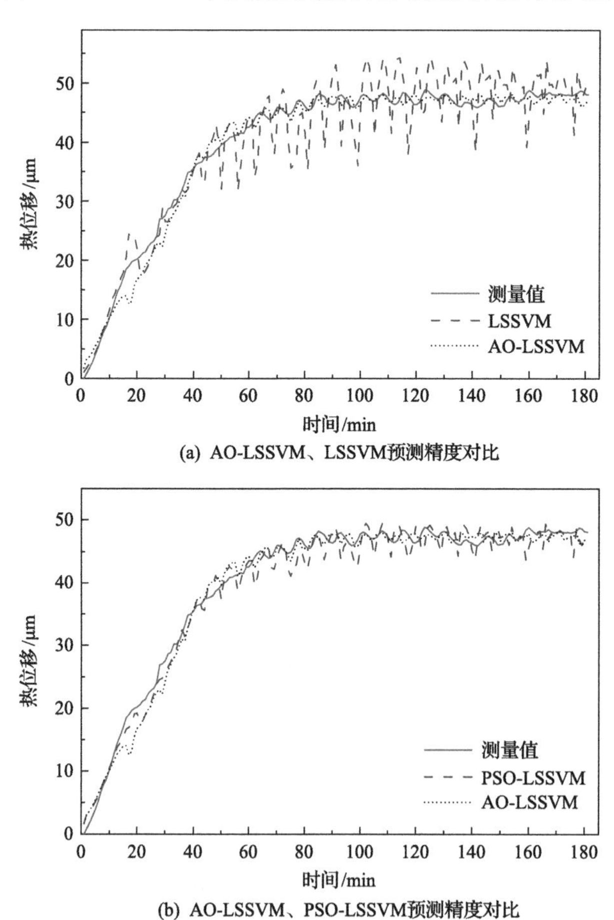

(a) AO-LSSVM、LSSVM预测精度对比

(b) AO-LSSVM、PSO-LSSVM预测精度对比

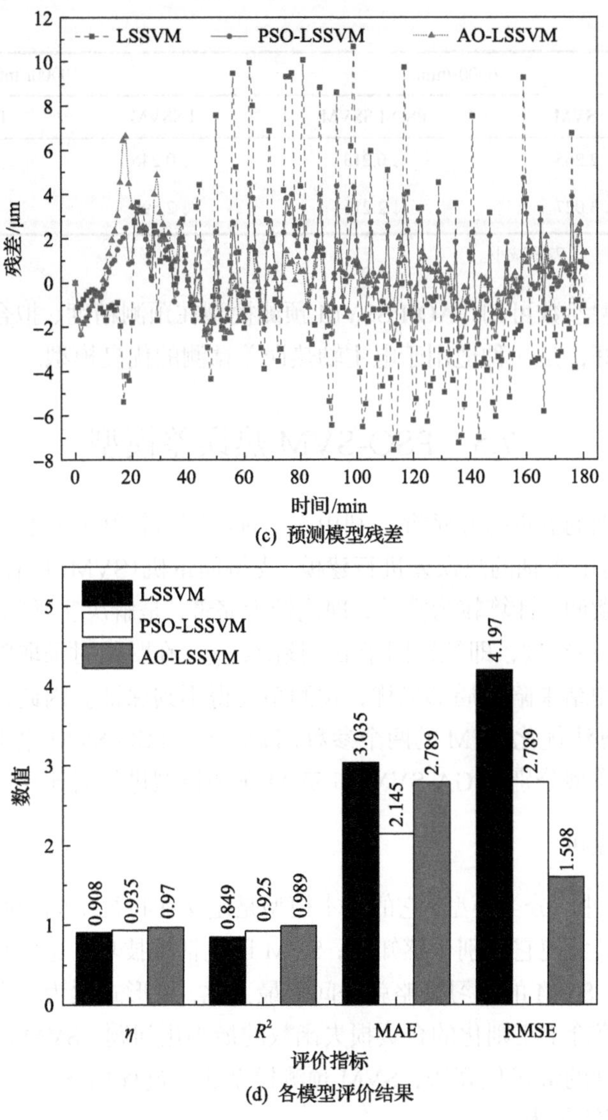

图 7.24　10000r/min 下各模型预测曲线、残差曲线和评价结果

上述评价结果的变化如表 7.1 所示。

表 7.1　LSSVM 和 PSO-LSSVM 模型相对 AO-LSSVM 模型评价结果的变化

参数	6000r/min		10000r/min	
	LSSVM	PSO-LSSVM	LSSVM	PSO-LSSVM
η	↑9.50%	↑1.20%	↑6.20%	↑2.50%
R^2	↑0.226	↑0.016	↑0.140	↑0.058

续表

参数	6000r/min		10000r/min	
	LSSVM	PSO-LSSVM	LSSVM	PSO-LSSVM
MAE	↓2.265	↓0.213	↓0.246	↑0.644
RMSE	↓3.027	↓2.211	↓2.599	↓1.191

注：↑表示增加，↓表示减小。

对比各模型参数可知，AO-LSSVM 预测模型在预测精度、拟合优度以及鲁棒性方面表现最好，是一种适用于电主轴热误差预测的优良模型。

7.5 PSO-SVM 热误差模型

根据电主轴的温度分布情况，利用人工神经网络较好的非线性映射能力与自主学习能力，对电主轴的热误差进行建模。支持向量机(SVM)具有较高的鲁棒性，且不需要进行微调，计算较为简单，理论较为完善，是解决实际问题常用的方法。SVM 的两个核心参数，即惩罚因子 c、核函数 g，在赋值时采取随机赋值，随机赋值可能使预测结果陷入局部最优，预测精度得不到保证。因此，本节利用粒子群优化(PSO)算法优化 SVM 的两个参数，以此建立 PSO-SVM 电主轴热误差预测模型，并将此模型分别与 GA-SVM 和 SVM 预测模型进行对比。

7.5.1 支持向量机

SVM 是一种二分类模型，它的基本模型是定义在特征空间上间隔最大的线性分类器，间隔最大使它有别于感知机；SVM 还包括核技巧，这使它成为实质上的非线性分类器。SVM 的学习策略就是间隔最大化，可形式化为一个求解凸二次规划的问题，也等价于正则化的合页损失函数的最小化问题。SVM 的学习算法就是求解凸二次规划的最优化算法，SVM 预测模型建模过程如下。

(1)假设训练集为

$$T=\{(x_1,y_1),\cdots,(x_l,y_l)\}\in(X\times Y)^l \tag{7.27}$$

式中，$x_l\in X=R^n$；$y_l\in Y=\{1,-1\}(i=1,2,\cdots,l)$；$x_i$ 为特征向量。

(2)利用核函数 $K(x,x')$ 和参数 C，求解最优问题，其公式如下：

$$\min_{a}\frac{1}{2}\sum_{i=1}^{j}\sum_{j=1}^{l}y_iy_j\alpha_i\alpha_jK(x_i,x_j)-\sum_{j=1}^{l}\alpha_j \tag{7.28}$$

$$\text{s.t.} \sum_{i=1}^{l} y_i \alpha_i = 0, \quad 0 \leqslant \alpha_i \leqslant C, \quad i = 1,2,\cdots,l \tag{7.29}$$

得出的最优解为 $\alpha^* = (\alpha_1^*, \alpha_2^*, \cdots, \alpha_l^*)^{\mathrm{T}}$。

(3)取 α^* 的一个正分量 $0<\alpha_j^* < C$，以此计算阈值，如式(7.30)所示：

$$b^* = y_i - \sum_{i=1}^{l} y_i \alpha_i^* K(x_i - x_j) \tag{7.30}$$

(4)构造决策函数，如式(7.31)所示：

$$f(x) = \operatorname{sgn}\left(\sum_{i=1}^{l} \alpha_i^* y_i K(x, x_i) + b^*\right) \tag{7.31}$$

SVM 的结构体系如图 7.25 所示。

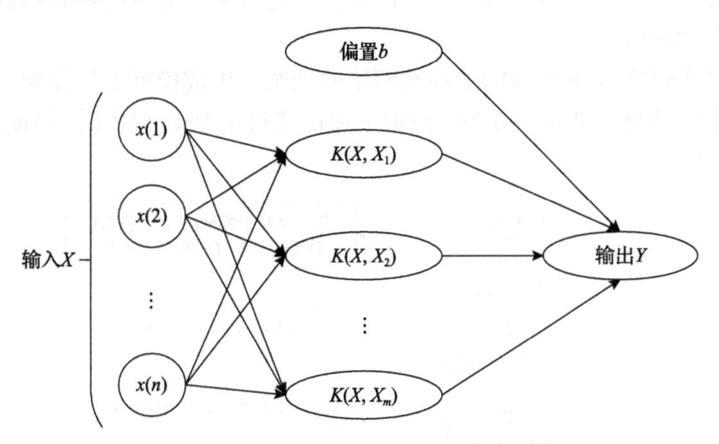

图 7.25　SVM 的结构体系

图 7.25 中，K 为核函数，本节采用径向基核函数为

$$K(x, x_i) = \exp(-\gamma \| x - x_i \|^2), \quad \gamma > 0 \tag{7.32}$$

7.5.2　粒子群优化算法

粒子群优化(PSO)算法是一种随机搜索并行优化算法，简单易懂，易于实现，效率高，需要调整的参数少，它从随机解出发，迭代寻找最优解。此外，PSO 算法还考虑适应度来评价解的质量，该算法流程如下。

(1)初始化粒子群，包括每个粒子的随机位置和速度。

(2)计算每个粒子的适应度。

(3)根据适应度更新 c 和 g，更新粒子的位置和速度。

(4)判断是否达到最大迭代次数或全局最优位置，以及是否满足最小极限，若满足，则结束迭代；若不满足，则重复步骤(2)～(4)。其中，粒子位置计算如式(7.33)所示：

$$v_i = v_i + c_1 \times \text{rand}(\cdot) \times (c\text{best}_i - x_i) + c_2 \times \text{rand}(\cdot) \times (g\text{best}_i - x_i) \tag{7.33}$$

(5)若达到收敛条件，则返回第(2)步。

7.5.3　PSO-SVM 热误差模型的建立与验证

1. PSO-SVM 热误差模型的建立

SVM 神经网络在训练过程中自主选择的惩罚因子与核函数随机产生，并且自主选择的两个参数容易对结果产生较大的影响，因此采用 PSO 算法对 SVM 的两个核心参数进行优化，即对惩罚因子与核函数的相关参数进行优化，根据这两个优化后的参数进行神经网络的训练，极大程度地避免了随机的核心参数导致过拟合与欠拟合的问题。

利用最优解进行 PSO-SVM 神经网络的训练，生成模型进行预测，形成的模型即为电主轴的热误差预测模型。根据上述论述得出 PSO-SVM 回归预测的流程，如图 7.26 所示。

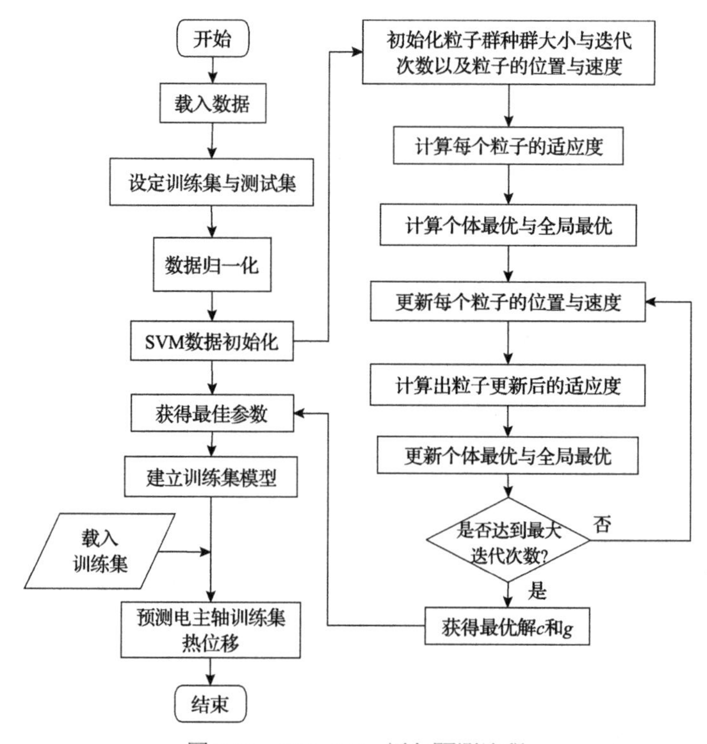

图 7.26　PSO-SVM 回归预测流程

建立遗传算法优化 SVM 神经网络的热误差模型，并与 PSO-SVM 预测模型进行对比。GA-SVM 热误差模型建立流程如图 7.27 所示。

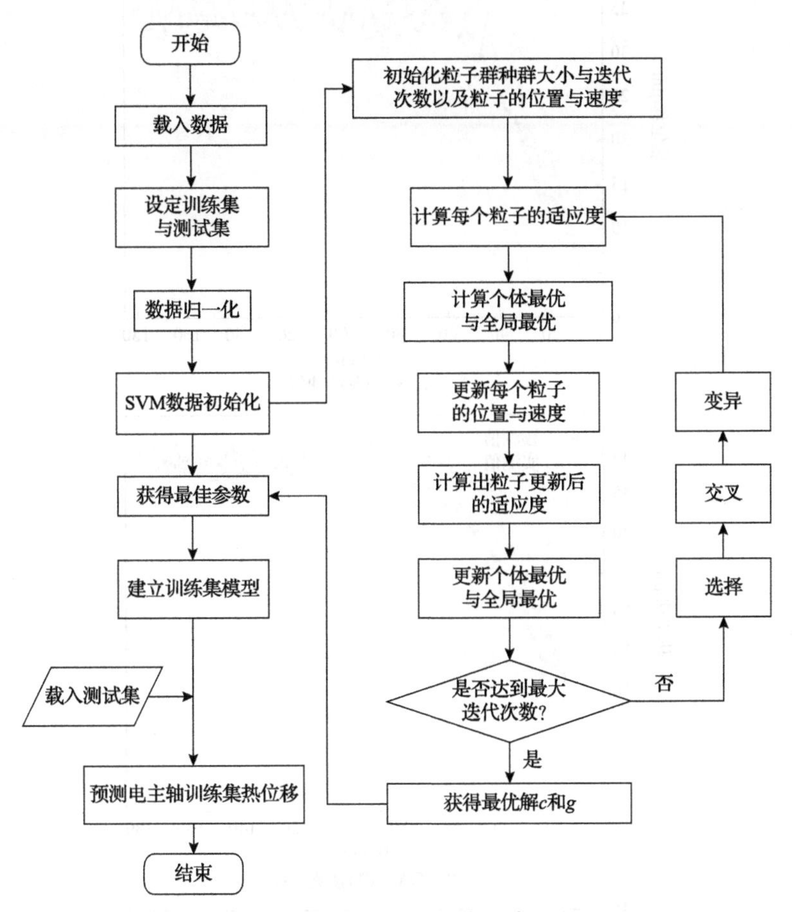

图 7.27　GA-SVM 热误差模型建立流程

2. PSO-SVM 模型的验证

以 8000r/min 下的数据为训练集，以 6000r/min 及 10000r/min 下的数据为验证集。不同转速下预测曲线如图 7.28 和图 7.29 所示。由图可以看出，PSO-SVM 与 GA-SVM 模型均优于 SVM 模型。为了对比 PSO-SVM 与 GA-SVM 的模型精度，采用平均绝对误差、均方根误差、决定系数以及模型精度进行评价，各模型评价指标结果如图 7.30 所示。

综上所述，PSO-SVM 神经网络所预测的模型无论在精度方面，还是在泛化能力方面均优于 GA-SVM 与标准 SVM 所预测的模型。因此，PSO-SVM 预测模型更适用于高速电主轴的热误差预测。

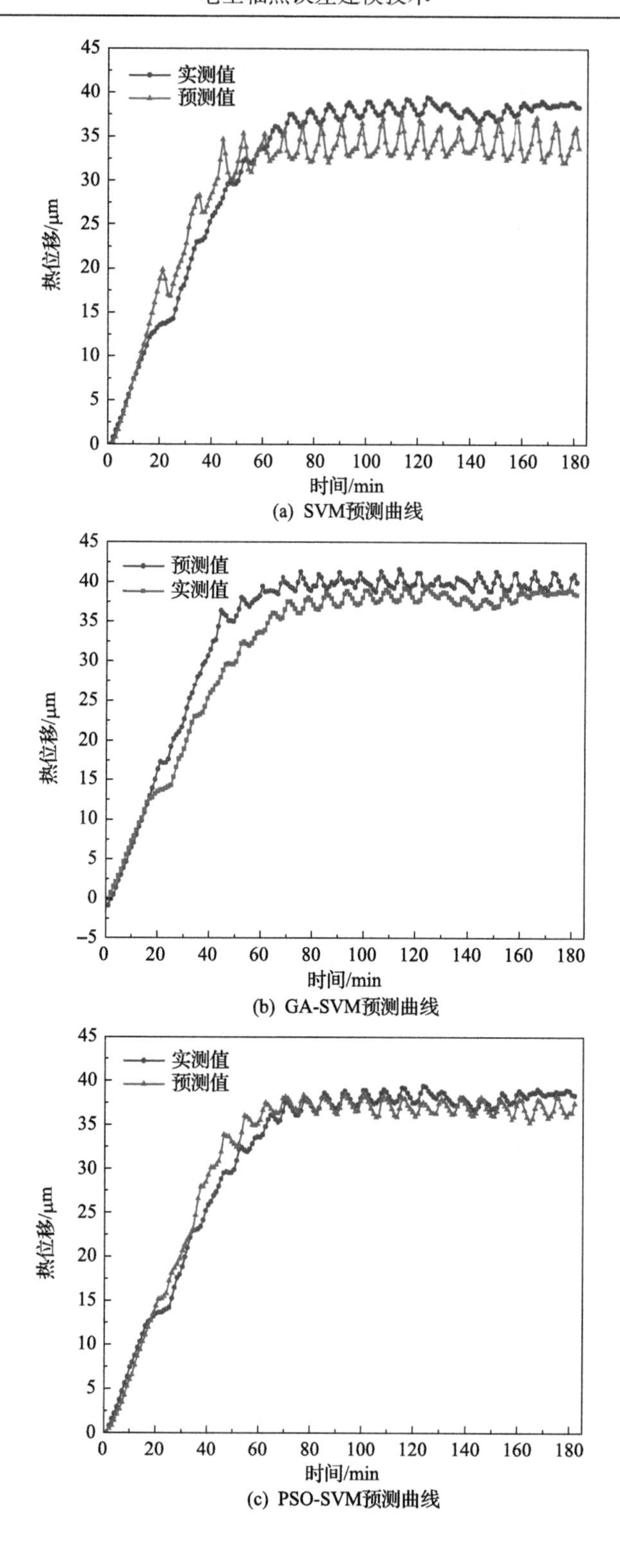

(a) SVM预测曲线

(b) GA-SVM预测曲线

(c) PSO-SVM预测曲线

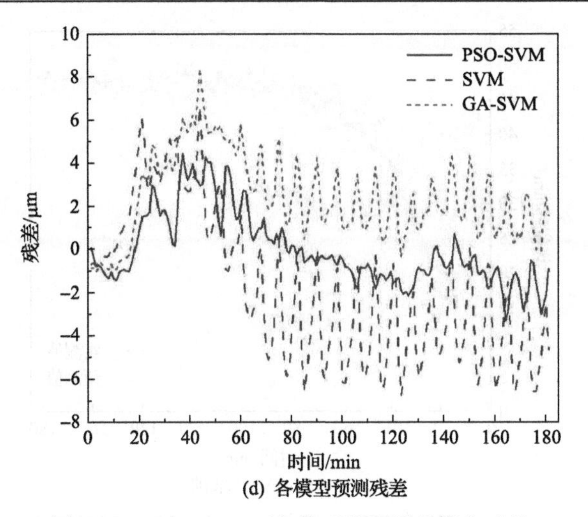

(d) 各模型预测残差

图 7.28　6000r/min 下各模型的预测曲线与残差

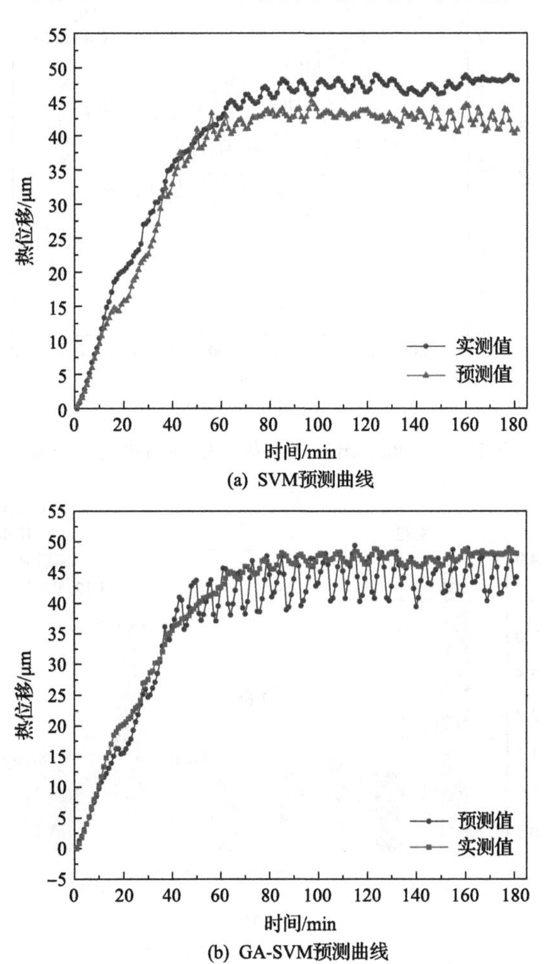

(b) GA-SVM预测曲线

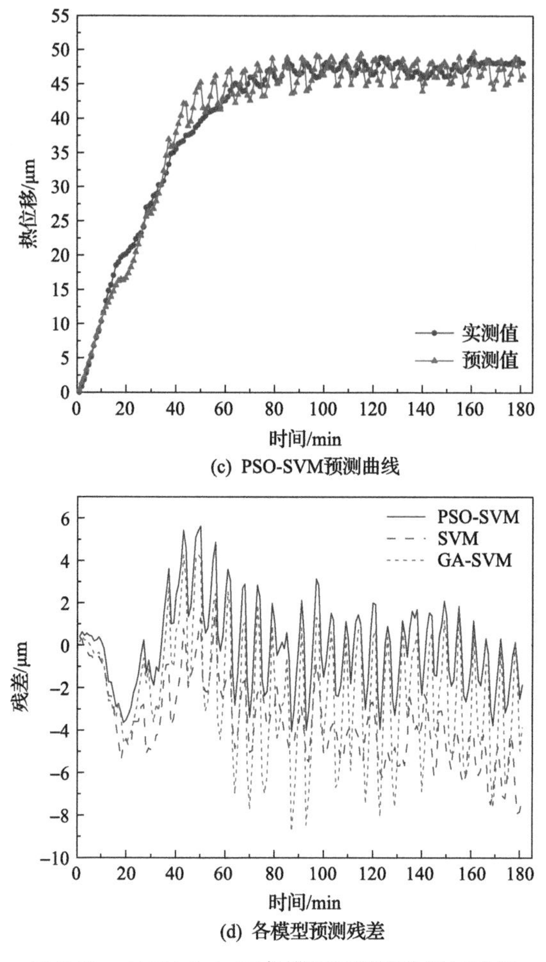

(c) PSO-SVM预测曲线

(d) 各模型预测残差

图 7.29　10000r/min 下各模型的预测曲线与残差

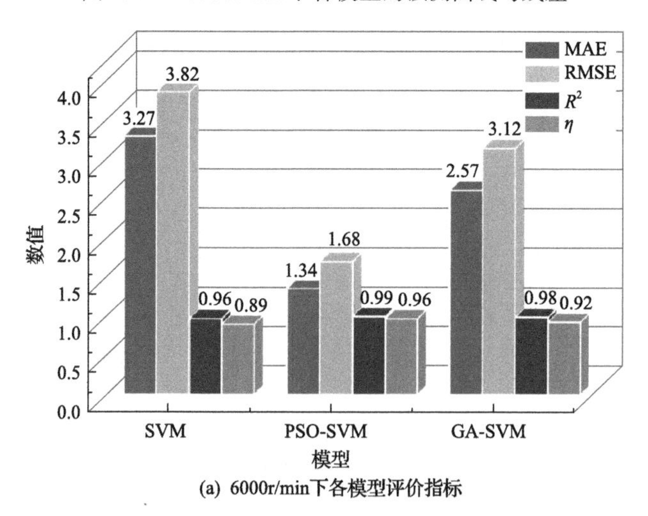

(a) 6000r/min下各模型评价指标

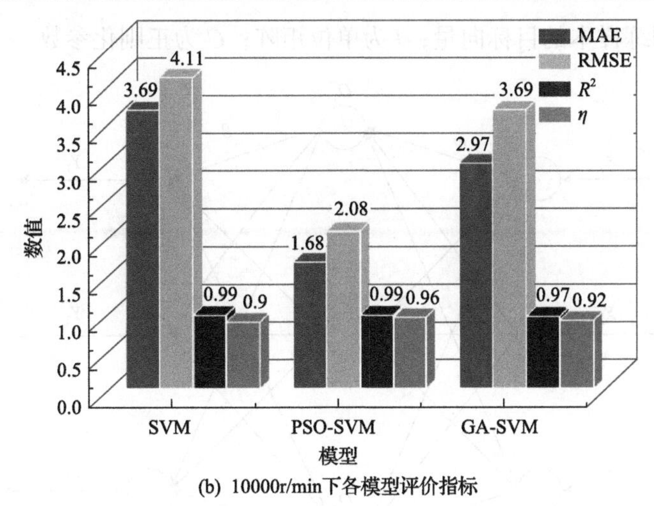

(b) 10000r/min下各模型评价指标

图 7.30　各模型不同转速下的评价指标

7.6　SO-KELM 热误差模型

电主轴热误差变化的非线性和时变性导致分析难度增大，而神经网络具有良好的非线性映射能力与强大的学习能力，是建立热误差预测模型的良好方法。本节采用蛇群优化(snake optimizer, SO)算法对核极限学习机(kernel based extreme learning machine, KELM)的正则化系数及核函数参数进行优化，建立 SO-KELM 热误差预测模型。

7.6.1　核极限学习机

KELM 神经网络是一种单隐含层前馈神经网络，典型的单隐含层前馈神经网络结构如图 7.31 所示，其输入层、隐含层与输出层神经元之间全连接。

KELM 神经网络在原 ELM 神经网络的基础上引入了核函数，可以保证良好的泛化能力和较快的学习速度，在一定程度上改善了传统梯度下降训练算法中存在的局部最优以及迭代次数过多的不足。其输出函数表达式为

$$f(x) = h(x)\beta = H\beta \tag{7.34}$$

式中，x 表示样本；$f(x)$ 为神经网络的输出；$h(x)$ 与 H 为隐含层的特征映射矩阵；β 为隐含层和输出层之间的权重。β 计算公式如下：

$$\beta=H^{\mathrm{T}}\left(HH^{\mathrm{T}}+\frac{I}{C}\right)^{-1}T \tag{7.35}$$

式中，T 为训练样本的目标向量；I 为单位矩阵；C 为正则化参数。

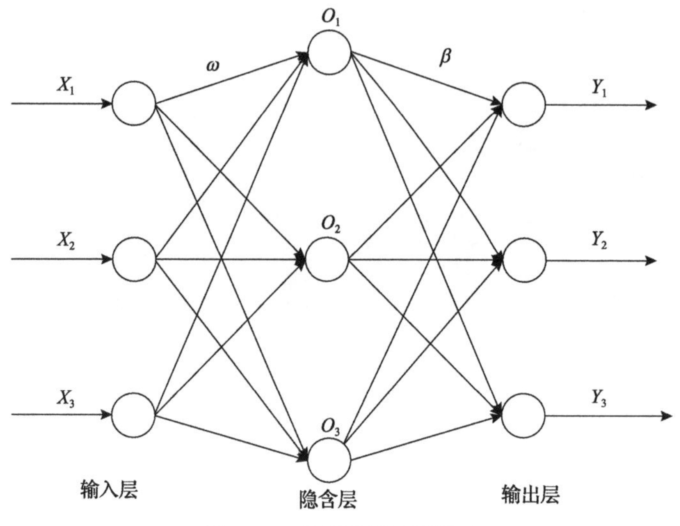

图 7.31　前馈神经网络结构

在 ELM 网络中引入核函数，核函数表示为

$$\Omega = HH^{\mathrm{T}}, \quad \Omega_{i,j} = h(x_i)h(x_j) = K(x_i, x_j) \tag{7.36}$$

由权重公式与核函数表达式可将输出函数改写为

$$f(x) = H\beta = HH^{\mathrm{T}}\left(HH^{\mathrm{T}} + \frac{I}{C}\right)^{-1} T = \begin{bmatrix} K(x,x_1) \\ K(x,x_2) \\ \vdots \\ K(x,x_N) \end{bmatrix} \left(\Omega + \frac{I}{C}\right)^{-1} T \tag{7.37}$$

式中，$K(x, y)$ 为径向基函数，内核表达式为

$$K(x, y) = \exp\left(-\gamma \|x - y\|^2\right)$$

由上述分析可知，KELM 模型的结果很大程度上取决于正则化参数 C 与核参数 γ 的取值，因此需要对这两个参数进行有效的优化。本节选择蛇群优化算法对正则化参数与核参数进行优化，以提高热误差预测模型的精度与稳定性。

7.6.2　蛇群优化算法

雄性蛇与雌性蛇之间的交配行为受温度与食物供应的影响，如果环境温度低，且食物充足，雌雄蛇之间就会发生交配行为。发生交配后，雌蛇在巢中产卵，孵化新蛇后，雌蛇便会离开。蛇群优化算法灵感就是源于上述蛇的交配行为。基于该行为，蛇群优化算法探索过程可以分为两个阶段，即勘探阶段与开发阶段。

1. 数学模型

1）初始化

蛇群种群初始化数学描述如下：

$$X_i = X_{\min} + \text{rand} \times (X_{\max} - X_{\min}) \tag{7.38}$$

式中，X_i 为第 i 个蛇的位置；rand 为 [0,1] 的随机数；$X_{\max}$ 和 $X_{\min}$ 分别为求解问题的上边界和下边界。

2）种群分为雄性和雌性两组

假设雌蛇与雄蛇数量各占 1/2，分为雌性组与雄性组两组；评估两组，并定义温度与食物数量；在每一组中找出最好的个体，得到最好的雄性 $f_{\text{best,m}}$ 与最好的雌性 $f_{\text{best,f}}$ 个体，以及食物的位置 f_{food}。温度可用公式定义为

$$T_{\text{emp}} = \exp\left(-\frac{t}{T}\right) \tag{7.39}$$

式中，t 为当前迭代次数；T 为最大迭代次数。

食物数量 Q 定义为

$$Q = c_1 \cdot \exp\left(\frac{t-T}{T}\right) \tag{7.40}$$

式中，c_1 为一个常数，取 c_1=0.5。

3）勘探阶段（无食物）

若 Q<阈值（阈值取 0.25），则蛇通过选择任何随机位置来搜索食物，并更新位置。

蛇的个体位置更新为

$$X_{i,j}(t+1) = X_{\text{rand},j}(t) \pm c_2 \times A_j \times [(X_{\max} - X_{\min}) \times \text{rand} + X_{\min}] \tag{7.41}$$

式中，$X_{i,j}$ 为蛇个体（雌或雄）的位置；$X_{\text{rand},j}$ 为随机选择的蛇的位置；rand 为 [0,1] 的随机数；c_2 为常数，取 0.05；A_j 为雄性寻找食物的能力。

4）开发阶段（有食物）

在 Q>阈值的条件下，若温度>阈值（0.6），则表明环境温度较高，蛇只会寻找

食物，位置更新为

$$X_{i,j}(t+1)=X_{\text{food}}\pm c_3\times T_{\text{emp}}\times \text{rand}\times[X_{\text{food}}-X_{i,j}(t)] \tag{7.42}$$

式中，$X_{i,j}$为蛇个体(雌或雄)的位置；X_{food}为蛇个体的最佳位置；rand 为[0,1]的随机数；c_3为常数，取c_3=2。

在 Q>阈的条件下，若温度<阈值(0.6)，则表明环境温度较低，蛇会发生战斗行为或交配行为。

(1)战斗模式。

雄蛇位置：

$$X_{i,\text{m}}(t+1)=X_{i,\text{m}}(t)+c_3\times \text{FM}\times \text{rand}\times[Q\times X_{\text{best,f}}-X_{i,\text{m}}(t)] \tag{7.43}$$

雌蛇位置：

$$X_{i,\text{f}}(t+1)=X_{i,\text{f}}(t)+c_3\times \text{FF}\times \text{rand}\times[Q\times X_{\text{best,m}}-X_{i,\text{f}}(t)] \tag{7.44}$$

式中，$X_{i,\text{m}}$为第 i 个雄性的位置；$X_{i,\text{f}}$为第 i 个雌性的位置；$X_{\text{best,m}}$、$X_{\text{best,f}}$分别为雄蛇组中最佳位置与雌蛇组中最佳位置；rand 为[0,1]的随机数；FM、FF 分别为雄性战斗能力与雌性战斗能力。

(2)交配模式。

雄蛇位置：

$$X_{i,\text{m}}=(t+1)=X_{i,\text{m}}(t)+c_3\times M_{\text{m}}\times \text{rand}\times[Q\times X_{i,\text{f}}(t)-X_{i,\text{m}}(t)] \tag{7.45}$$

雌蛇位置：

$$X_{i,\text{f}}=(t+1)=X_{i,\text{f}}(t)+c_3\times M_{\text{f}}\times \text{rand}\times[Q\times X_{i,\text{m}}(t)-X_{i,\text{f}}(t)] \tag{7.46}$$

式中，$X_{i,\text{m}}$为第 i 个雄性的位置；$X_{i,\text{f}}$为第 i 个雌性的位置；rand 为[0,1]的随机数；M_{m}、M_{f}分别为雄性和雌性的交配能力。

则蛇卵孵化，则对最差的雌蛇与雄蛇进行选择，并替换它们。

雄蛇位置：

$$X_{\text{worst,m}}=X_{\min}+\text{rand}\times(X_{\max}-X_{\min}) \tag{7.47}$$

雌蛇位置：

$$X_{\text{worst,f}}=X_{\min}+\text{rand}\times(X_{\max}-X_{\min}) \tag{7.48}$$

2. SO 算法流程

SO 算法的步骤如图 7.32 所示。

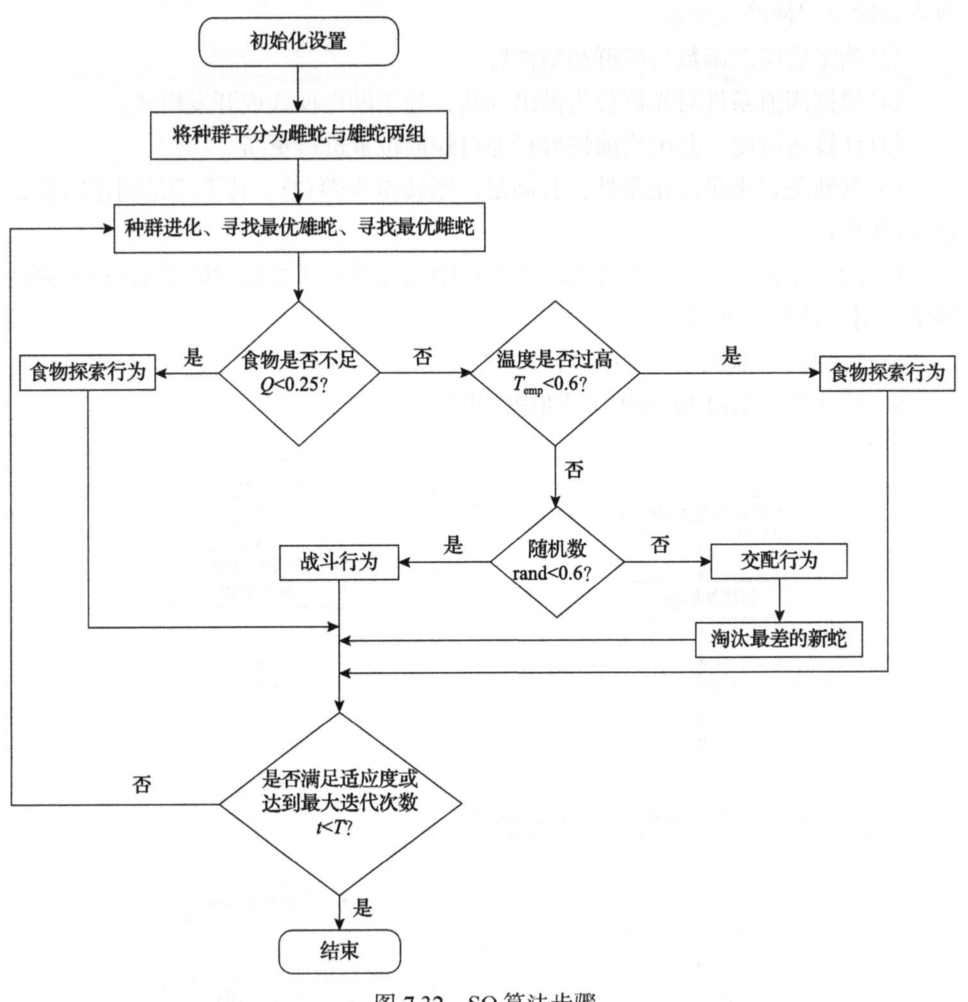

图 7.32　SO 算法步骤

7.6.3　SO-KELM 热误差模型的建立与验证

1. SO-KELM 热误差模型的建立

由上述 KELM 网络理论可知，模型的精度很大程度上取决于正则化参数与核参数，因此利用 SO 算法迭代，优化 KELM 模型的正则化参数与核参数，以此提高模型的预测精度。

基于 SO 算法优化 KELM 的电主轴热误差预测的具体步骤如下。

(1)初始化蛇种群和相关参数，将种群均分为雌性组与雄性组。

(2)确定 KELM 神经网络结构，即确定输入层神经元个数、隐含层神经元个数以及输出层神经元个数。

(3)确定适应度函数与蛇群初始位置。

(4)根据阈值条件对蛇群行为做出判断，处于勘探模式或开发模式。

(5)计算适应度，并由当前蛇群行为对蛇群位置进行更新。

(6)判断是否满足停止条件，若满足，则转至步骤(7)，若不满足则返回步骤(5)继续迭代。

(7)满足停止条件后，将得到的最优正则化参数与核参数赋值给 KELM 神经网络，用于训练和预测。

(8)将测试样本代入模型中进行预测。

SO 算法优化 KELM 具体运算步骤如图 7.33 所示。

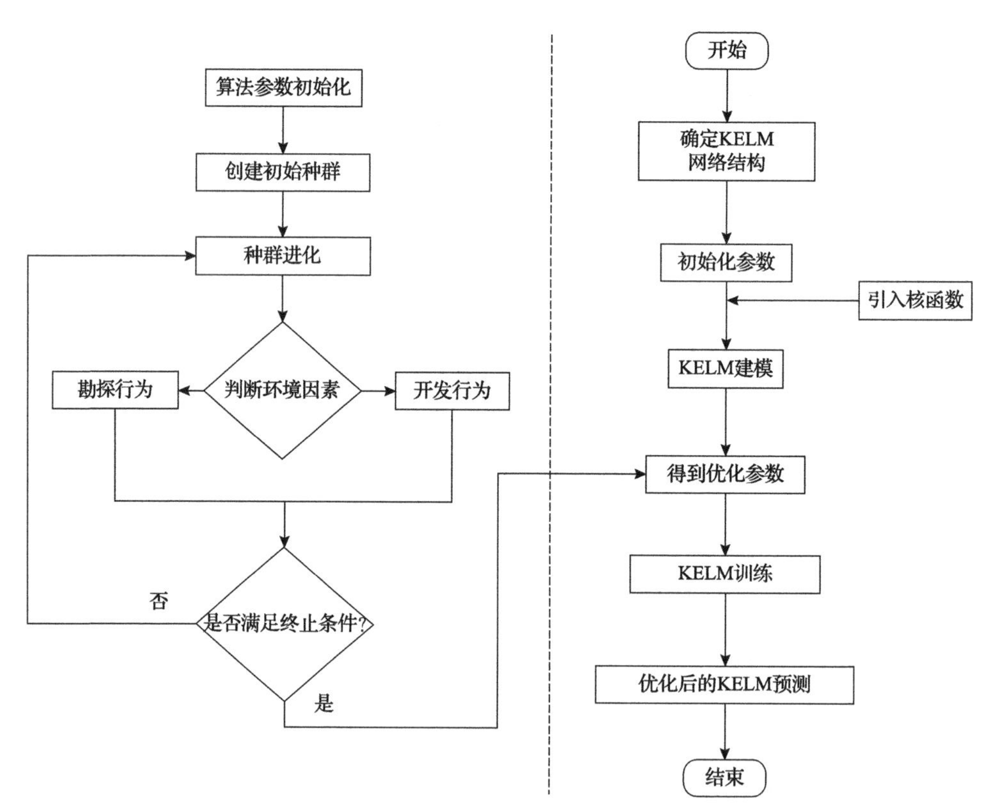

图 7.33　SO 算法优化 KELM 运算步骤

2. SO-KELM 热误差模型的验证

在 MATLAB 中完成 SO-KELM 预测模型的构造，将优化后的温度测点数据作为该模型的输入量，以轴向热位移作为模型的输出量。以 8000r/min 转速下的数据作为训练集，以 10000r/min 转速下的温度与热位移数据作为验证集。为了避免模型的随机性，以 8000r/min 转速下的温度与热位移数据作为训练集，验证 6000r/min 转速下的温度与热位移。通过一次正向预测和一次反向预测，对 SO-KELM 模型进行训练。为了验证本节所提出的 SO-KELM 模型的性能，将该模型与基础 KELM 模型和 PSO-KELM 模型进行对比。

预测模型的预测精度和残差曲线如图 7.34 和图 7.35 所示，残差数值如表 7.2 和表 7.3 所示。

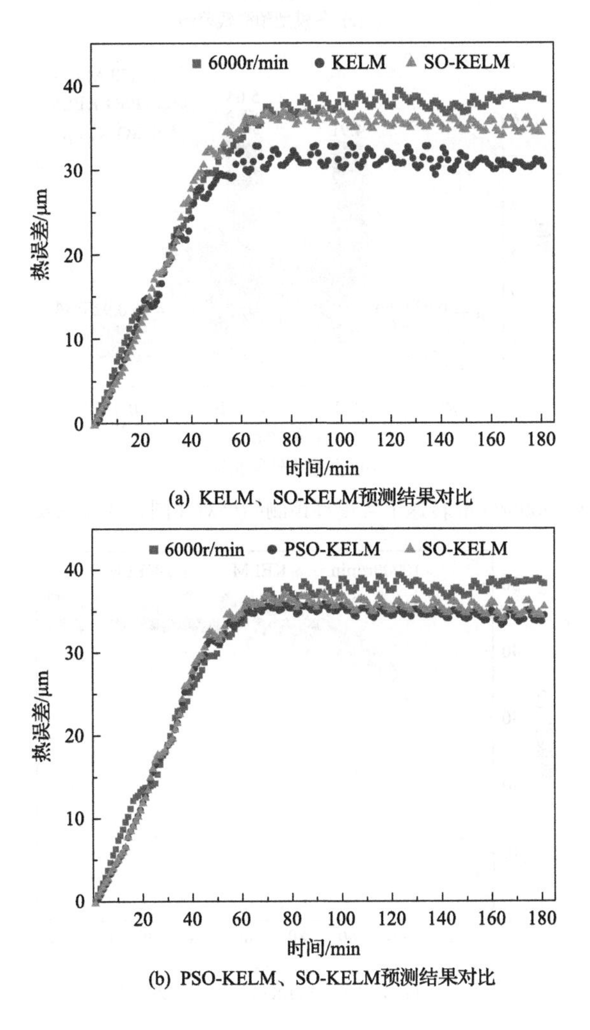

(a) KELM、SO-KELM预测结果对比

(b) PSO-KELM、SO-KELM预测结果对比

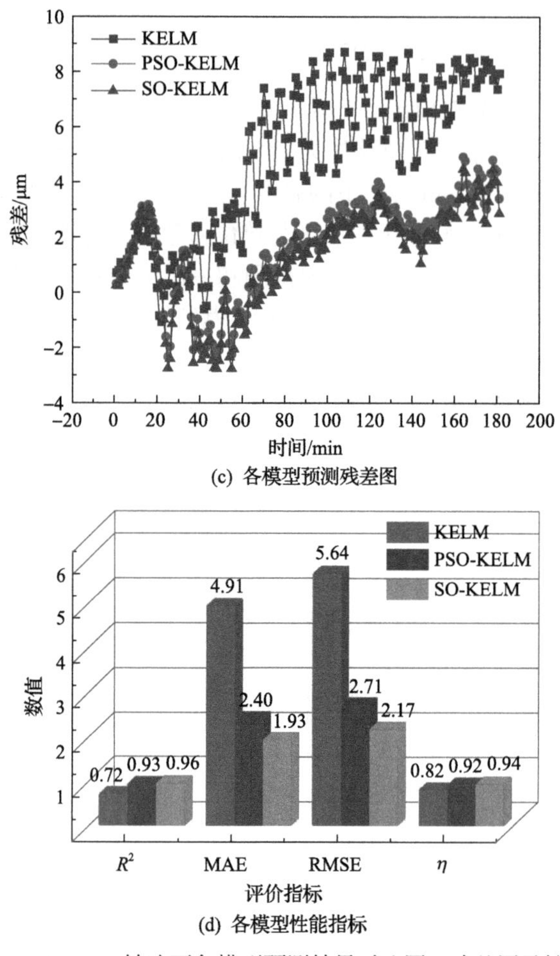

(c) 各模型预测残差图

(d) 各模型性能指标

图 7.34　6000r/min 转速下各模型预测结果对比图、残差图及性能指标

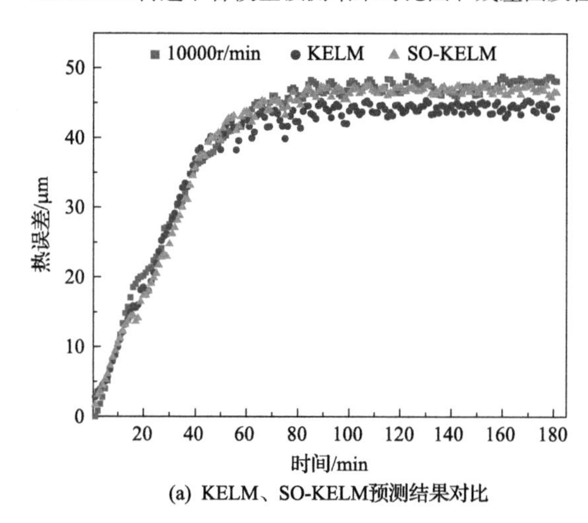

(a) KELM、SO-KELM预测结果对比

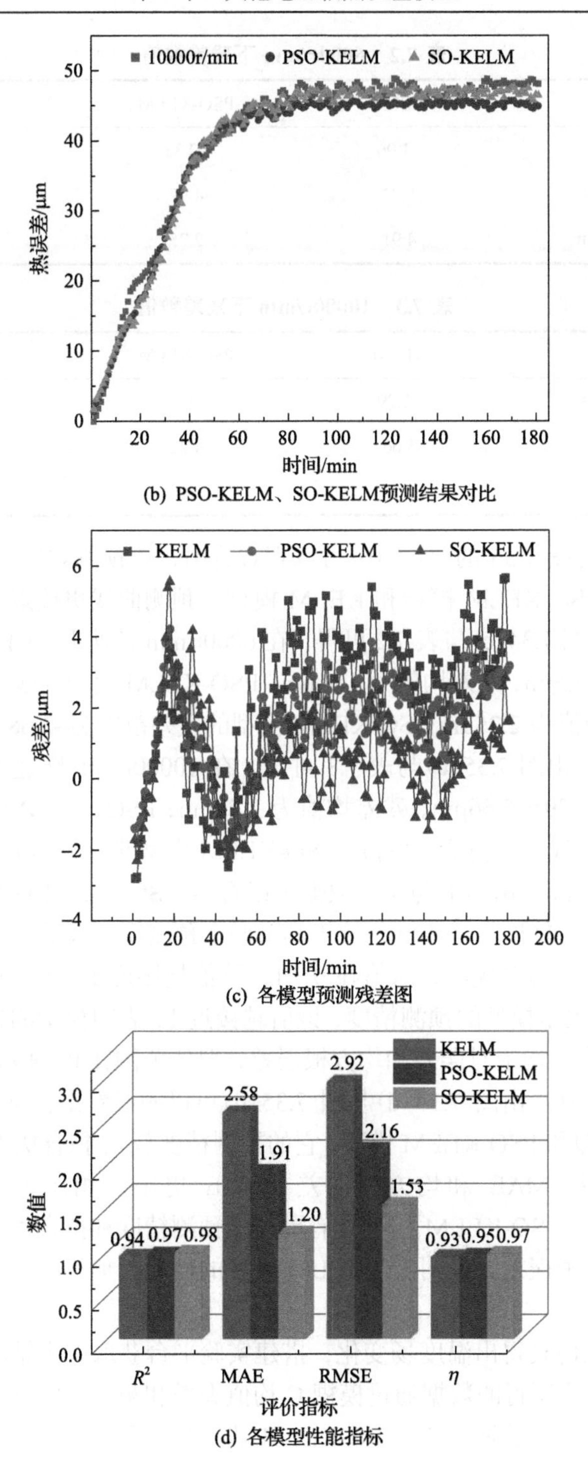

(b) PSO-KELM、SO-KELM预测结果对比

(c) 各模型预测残差图

(d) 各模型性能指标

图 7.35　10000r/min 转速下各模型预测结果对比图、残差图及性能指标

表 7.2　6000r/min 下残差数值

模型	KELM	PSO-KELM	SO-KELM
最小值/μm	–1.06	–2.33	–2.68
最大值/μm	8.72	4.97	4.88
残差均值/μm	4.91	2.25	2.08

表 7.3　10000r/min 下残差数值

模型	KELM	PSO-KELM	SO-KELM
最小值/μm	–2.79	–2.15	–2.29
最大值/μm	5.66	4.22	5.57
残差均值/μm	2.58	1.89	1.20

由图 7.34 与图 7.35 的(a)、(b)可以直观看出，在预测效果方面，SO-KELM 模型明显优于 PSO-KELM 模型和 KELM 模型，预测曲线更接近于实验测得的热位移曲线。结合图 7.34(c)与表 7.2 可得，在 6000r/min 转速下，KELM 模型的残差范围在–1.06～8.72μm，残差均值为 4.91μm；PSO-KELM 模型的残差范围在–2.33～4.97μm，残差均值为 2.25μm；SO-KELM 模型的残差范围为–2.68～4.88μm，残差均值为 2.08μm。由图 7.35(c)与表 7.3 可知，在 10000r/min 转速下，KELM 模型的残差范围为–2.79～5.66μm，残差均值为 2.58μm；PSO-KELM 模型残差范围为–2.15～4.22μm，残差均值为 1.89μm；SO-KELM 模型残差范围为–2.29～5.57μm，残差均值为 1.20μm。由图形与研究数据可以看出，SO-KELM 模型的残差均值更小，因此该模型的精度与鲁棒性相较于其余两个预测模型效果更优。

R^2 表示曲线的拟合优度，取值在 0～1，该值越接近 1，表示模型对数据的拟合程度越高；η 表示模型的预测精度，该值越接近 1，表明模型的精度越高；MAE 和 RMSE 分别为平均绝对误差和均方根误差，取值范围在 0～+∞，数值越小，表明模型鲁棒性越好。由图 7.34(d)与图 7.35(d)可以明显看出，SO-KELM 模型相较于 KELM 模型和 PSO-KELM 模型，它的预测精度(η)、拟合优度(R^2)更接近 1；其平均绝对误差 MAE 和均方根误差 RMSE 更小。相比于 KELM 模型和 PSO-KELM 模型，SO-KELM 模型具有更高的预测精度和拟合优度，更小的平均绝对误差和均方根误差，说明 SO-KELM 模型的性能更加优越，更适用于热误差预测模型的建立。

通过热特性仿真得出温度场变化，搭建实验平台获取电主轴轴向的温度变化与热位移数据，将所得的数据通过模糊 C 均值聚类和灰色关联分析相结合的方法筛选出四组最优温度数据，建立 SO-KELM 热误差预测模型。为了证明该模型的优越性，将其与 KELM 模型和 PSO-KELM 模型进行对比，经过各项指标进行评估，得出以下结论。

(1)利用 ANSYS 仿真软件对电主轴进行仿真分析，得出主轴温度场变化，发现轴向温度变化更加明显，为后续实验过程中传感器的安装提供依据。

(2)通过模糊 C 均值聚类分析与灰色关联分析相结合的方法，对温度测点进行优化，将十组数据减少为四组，减小数据之间的相互影响，同时降低后续热误差建模时输入变量的冗余性。

(3)针对热误差预测模型的建立问题，提出用蛇群优化算法对核极限学习机进行优化，建立 SO-KELM 热误差预测模型。结果表明，SO-KELM 模型的预测精度达 96.95%，比 PSO-KELM 模型提高了 1.92%，比 KELM 模型提高了 3.76%，相比之下 SO-KELM 模型更加优越。

参 考 文 献

[1] Li Z L, Zhu B, Dai Y, et al. Thermal error modeling of motorized spindle based on Elman neural network optimized by sparrow search algorithm[J]. The International Journal of Advanced Manufacturing Technology, 2022, 121(1/2): 349-366.

[2] Wang Y D, Zhang G X, Moon K S, et al. Compensation for the thermal error of a multi-axis machining center[J]. Journal of Materials Processing Technology, 1998, 75(1/2/3): 45-53.

[3] 余文利, 姚鑫骅. 改进混沌粒子群优化的灰色系统模型在机床热误差建模中的应用[J]. 现代制造工程, 2018(6): 101-107, 22.

[4] 徐亦凤, 刘升, 刘宇凇, 等. 融合差分变异和切线飞行的天鹰优化器[J]. 计算机应用研究, 2022, 39(10): 2996-3002.

[5] Li Z L, Wang B D, Zhu B, et al. Thermal error modeling of electrical spindle based on optimized ELM with marine predator algorithm[J]. Case Studies in Thermal Engineering, 2022, 38: 102326.

[6] Li Z L, Wang Q H, Zhu B, et al. Thermal error modeling of high-speed electric spindle based on Aquila Optimizer optimized least squares support vector machine[J]. Case Studies in Thermal Engineering, 2022, 39: 102432.

第 8 章　电主轴变压预紧实验

变压预紧技术是电主轴研究的一个重要方向。通过变压预紧技术，可以在电主轴运行过程中实现对轴承的动态预紧，从而提高轴承的刚度和稳定性。这对提高电主轴的切削精度和抗振能力非常重要。此外，变压预紧技术还可以减少电主轴在高速运行时的振动和噪声，提高其工作环境的舒适性。

8.1　电主轴轴承预紧力的计算

定压预紧方式是采用预紧弹簧施加轴承预紧力，当电主轴高速旋转时，轴承具有轴向预紧力，但弹簧的刚性较差，在中低速和重切削过程中会产生较大的温升，引起电主轴出现较大的热位移[1]。

电主轴在高速运行时，定压预紧下中轴承的变形量会保持不变，但离心力的作用和热量的长期累积，会导致前轴承的球心位置和接触角发生改变，具体如图 8.1 所示。

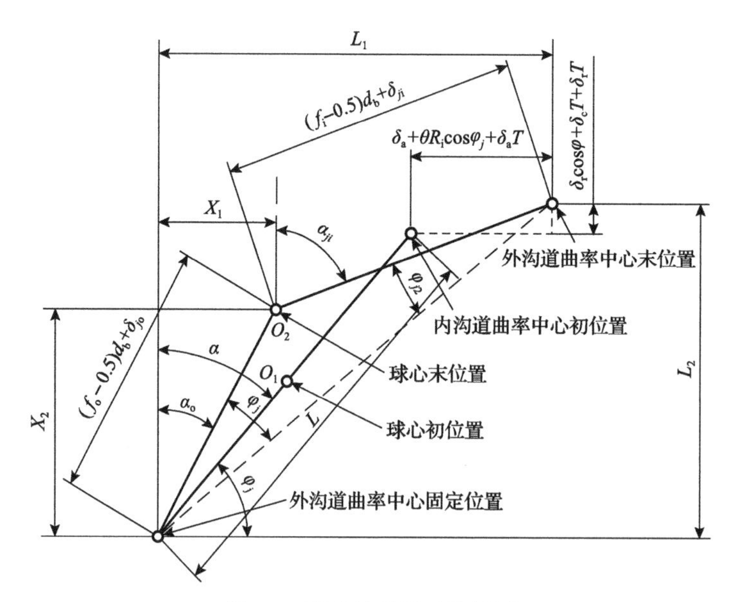

图 8.1　滚动体的相对位置图

当电主轴未施加预紧力时，轴承内外环沟道曲率中心之间的距离可由式(8.1)所示：

$$L=(f_{\mathrm{i}}+f_{\mathrm{o}}-1)d_{\mathrm{b}} \tag{8.1}$$

式中，d_{b} 为滚动体直径，mm；f_{i}、f_{o} 为轴承内外环沟道曲率半径系数；L 为内外环沟道曲率中心之间的距离，mm。

定位预紧时的滚动体 j 处，由于轴承受离心作用产生热位移现象，内外滚道曲率中心终点位置间的轴向距离、径向距离如式(8.2)所示：

$$\begin{cases} L_{\mathrm{a}}=L\sin\alpha+\delta_{\mathrm{a}}+\theta R_{\mathrm{i}}\cos\varphi_j+\delta_{\mathrm{aT}} \\ L_{\mathrm{r}}=L\cos\alpha+\delta_{\mathrm{r}}+\delta_{\mathrm{c}}+\delta_{\mathrm{rT}} \\ \delta_{\mathrm{c}}=2R_{\mathrm{i}}\left(\dfrac{\rho_{\mathrm{i}}\omega^2}{16E_{\mathrm{i}}}\right)[(3+\upsilon)d^2+2R_{\mathrm{i}}(1-\upsilon)]^2 \\ R_{\mathrm{i}}=\dfrac{d_{\mathrm{m}}}{2}+(f_{\mathrm{i}}-0.5)d_{\mathrm{b}}\cos\alpha \end{cases} \tag{8.2}$$

式中，L_{a}为内外环沟道曲率中心之间的轴向距离，mm；L_{r}为内外环沟道曲率中心之间的径向距离，mm；δ_{a} 为内环相对于外环的轴向位移，mm；θ 为内圈产生的角位移，rad；R_{i} 为内滚道半径，mm；φ_j 为最大预紧力下滚动体与其他任意滚动体之间的夹角，由于对称，$0<\varphi_j<\pi$，(°)；δ_{aT}为轴承轴向热位移，mm；δ_{r}为内环相对于外环的径向位移，mm；δ_{c}为高速运转下离心力引起的轴承内环径向膨胀量，mm；δ_{rT}为轴承径向热位移，mm；ρ_{i}为内环材料密度，kg/m^3；ω 为内环角速度，rad/s；E_{i} 为内圈材料的弹性模量，N/mm^2；υ 为内圈材料的泊松比；d_{m} 为轴承滚动体中心距离，mm。

当电主轴高速运转时，滚动体在离心力作用下产生内外滚道的接触压力，甚至受到陀螺力矩的影响，第 j 个轴承滚动体的受力分析如图 8.2 所示。

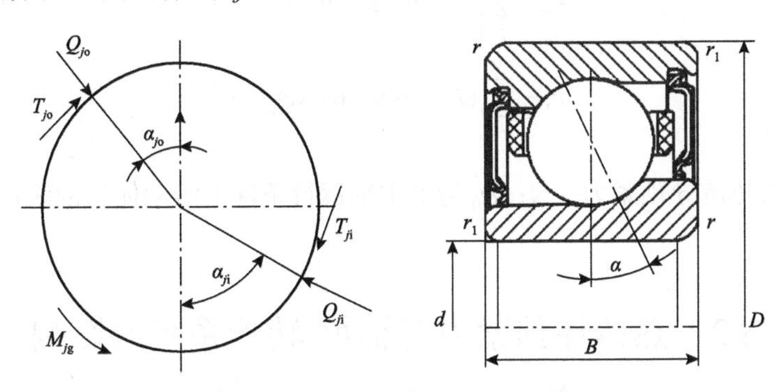

图 8.2　轴承滚动体的受力分析图

定压预紧电主轴的前轴承是轴向定位预紧，中轴承为定压预紧，在施加轴承预紧力后，前轴承内外环出现轴向相对位移。假设各滚动体在轴向预紧力 F_{a}的作

用下滚动体的受力和变形相同，各滚动体的预紧力可表示为

$$F_{j\mathrm{b}}=\frac{F_{\mathrm{a}}}{Z}\sin\alpha \tag{8.3}$$

式中，$F_{j\mathrm{b}}$为每一个滚动体的预紧力，N；F_{a}为轴向预紧力，N；Z为滚动体个数，个。

根据式(8.4)可求得各滚动体与内、外滚道接触变形和内外环轴向相对位移：

$$\begin{aligned}&\delta=4.23\times10^{-8}(Z^2d_{\mathrm{b}}\sin^2\alpha)^{-1/3}F_{\mathrm{a}}^{-2/3}\\&\delta_{\mathrm{a}}=\delta/\sin\alpha=4.23\times10^{-8}(Z^2d_{\mathrm{b}}\sin^5\alpha)^{-1/3}F_{\mathrm{a}}^{-2/3}\end{aligned} \tag{8.4}$$

式中，δ为滚动体与内外滚道接触变形量。其中，第j个滚动体的离心力和陀螺力矩由式(8.5)计算：

$$\begin{aligned}&F_{j\mathrm{c}}=\frac{\pi\rho_{\mathrm{b}}d_{\mathrm{b}}^3}{12}d_{\mathrm{m}}\omega_{j\mathrm{c}}^2\\&M_{j\mathrm{g}}=J\omega_{j\mathrm{b}}\omega_{j\mathrm{c}}\sin\beta\end{aligned} \tag{8.5}$$

式中，$F_{j\mathrm{c}}$为滚动体的离心力，N；ρ_{b}为滚动体的材料密度，kg/m^3；$\omega_{j\mathrm{c}}$为滚动体的公转角转速，rad/s；$M_{j\mathrm{g}}$为陀螺力矩，N/m；$\omega_{j\mathrm{b}}$为滚动体的自转角转速，N/m；β为滚动体的姿态角，(°)；J为转动惯量，kg·mm^2。

由于前轴承的外滚道固定，轴承处会产生轴向和径向的外载荷，轴承内滚道的平衡方程为

$$\begin{aligned}&F_{\mathrm{a}}-\sum_{j=1}^{Z}F_{\mathrm{T}}\sin\alpha_{j\mathrm{i}}=0\\&F_{\mathrm{r}}-\sum_{j=1}^{Z}(F_{\mathrm{T}}\cos\alpha_{j\mathrm{i}})\cos\varphi_j=0\end{aligned} \tag{8.6}$$

式中，F_{T}为热诱导预紧力，N；$\alpha_{j\mathrm{i}}$为电主轴运行条件下滚动体与内滚道间的接触角，(°)。

8.2　热诱导预紧力对轴承-转子系统的影响

电主轴在高速运转状态下，系统由于温度分布不均，产生热诱导预紧力，改变轴承的预紧状况，并使轴承内部的参数发生相应变化，零部件产生复杂的热变形，引起电主轴产生热位移，影响加工质量。根据 Hertz 接触理论，热诱导预紧

力[2]可表示为

$$F_{\mathrm{T}}=\left[\frac{1}{\left(1/k_{\mathrm{ir}}\right)^{2/3}+\left(1/k_{\mathrm{or}}\right)^{2/3}}\right]u_n^{1.5} \tag{8.7}$$

式中，u_n 为轴承预紧下滚动体的总变形，mm；k_{ir}、k_{or} 为内外环滚道间的接触刚度。

其中，轴承在接触方向的总热变形量可由式(8.8)计算：

$$\begin{cases} u_n=u_3+u_2\cos\alpha-u_1\sin\alpha \\ u_1=\alpha_{\mathrm{s}}[(x_{\mathrm{b}}+d_{\mathrm{b}}\sin\alpha)(T_{\mathrm{i}}^{\mathrm{s}}-T_{\mathrm{i}}^{\mathrm{o}})-(x_{\mathrm{b}}-d_{\mathrm{b}}\sin\alpha)(T_{\mathrm{o}}^{\mathrm{s}}-T_{\mathrm{o}}^{\mathrm{o}})] \\ u_2=\dfrac{1}{2}\alpha_{\mathrm{s}}[d_{\mathrm{o}}(T_{\mathrm{i}}^{\mathrm{s}}-T_{\mathrm{i}}^{\mathrm{o}})-d_{\mathrm{i}}(T_{\mathrm{o}}^{\mathrm{s}}-T_{\mathrm{o}}^{\mathrm{o}})] \\ u_3=\dfrac{1}{2}\alpha_{\mathrm{b}}d_{\mathrm{b}}(T_{\mathrm{b}}^{\mathrm{s}}-T_{\mathrm{b}}^{\mathrm{o}}) \end{cases} \tag{8.8}$$

式中，u_1 为内外环的轴向热变形，mm；u_2 为内外环的径向热变形，mm；u_3 为滚动体的热变形，mm；α_{s} 为内外环的热膨胀系数，K^{-1}；α_{b} 为滚动体的热膨胀系数，K^{-1}；x_{b} 为前轴承组滚动体的间距，mm；$T_{\mathrm{i}}^{\mathrm{s}}$ 为内环热稳态后的温度，℃；$T_{\mathrm{o}}^{\mathrm{s}}$ 为外环热稳态后的温度，℃；$T_{\mathrm{i}}^{\mathrm{o}}$ 为内环的初始温度，℃；$T_{\mathrm{o}}^{\mathrm{o}}$ 为外环的初始温度，℃；$T_{\mathrm{o}}^{\mathrm{s}}$ 为滚动体的热稳态后的温度，℃；$T_{\mathrm{b}}^{\mathrm{o}}$ 为滚动体的初始温度，℃。

热诱导预紧力通常会在电主轴启动阶段的短时间内快速增大，但由于电主轴的转子系统和轴承座的温差变化较慢，在初始启动阶段，热诱导预紧力容易被忽略。轴承热预紧力增大到逼近危险阈值时，极易导致轴承的磨损和过早的失效，出现较大的接触应力。因此，内外环滚道间的接触刚度[3]为

$$\begin{aligned} K_{\mathrm{ir}}&=\frac{2\sqrt{2}E_{\mathrm{b}}}{3(1-\nu_{\mathrm{b}}^2)(\Sigma\rho_{\mathrm{ir}})^{1/2}}\left(\frac{1}{\delta_{\mathrm{ir}}^*}\right)^{1.5} \\ K_{\mathrm{or}}&=\frac{2\sqrt{2}E_{\mathrm{b}}}{3(1-\nu_{\mathrm{b}}^2)(\Sigma\rho_{\mathrm{or}})^{1/2}}\left(\frac{1}{\delta_{\mathrm{or}}^*}\right)^{1.5} \end{aligned} \tag{8.9}$$

式中，K_{ir} 为滚动体与内滚道接触刚度，N/m；K_{or} 为滚动体与外滚道接触刚度，N/m；E_{b} 为滚动体材料的弹性模量，$\mathrm{N/mm^2}$；ν_{b} 为滚动体材料的泊松比。无量纲的偏转因子 δ^* 可通过式(8.10)进行计算：

$$\begin{cases} \delta_{\mathrm{ir}}^*=-1026.96(F_{(P)\mathrm{ir}})^4 \\ \delta_{\mathrm{or}}^*=-1026.96(F_{(P)\mathrm{or}})^4 \end{cases} \tag{8.10}$$

式中，$F_{(P)\mathrm{ir}}$ 为滚动体与内滚道间的主曲率差函数；$F_{(P)\mathrm{or}}$ 为滚动体与外滚道间的主曲率差函数。其中，轴承的内外环的接触点曲率和可由式(8.11)进行计算[4]：

$$\begin{cases} \sum \rho_{\mathrm{ir}} = \dfrac{1}{d_{\mathrm{b}}}\left(4 - \dfrac{d_{\mathrm{b}}}{r_{\mathrm{ir}}} + \dfrac{2r_{\mathrm{i}}}{1-r_{\mathrm{i}}}\right) \\ \sum \rho_{\mathrm{or}} = \dfrac{1}{d_{\mathrm{b}}}\left(4 - \dfrac{d_{\mathrm{b}}}{r_{\mathrm{or}}} - \dfrac{2r_{\mathrm{o}}}{1-r_{\mathrm{o}}}\right) \end{cases} \tag{8.11}$$

式中，r_{i} 为内环曲率半径，mm；r_{o} 为外环曲率半径，mm。

当滚动体与外环滚道接触时，由于外环滚道的两个截面形状均为凹面形状，此时滚动体与外环滚道间的主曲率差函数如式(8.12)所示：

$$\begin{aligned} F_{(P)\mathrm{ir}} &= \frac{1/f_{\mathrm{ir}} + 2r_{\mathrm{i}}/1-r_{\mathrm{i}}}{4-1/f_{\mathrm{ir}} + 2r_{\mathrm{i}}/1-r_{\mathrm{i}}} \\ F_{(P)\mathrm{or}} &= \frac{1/f_{\mathrm{or}} - 2r_{\mathrm{o}}/1+r_{\mathrm{o}}}{4-1/f_{\mathrm{or}} - 2r_{\mathrm{o}}/1-r_{\mathrm{o}}} \end{aligned} \tag{8.12}$$

在研究热诱导预紧力对轴承-转子系统的影响时，高速电主轴轴承采用的是 FAG 德国进口的高速角接触滚动球轴承，其主要参数如表 8.1 所示。

表 8.1　轴承系统的材料参数

参数名称	数值	参数名称	数值
内外环弹性模量/10^5MPa	2.06	滚动体弹性模量/10^5MPa	4.5
内外环的密度/(kg/m^3)	7670	滚动体的泊松比	0.24
内外环的泊松比	0.3	滚动体的密度/(kg/m^3)	3440
内外环的导热系数/[W/(m · K)]	21.3	滚动体的导热系数/[W/(m · K)]	19.4
内外环的比热容/[J/(kg · K)]	502.6	滚动体的比热容/[J/(kg · K)]	800
内外环的热膨胀系数/10^{-6}K^{-1}	9.90	滚动体的热膨胀系数/10^{-6}K^{-1}	2.60

内槽和外槽的沟道曲率半径系数最佳变化范围分别为 f_{ir}=0.54～0.57，f_{or}=0.52～0.55。因此，沟道曲率半径系数取 f_{ir}=f_{or}=0.54。滚动元件的直径 D_{b}=9mm。前轴承受离心力的影响，导致各个元部件的温升增大，轴承产生轴向热位移量，造成轴承的初始预紧力改变，电主轴在高速运行下，轴承的轴向预紧力可由式(8.13)表示：

$$F_{\mathrm{a}} = \left(\sum_{j=1}^{Z} F_{\mathrm{T}}\right)\left[\sin\alpha\left(\frac{\cos\alpha_0}{\cos\alpha} - 1\right)^{1.5}\right] \tag{8.13}$$

式中，α_0 为预紧后的接触角，(°)。

结合 Hertz 接触理论公式，用 Newton-Raphson 迭代法进行求解[5]，预紧后的轴承实际接触角如图 8.3(a)和(b)所示，计算公式为

$$\alpha^{n+1}=\alpha^{n}+\frac{\left(F_{\mathrm{a}}\Big/\sum_{j=1}^{Z}F_{\mathrm{T}}\right)-\left[\sin\alpha_0\left(\frac{\cos\alpha_0}{\cos\alpha}-1\right)^{1.5}\right]}{\cos\alpha\left(\frac{\cos\alpha_0}{\cos\alpha}-1\right)^{1.5}+1.5\tan^2\alpha\left(\frac{\cos\alpha_0}{\cos\alpha}-1\right)^{0.5}\cos\alpha_0} \tag{8.14}$$

式中，α^{n+1} 为预紧后改变的接触角，(°)；α^{n} 为初始接触角，(°)。

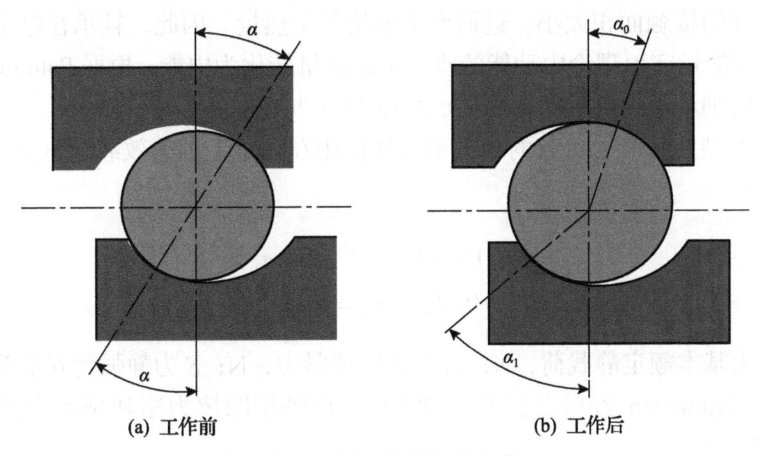

图 8.3　轴承接触角的变化

基于式(8.14)的迭代求解，可以获得轴向预紧力与接触角之间的关系，如图 8.4

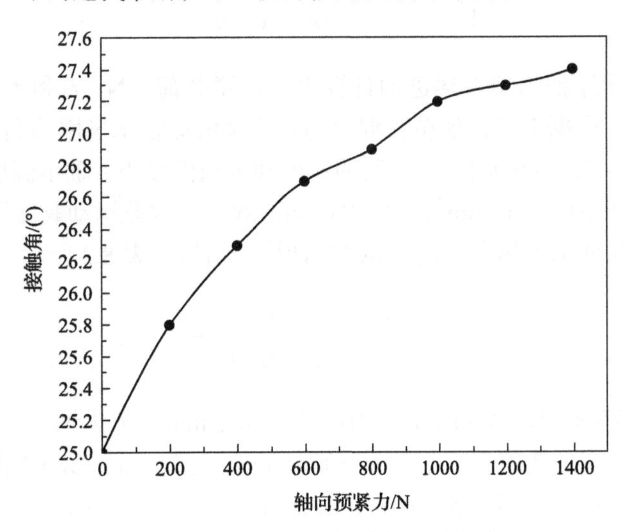

图 8.4　轴向预紧力对接触角的影响

所示。由图可知，实际接触角的变化趋势会随着轴向预紧力的提升而不断减小，并逐渐趋于稳定，出现这一现象的原因是轴承的接触刚度增大。

在实际加工过程中，热预紧力会在电主轴升速的短时间内剧增，转速平稳时逐渐减小，但随着冷却系统的启动，热诱导预紧力几乎消失。这不仅与主轴温升的调控有关，还受轴承的布置方式和型号的影响。

8.3　电主轴变压预紧仿真分析

轴承依靠摩擦生热，当电主轴高速运转时，转速和轴承预紧力极易影响滚动体和内外环的接触面积大小，进而产生不均匀生热量。因此，轴承在电主轴工作期间，根据能量守恒理论中动能的改变可将能量转化为内能，根据 Palmgren 经验公式计算前轴承组的生热功率和轴承摩擦力矩[6]。

轴承类型及其所受负载的相关系数和作用在轴承上的等效载荷可由式(8.15)进行计算：

$$\begin{aligned} &f_1 = 0.0013 \times (F_0 / c_0)^{0.33}, \quad c_0 \geqslant SF_1 \\ &F_1 = F_a - 0.1F_r, \quad F_a = 0.68F_r \end{aligned} \tag{8.15}$$

式中，c_0为基本额定静载荷，N；F_r为径向预紧力，N；S为静强度安全系数。

结合 Palmgren 经验公式和式(8.15)可得轴承摩擦力矩和预紧力的关系如式(8.16)所示：

$$F_a = \frac{29}{34}\left[\frac{10^{-7}(vn)^{0.67} f_0 d_m + f_1 F_1 d_m - M_v}{1.06 \times 10^{-4} d_b^3}\right] \tag{8.16}$$

式中，F_a为轴承摩擦力矩发热进而计算出的预紧载荷，N；f_0和f_1可从表 2.2 和表 2.3 中取值。根据工况，超精密混合陶瓷角接触球轴承采用的润滑方式为脂润滑，因此选取f_0=2，f_1=0.001。在一般的速度和载荷温度下，轴承温度在 20～30℃的最小运动黏度不低于 15mm²/s，以保证润滑效果，因此运动黏度取 v=15mm²/s。

轴承体积和轴承生热率可由式(8.17)计算，结果如表 8.2 所示。

$$q_b = \frac{Q_b}{V_b} = \frac{Q_b}{\pi^2 d_e (d_b/2)^2} \tag{8.17}$$

式中，q_b为轴承生热率，W/m³；V_b为轴承的体积，mm³；d_e为轴承节圆直径，mm。

根据工况设定的转速为恒定转速 5000r/min，通过 Palmgren 经验公式可以计算前轴承组的热功率分别为 54.86W 和 33.52W；后轴承热功率为 18W。

基于力学和传热学原理，轴承预紧力的提升会导致电主轴动刚度的增大和轴承摩擦热的增加，前轴承组摩擦热与预紧力的关系如图 8.5 所示。

表 8.2　电主轴轴承生热率计算结果

轴承组件	体积/mm³	生热率/(W/m³)
前轴承	18986.65	2889398.6
中轴承	18986.65	1765450.99
后轴承	14489.81	1242252.31

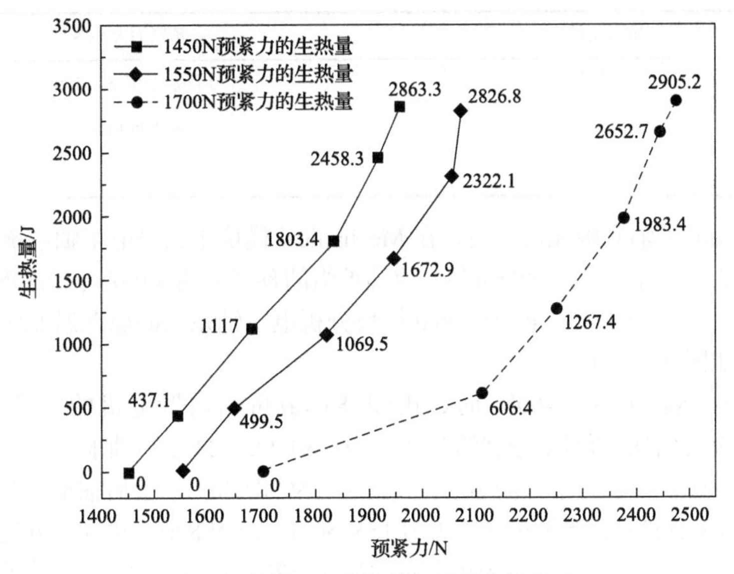

图 8.5　前轴承组摩擦热与预紧力的关系

由图 8.5 可以看出，在提高轴承预紧力后，前轴承预紧力由于摩擦生热导致预紧力和热量剧烈提升。因此，在变预紧力工况下，若轴承处的冷却效果不佳，则极易导致轴承的磨损或损坏，严重影响电主轴的加工精度。

根据表 2.2 的内容，计算得出的变压预紧电主轴系统的换热系数和生热率如表 8.3 所示[7]。

表 8.3　电主轴系统的对流换热系数和生热率

参数名称	数值	参数名称	数值
定子与转子间隙气体的对流换热系数	263W/m³	定子生热率	482714.38W/(m²·℃)
定子与冷却水套的对流换热系数	1435W/m³	转子生热率	948178.98W/(m²·℃)
前轴承与压缩空气的对流换热系数	243W/m³	前轴承生热率	2889398.6W/(m²·℃)

续表

参数名称	数值	参数名称	数值
后轴承与压缩空气的对流换热系数	204W/m^3	中轴承生热率	$1765450.99\text{W/(m}^2\cdot℃)$
转子端部与周围空气的对流换热系数	268W/m^3	后轴承生热率	$1242252.31\text{W/(m}^2\cdot℃)$
电主轴外壳与周围空气的对流换热系数	9.7W/m^3	—	—

有限元仿真时将预紧力主要施加在稳态静力学分析中，如表 8.4 所示。

表 8.4　稳态预紧力施加

轴承组件	预紧力大小/N
前轴承	1440/1450/1550/1700
中轴承	850/950/1100
后轴承	600

在生成电主轴有限元模型后，在 Mechanical 模块中初设电主轴系统的起始环境温度为 25℃，转速为 5000r/min，前轴承组的预紧力为 1400N、1450N、1550N 和 1700N，利用 Steady-State Thermal 模块分析电主轴系统的稳态温度场分布，温度场分布如图 8.6 所示。

当轴承预紧力为 1400N 时，由图 8.6(a)可知内置电机的定子温度约为 35.045℃。前后轴承的温度分别约为 24.179℃和 29.612℃，当轴承预紧力为 1450N 时，由图 8.6(b)可知，内置电机的定子温度约为 38.936℃。前后轴承的温度分别为 26.297℃和 34.723℃，当轴承预紧力为 1550N 时，由图 8.6(c)可知，电机定子的温度约为 38.982℃，前后轴承的温度分别约为 30.575℃和 34.778℃。当轴承预紧力为 1700N 时，由图 8.6(d)可知，电机定子与电机转子间隙处的温度约为 78.944℃，电机定子的温度约为 38.984℃，前后轴承的温度分别约为 30.578℃和 34.781℃。

随着预紧力的增加，变压预紧电主轴的前后轴承和电机的温度都在增加，且随着预紧力的增大，主轴温度场的温度增加幅度减小，最终可能会趋于稳定。

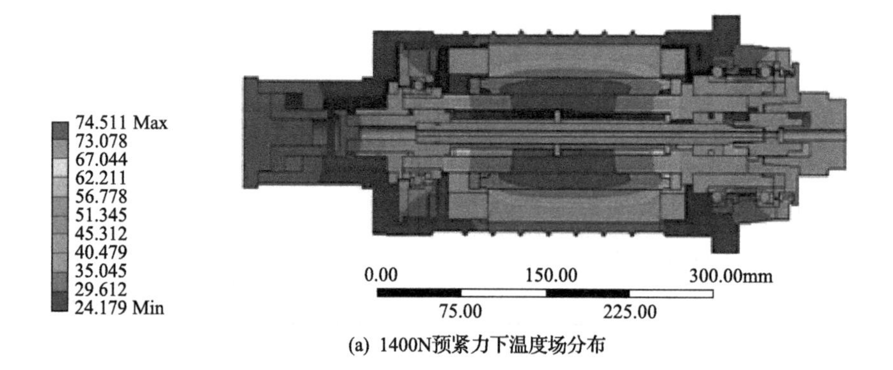

(a) 1400N预紧力下温度场分布

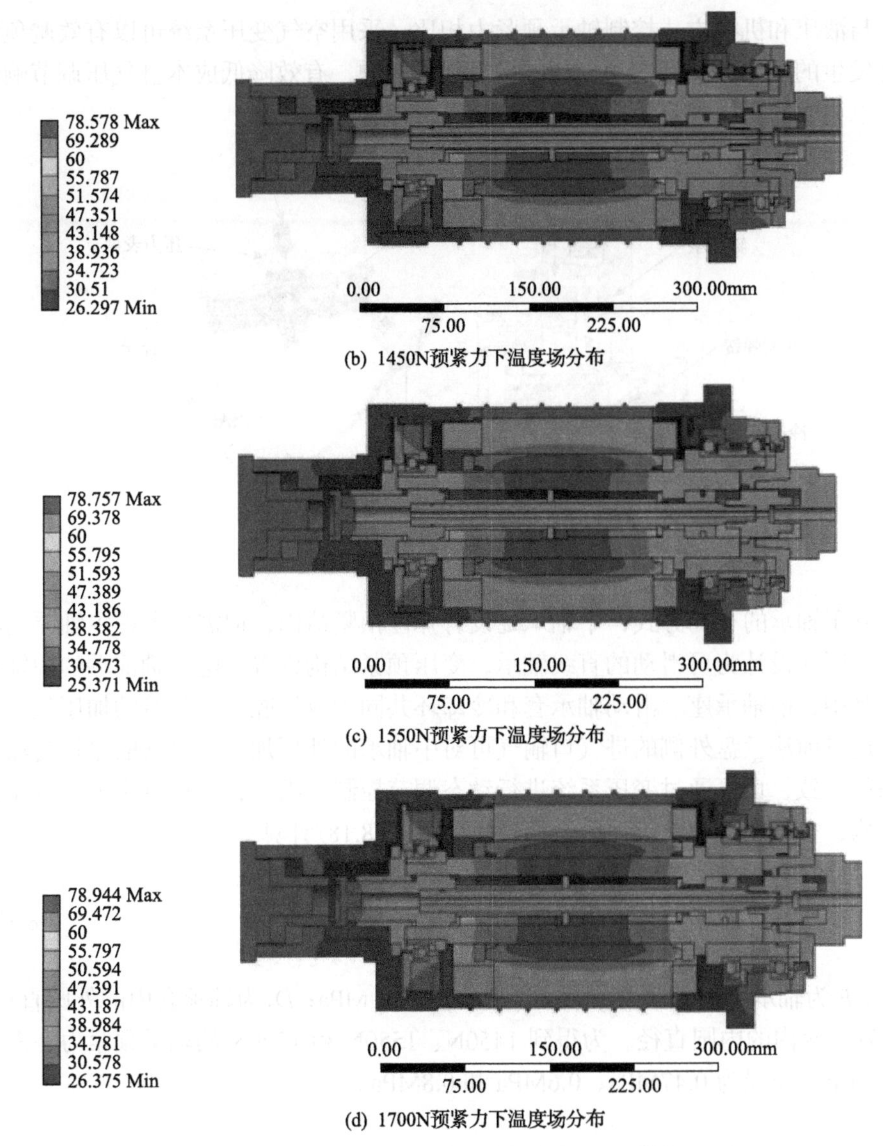

(b) 1450N预紧力下温度场分布

(c) 1550N预紧力下温度场分布

(d) 1700N预紧力下温度场分布

图 8.6　不同预紧力下电主轴温度场分布云图(单位：℃)

8.4　电主轴的变压预紧结构分析

目前，变压预紧的结构主要分为三种形式，包括液压缸控制液体增压机构、气缸控制空气增压机构和电动控制系统增压机构。这里所研究的变压预紧高速电主轴采用气压形式，通过增压阀、保压阀和减压阀构成的气压动态调节系统，实时对电主轴轴承预紧力进行调整[8]。

与液压和机构方式控制轴承预紧力相比，采用空气变压系统可以有效避免液压易发生的液体泄漏和电动控制结构复杂的问题，有效降低成本且气压调节响应快。电主轴的变压预紧结构如图 8.7 所示。

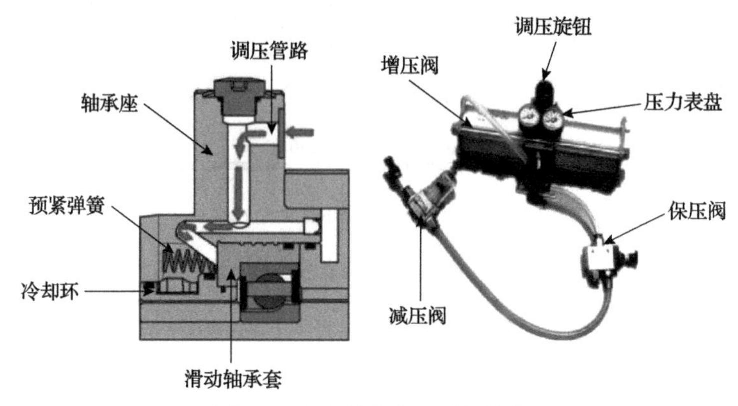

图 8.7　电主轴的变压预紧结构

基于轴承的布局方式，中轴承处设有弹性预紧结构，但需要考虑主轴浮动的问题，因此设计为可滑动的直线轴承，变压预紧结构设置在电主轴前端的中轴承处。其中，前轴承座、滑动轴承套和冷却环共同构成气腔，与弹簧的加压位置一致，通过前法兰盘外侧的进气口输气可对中轴承的外环加压，放气的路径与输气的路径一致，均可通过变压系统进行动态调节控制。因此，根据电主轴的变压预紧结构，空气压强与轴承预紧力的转换可由式(8.18)计算：

$$F = \frac{\pi \cdot P(D_e - d_f)^2}{4} \tag{8.18}$$

式中，F 为轴承所需预紧力，N；P 为空气压力，MPa；D_e 为轴承套内的外圆直径；d_f 为轴承套内的内圆直径。为得到 1450N、1550N 和 1700N 的轴承预紧力，需要调节的空气压强为 0.47MPa、0.6MPa 和 0.8MPa。

8.5　电主轴实验及实验分析

根据电主轴热源生热模型的计算结果、传热机理和仿真结果，确定电主轴温度布置点和热位移数据采集点，搭建电主轴数据采集实验平台，调控电主轴在不同预紧力下的工况条件，分析实验结果，判断仿真的可靠性。

8.5.1　变压预紧电主轴实验平台的搭建

针对前后轴承的温度测量，采用耐高温、高精度的探头式 K 型热电阻测量电主轴的轴承温度。C01 型变压预紧电主轴的前、后轴承座处在设计制造时均留有插孔，便于埋入探头式 PT1000 铂热电阻温度传感器。对于电机的温度测量，采用内置编码器生成温度。采用 AEC-55 系列的电涡流位移传感器进行测量，其中包括变压器电源、位移信号采集器、位移信号转换器、位移传感器支架和微型探头[9]。电涡流位移传感器的布置方式如图 8.8 所示。通过位移采集器的 USB3200 驱动软件和 LabVIEW Runtime Engine 位移测试平台对位移数据进行采集，位移数据采集器与移动终端之间通过 USB 总线协议进行数据交互[10]。通过上海瑞涛位移测试系统显示位移数据变化曲线，位移数据采集平台的现场连接如图 8.9 所示。

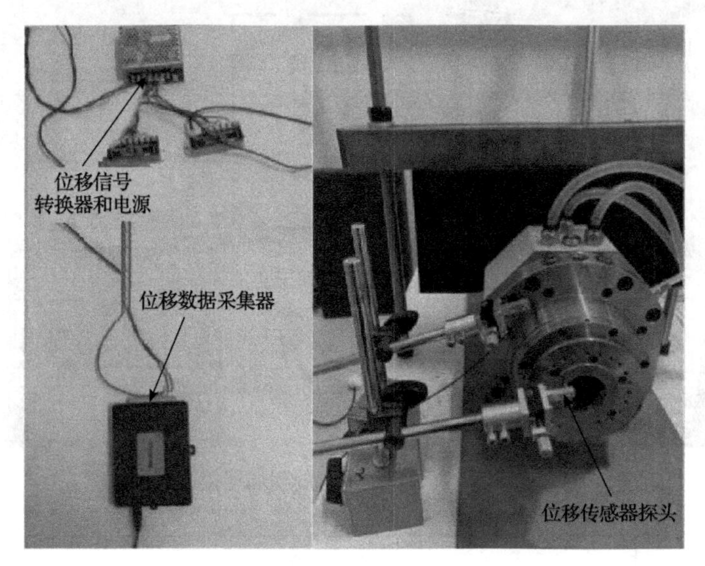

图 8.8　电涡流位移传感器的布置方式

8.5.2　高速电主轴温度数据采集结果及分析

依据实验方案，基于电主轴的温度场测试平台采集 3 组实时温度的实验数据，分析结果如图 8.10～图 8.12 所示。

由图 8.10 可以看出，变压预紧电主轴从 0r/min 逐级升速至 5000r/min 的过程中，前轴承组的温度升至 26.9℃，后轴承组的温度升至 29.8℃，电机温度升至 31.6℃。随后电主轴开始以恒定转速 5000r/min 运行，在 1400N 预紧力下运行 30min 后，电主轴温升趋势减缓并逐渐趋于稳定，此时前轴承组的稳态温升达到 27.8℃，后轴承的温度为 35.4℃，电机的温度为 35.6℃。在预紧力提升至 1450N 后，前轴承组的温度上升约为 0.1℃，最高温度达到 27.9℃。在驱动系统和水冷系统关闭后，电主轴进行自然降速，前轴承组温度下降 0.2℃，由于后轴承部位的散热采用空气冷却，温度相比于前轴承下降趋势较快，温度下降约为 0.3℃，主轴停止时达到

27.7℃。

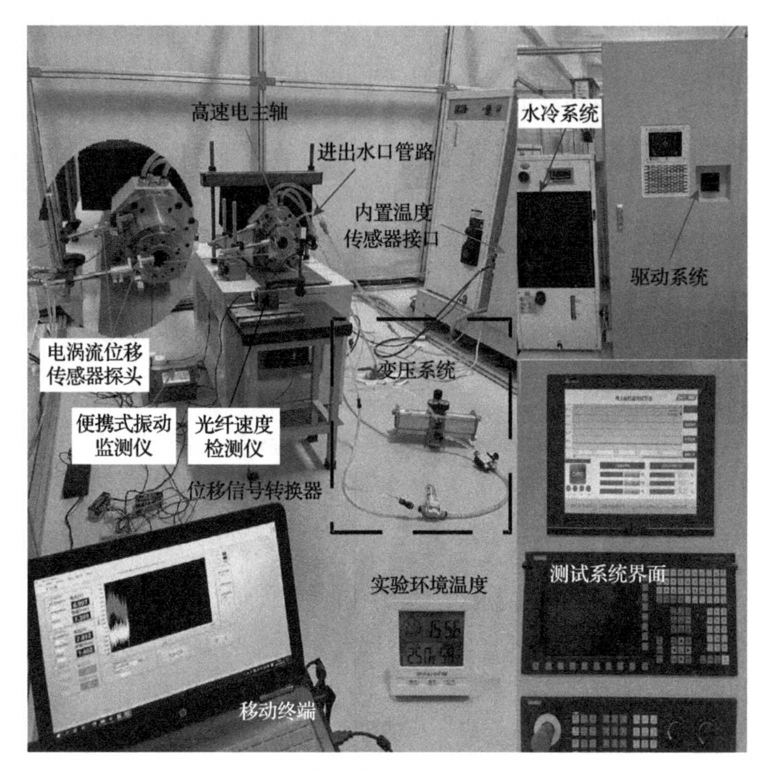

图 8.9　位移数据采集平台的现场连接布置图

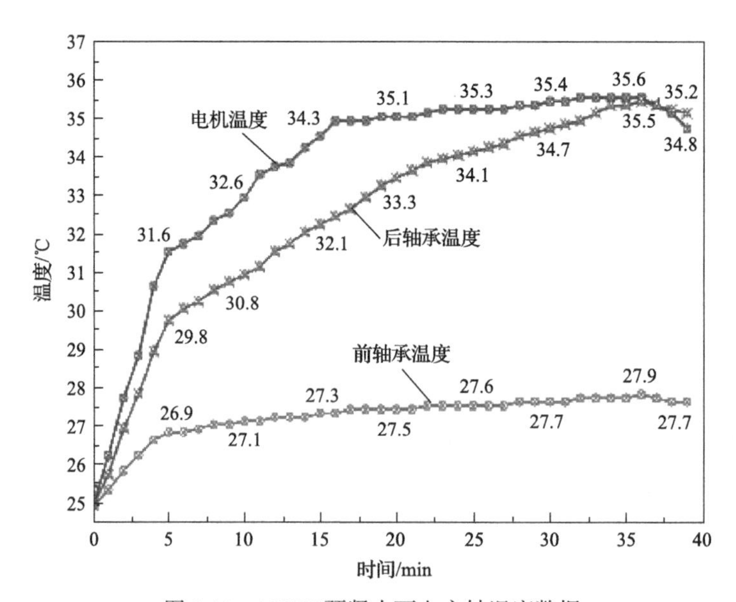

图 8.10　1450N 预紧力下电主轴温度数据

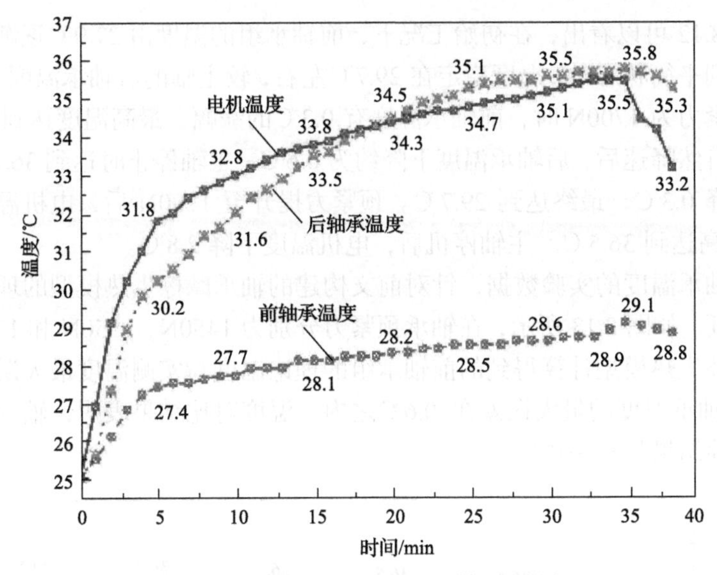

图 8.11　1550N 预紧力下电主轴温度数据

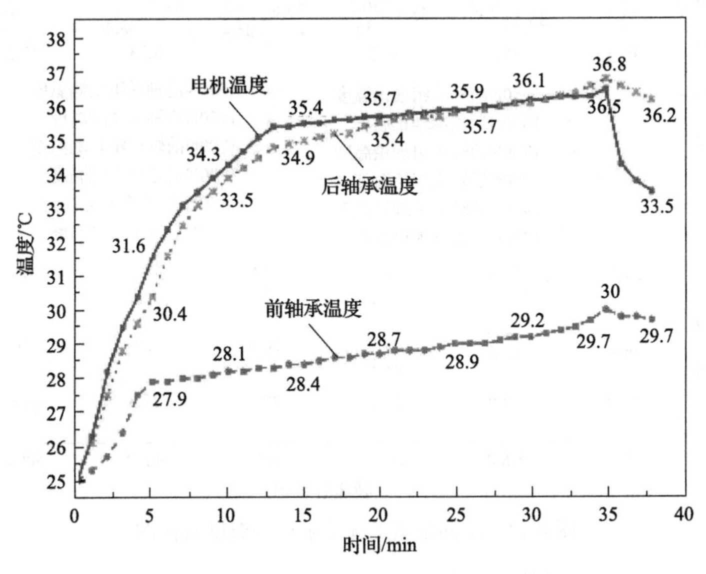

图 8.12　1700N 预紧力下电主轴温度数据

由图 8.11 可以看出，电主轴在转速为 5000r/min，前轴承组的初始预紧力工况下，温度由 27.4℃逐渐开始上升，且上升趋势由快变慢，30min 左右轴承的温度变化几乎趋于稳态，温度稳定在 28.9℃左右。预紧力提升至 1550N 后，温度上升约为 0.2℃，最高温度达到 29.1℃。自然降速过程中，前轴承组温度下降约为 0.5℃，主轴停止时达到 33.2℃。而前轴承的温度下降趋势较缓慢，温度下降 0.3℃，最终达到 28.8℃。电机温度下降 2.3℃，温度下降趋势较快。

由图 8.12 可以看出，在初始工况下，前轴承组的温度由 27.9℃逐渐上升，当前轴承达到平衡状态时，温度稳定在 29.7℃左右，较主轴的后轴承温度下降 0.9℃左右。预紧力为 1700N 时，前轴承温度有 0.3℃的涨幅，最高温度达到 30℃。电主轴进行自然降速后，后轴承温度下降约为 0.6℃，主轴停止时达到 36.2℃。前轴承温度下降 0.3℃，最终达到 29.7℃。预紧力提升至 1700N 后，电机温度上升约 0.2℃，最高达到 36.5℃。主轴停机后，电机温度下降 2.8℃。

基于轴承温度的实验数据，针对前文构建的轴承摩擦生热模型的理论计算结果进行验证。如图 8.13 所示，在轴承预紧力分别为 1450N、1550N 和 1700N 的工况下，摩擦生热模型计算得到的前轴承组的理论温度与实测温度最大误差不超过 0.1℃，后轴承温度的最大误差在 0.6℃之内。温度对比结果表明，轴承摩擦生热模型与实验结果具有一致性。

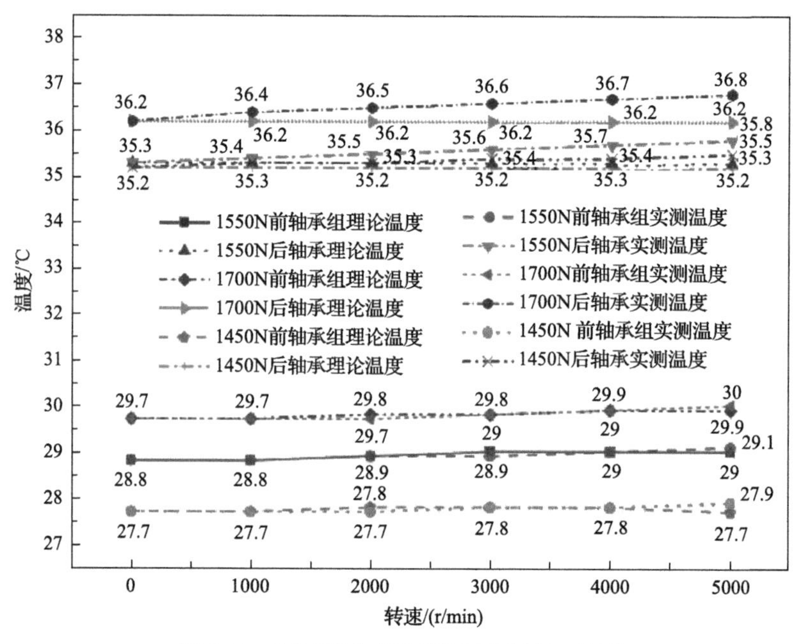

图 8.13　不同预紧工况下轴承的温度对比图

8.5.3　高速电主轴热位移数据采集结果及分析

根据实验方案设计，测量电主轴在变预紧力下的自然降速阶段主轴热位移的变化。通过对电主轴热位移数据采集平台采集到的数据进行处理，法兰面作为参考面，分析主轴前端面的热位移量，实验结果如图 8.14～图 8.16 所示。

由图 8.14 和图 8.16 可以看出，变压预紧电主轴在转速为 5000r/min，前轴承预紧力为 1450N 的变工况下，电主轴的热位移逐渐增加，热位移数据出现波动的

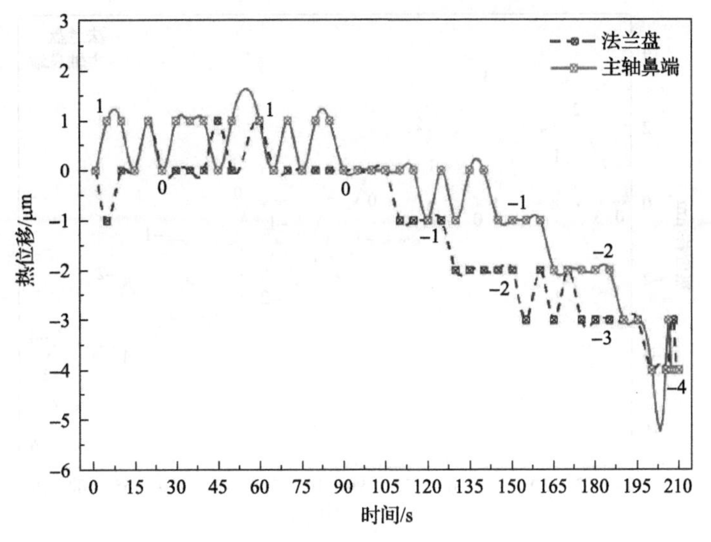

图 8.14　1450N 预紧力的主轴热位移

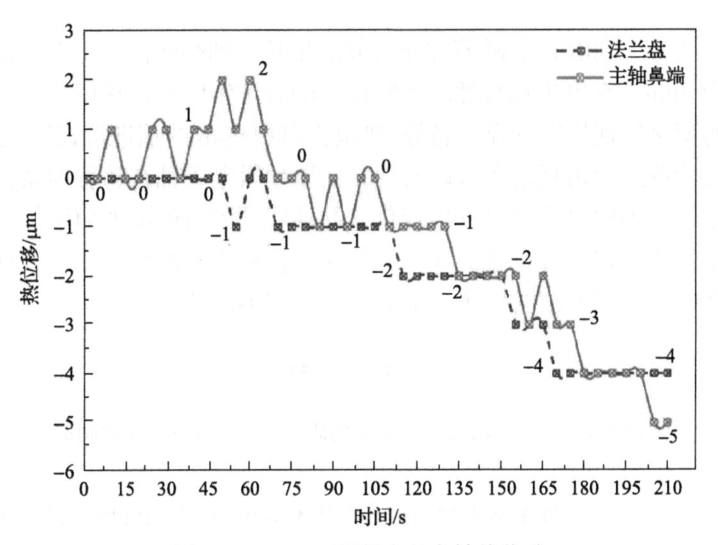

图 8.15　1550N 预紧力的主轴热位移

原因是变压预紧系统输入的高压气体突然施加在中轴承外环上，轴承受强冲击力发生摆动。同时，水冷机的间歇式冷却也会导致热位移量的波动。60s 时主轴热位移达到 1μm，关停驱动系统和冷却系统，主轴进入自然降速阶段，主轴停止后其内部的温度达到平衡状态，热位移的变化也几乎达到稳定状态，此时热位移大约为–4μm。在前轴承预紧力为 1550N 的变工况条件下，电主轴的热位移逐渐增加，60s 时主轴热位移达到 2μm，当主轴进入自然降速阶段时，主轴停止后的内部温度平稳不变，热位移进入稳定状态，此时的主轴热位移约为–5μm。在前

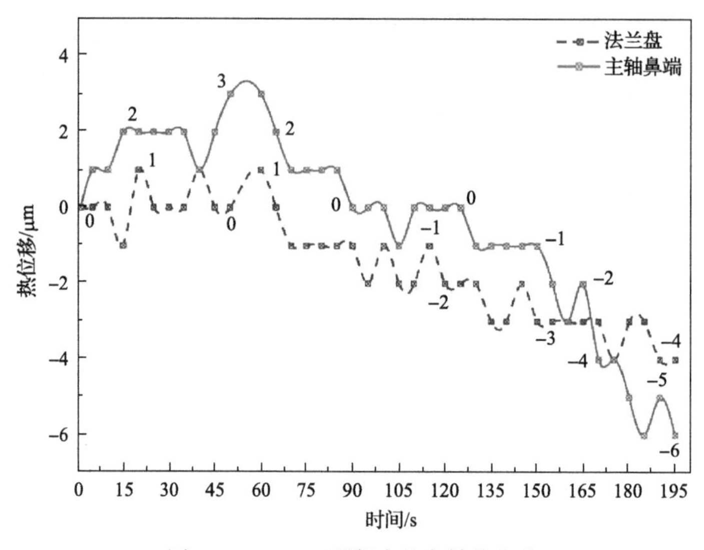

图 8.16　1700N 预紧力的主轴热位移

轴承预紧力变为 1700N 时，随着加压时间的增长，轴端热位移也在逐渐增大，最大热位移为 3μm。在电主轴自然降速阶段，随着主轴停机，热位移减小，主轴轴向热位移的变化呈现稳中下降的趋势，热位移出现 9μm 的缩进量，最大达到–6μm。

结合实验数据和仿真结果可以发现，变压预紧电主轴在随着预紧力改变的过程中，电主轴的轴向热位移也发生变化，并随着预紧力的增加而增加。在自然降速阶段，主轴热位移随着转速的递减，轴向热位移逐渐减小，同时，轴承预紧力越大，主轴转速下降的速度越快，主轴热位移减小得越快。

参 考 文 献

[1] 史凯, 齐向阳, 吕术亮, 等. 主轴轴承预紧机构研究进展综述[J]. 现代制造工程, 2019, (6): 141-146.

[2] 刘志峰, 孙海明. 电主轴滚动轴承轴向预紧技术综述[J]. 中国机械工程, 2018, 29(14): 1711-1723.

[3] Tu J F, Stein J L. Active thermal preload regulation for machine tool spindles with rolling element bearings[J]. Journal of Manufacturing Science and Engineering, 1996, 118(4): 499-505.

[4] 万长森. 滚动轴承的分析方法[M]. 北京: 机械工业出版社, 1987.

[5] Tu J F, Stein J L, Song L, et al. The influence of thermophysical parameters on the prediction accuracy of the spindle thermal error model[J]. The International Journal of Advanced Manufacturing Technology, 2021, 115(1/2): 617-626.

[6] Palmgren A. Ball and Roller Bearing Engineering[M]. Philadelphia: SKF Industries, 1959.

[7] Incropera F P, DeWitt D P, Bergman T L, et al. 传热和传质基本原理[M]. 6 版. 葛新石, 叶宏,

译. 北京: 化学工业出版社, 2007.
[8] 战士强. 变压预紧高速电主轴设计与系统热误差建模研究[D]. 哈尔滨: 哈尔滨理工大学, 2021.
[9] 尹相茗. 高速电主轴热特性分析及热误差建模研究[D]. 哈尔滨: 哈尔滨理工大学, 2021.
[10] 魏文强. 高速电主轴温度测点优化及热误差建模研究[D]. 哈尔滨: 哈尔滨理工大学, 2020.